普通高等院校新形态一体化"十四五"规划教材

IPv6 技术与实践

桂学勤　汪　蓉　钟良骥　贺　顿◎编著

中国铁道出版社有限公司
CHINA RAILWAY PUBLISHING HOUSE CO., LTD.

内 容 简 介

本书分为 5 部分，共 10 章：第 1 部分为第 1 章至第 5 章，主要介绍 IPv6 协议、IPv6 地址结构、IPv6 控制报文协议，以及 IPv6 邻居发现协议等 IPv6 网络基本知识；第 2 部分为第 6 章和第 7 章，主要介绍基于 IPv6 的重要应用层协议，第 6 章介绍 DHCPv6 协议及其应用，第 7 章介绍 IPv6 域名系统及其实现；第 3 部分为第 8 章，主要介绍 RIPng、OSPFv3、IPv6 IS–IS、BGP4+ 等 IPv6 的路由技术及其实现；第 4 部分为第 9 章，主要介绍双栈技术，以及隧道和翻译类型等 IPv6 过渡技术；第 5 部分为第 10 章，主要介绍分段路由 SRv6、新型多播 BIERv6、网络切片、随流检测 IFIT、智能感知网络 APN6 等 IPv6+ 网络新技术。

本书理论结合实践，既有理论深度，又有实用价值，适合作为高等院校网络工程专业教材，也可作为 IPv6 技术及 IPv6+ 网络新技术爱好者的学习参考书。

图书在版编目（CIP）数据

IPv6 技术与实践 / 桂学勤等编著 . —北京：中国铁道出版社
有限公司，2023.2
普通高等院校新形态一体化"十四五"规划教材
ISBN 978-7-113-29922-4

Ⅰ.①I… Ⅱ.①桂… Ⅲ.①计算机网络 – 通信协议 – 高等学校 – 教材 Ⅳ.① TN915.04

中国国家版本馆 CIP 数据核字（2023）第 010824 号

书　　名：	IPv6 技术与实践
作　　者：	桂学勤　汪　蓉　钟良骥　贺　頔
策　　划：	徐海英　王春霞　　　　　　　　　编辑部电话：（010）63551006
责任编辑：	王春霞　包　宁
封面设计：	付　巍
封面制作：	刘　颖
责任校对：	安海燕
责任印制：	樊启鹏

出版发行：中国铁道出版社有限公司（100054，北京市西城区右安门西街 8 号）
网　　址：http://www.tdpress.com/51eds/
印　　刷：北京联兴盛业印刷股份有限公司
版　　次：2023 年 2 月第 1 版　2023 年 2 月第 1 次印刷
开　　本：850 mm×1 168 mm　1/16　印张：16.5　字数：421 千
书　　号：ISBN 978-7-113-29922-4
定　　价：45.00 元

版权所有　侵权必究

凡购买铁道版图书，如有印制质量问题，请与本社教材图书营销部联系调换。电话：（010）63550836
打击盗版举报电话：（010）63549461

前　言

被全球广泛使用的互联网协议 IPv4（Internet Protocol version 4，互联网协议第四版）已经有 40 多年的历史。尽管 IPv4 网络具有辉煌的业绩，但是现有的 IPv4 协议不能满足互联网市场对地址空间、差异化服务、网络安全、移动性能，以及万物互联等方面的要求。因此人们希望新一代的 IPng 协议能够解决以上问题。

IPv6 协议正是基于这一思想提出的。IPv6 是互联网协议第六版（Internet Protocol version 6，IPv6）的缩写。研究人员在设计 IPv6 协议时针对 IPv4 协议存在的问题做了大量改进，除了增加地址标识的位数，解决互联网地址空间不足的问题外，还简化报头并引入了多种扩展报头，在提高处理效率的同时增强了 IPv6 网络的灵活性和创新性。

随着 5G 和云技术的不断发展和应用，万物互联已进入人们的生活和工作中，互联网接入智能设备越来越多，网络流量越来越大，网络访问方式越来越灵活，互联网进入了万物互联的时代。万物互联一定要基于 IPv6 技术，IPv6 技术是万物互联的技术底座，这是当前已经达成的产业共识。

互联网是关系国民经济和社会发展的重大信息基础设施，深刻影响全球经济格局和安全格局。为建设网络强国，加快推进 IPv6 规模部署，促进互联网演进升级和健康创新发展，实现万物互联，2017 年中共中央办公厅、国务院办公厅印发《推进互联网协议第六版（IPv6）规模部署行动计划》，专门成立了推进 IPv6 规模部署专家委员会作为顶层设计的指导，明确提出用 5~10 年时间，形成下一代互联网自主技术体系和产业生态，建成全球规模的 IPv6 商业应用网络，实现下一代互联网在经济社会各领域深度整合应用，并成为全球下一代互联网发展的主导力量。在此前提下，近年来，在中国移动、中国联通、中国电信三大运营商大力建设下，我国的 IPv6 规模部署取得了非常显著的成效，IPv6 网络改造全面完成，IPv6 网络流量显著增长，我国的 IPv6 网络"高速公路"已经全面建成。

因此，可以预见在不久的将来，我国需要更多的掌握 IPv6 技术的网络工程人才，高校的网络工程专业应大力培养掌握 IPv6 技术的网络工程人才。为此，我们对 IPv6 技术以及 IPv6+ 网络新技术进行学习和研究，并编写了本书。

本书重点介绍 IPv6 相关技术及其应用，全书分为 5 部分，共 10 章：第 1 部分为第 1 章至第 5 章，主要介绍 IPv6 协议、IPv6 地址结构、IPv6 控制报文协议，以及 IPv6 邻居发现协议

等 IPv6 网络基本知识。第 2 部分为第 6 章和第 7 章，主要介绍基于 IPv6 的重要应用层协议，第 6 章介绍 DHCPv6 协议及其应用，第 7 章介绍 IPv6 域名系统及其实现。第 3 部分为第 8 章，主要介绍 RIPng、OSPFv3、IPv6 IS-IS、BGP4+ 等 IPv6 的路由技术及其实现。第 4 部分为第 9 章，主要介绍双栈技术，以及隧道和翻译类型等 IPv6 过渡技术。第 5 部分为第 10 章，主要介绍包括分段路由 SRv6、新型多播 BIERv6、网络切片、随流检测 IFIT、智能感知网络 APN6 等 IPv6+ 网络新技术。

  本书在讲述理论知识的同时，注重实践动手能力的培养。教材实践内容丰富，在第 2 章至第 9 章，每章都配备有相关技术对应实践。同时，为便于读者学习 IPv6 技术以及培养实践能力，完整录制了以上实践示例的操作视频，读者可以扫描书中二维码学习，对读者具有很强的学习指导作用。

  本书由桂学勤、汪蓉、钟良骥、贺颀编著。

  由于编者水平所限，时间仓促，书中疏漏与不妥之处在所难免，望读者批评指正。希望本书的出版能够为更多对 IPv6 技术和 IPv6+ 网络新技术感兴趣的读者提供一定的帮助。

编　者

2022 年 11 月

目 录

第1章 IPv6技术概述 1
1.1 TCP/IP的定义 1
1.2 TCP/IPv4协议诞生与发展 2
1.3 IPv6协议诞生与发展 3
1.4 IPv6网络的发展 5
1.5 IPv6协议主要特性 7
  1.5.1 IPv4地址现状 7
  1.5.2 IPv4协议存在的问题 8
  1.5.3 IPv6协议主要特征和优势 9
1.6 IPv6网络的困境与前景 10
  1.6.1 IP网络核心设计理念 10
  1.6.2 IP网络核心设计理念面临的挑战 11
  1.6.3 IPv6网络的困境 11
  1.6.4 IPv6网络的发展前景 12
小 结 14
习 题 14

第2章 IPv6网络与IPv6协议 15
2.1 IPv6网络体系结构 15
  2.1.1 网络体系结构基本概念 15
  2.1.2 IPv6网络体系结构 16
2.2 IPv6网络各层常用协议 17
2.3 基于IPv6互联网组网架构 18
2.4 IPv6协议基本报头分析 19
  2.4.1 IPv6协议基本报头 20
  2.4.2 IPv6基本报头与IPv4报头的比较 21
2.5 IPv6协议分析实践 22
2.6 IPv6协议扩展报头分析 25
  2.6.1 IPv6协议扩展报头格式 25
  2.6.2 扩展报头功能 26
  2.6.3 扩展报头顺序 28
  2.6.4 路由报头相关问题 28
2.7 IPv6协议与底层网络协议 30
2.8 IPv6协议与上层协议 32
小 结 36
习 题 36

第3章 IPv6地址结构 37
3.1 IPv6地址 37
  3.1.1 IPv6地址表示方法 37
  3.1.2 IPv6地址的网络前缀表示方法 40
  3.1.3 IPv6地址类型识别 40
3.2 IPv6地址相关概念与分类 41
  3.2.1 IPv6地址相关概念 41
  3.2.2 IPv6地址分类 41
3.3 IPv6单播地址 42
  3.3.1 单播地址结构的理解 42
  3.3.2 接口标识符（IID） 43
  3.3.3 未指定地址 46
  3.3.4 回环地址 46
  3.3.5 嵌入IPv4地址的IPv6地址 46
  3.3.6 全球单播地址 47
  3.3.7 链路本地地址 48
  3.3.8 站点本地地址（已弃用） 49
  3.3.9 唯一本地地址 49
3.4 任播地址 50
  3.4.1 任播地址概念 50
  3.4.2 子网路由器任播地址 51
3.5 多播地址 51

3.5.1　多播地址格式 51
　　3.5.2　预定义多播地址 52
　　3.5.3　节点请求多播地址 52
3.6　节点所需的IPv6地址 53
3.7　IPv6全球单播地址的分配 54
　　3.7.1　IPv6地址分段使用情况 54
　　3.7.2　各级单播地址分配机构 55
　　3.7.3　单播地址分配原则 55
　　3.7.4　终端站点地址分配建议 56
　　3.7.5　IPv6地址分配现状 57
3.8　IPv6地址手动配置实践 59
　　3.8.1　手动配置IPv6地址方法 59
　　3.8.2　IPv6单播地址手动配置实践 59
小　　结 61
习　　题 61

第4章　IPv6控制报文协议 63

4.1　ICMPv6协议概述 63
　　4.1.1　ICMPv6对ICMPv4协议的改进 63
　　4.1.2　ICMPv6报文类型 64
　　4.1.3　ICMPv6报文的处理规则 66
4.2　ICMPv6报文格式 66
4.3　ICMPv6差错报文 67
4.4　ICMPv6查询功能 69
4.5　IPv6邻居发现 70
4.6　IPv6多播侦听者发现 71
　　4.6.1　IPv6多播侦听者发现概述 71
　　4.6.2　MLDv2报文 71
　　4.6.3　MLDv2相比MLDv1报文变化 74
　　4.6.4　MLDv2工作机制 75
4.7　IPv6多播路由器发现 76
4.8　IPv6的移动性支持 77
4.9　IPv6 PMTU发现原理与实践 78
　　4.9.1　IPv6网络PMTU发现原理 78
　　4.9.2　IPv6网络PMTU调整配置 79
　　4.9.3　IPv6 PMTU配置实践 80
4.10　配置ICMPv6报文控制 85

小　　结 86
习　　题 87

第5章　IPv6邻居发现协议 88

5.1　IPv6邻居发现协议概述 88
5.2　IPv6邻居发现报文与选项 89
　　5.2.1　邻居发现协议报文 89
　　5.2.2　邻居发现协议选项 92
5.3　邻居交互的相关信息 95
　　5.3.1　邻居交互的数据结构 95
　　5.3.2　路由器配置变量 96
　　5.3.3　主机配置变量 96
5.4　数据发送与下一跳确定 97
　　5.4.1　数据发送 97
　　5.4.2　下一跳确定 97
5.5　地址解析与邻居不可达检测 98
　　5.5.1　地址解析 98
　　5.5.2　邻居不可达检测 100
5.6　路由器发现和前缀发现 102
　　5.6.1　路由器行为 102
　　5.6.2　主机行为 103
5.7　重定向功能 105
　　5.7.1　重定向过程 106
　　5.7.2　路由器要求 106
　　5.7.3　主机要求 106
5.8　邻居发现报文的发送时间 107
5.9　无状态地址自动配置和重复地址检测 107
　　5.9.1　无状态地址自动配置过程 108
　　5.9.2　生成链路本地地址 108
　　5.9.3　重复地址检测 108
　　5.9.4　生成全球单播地址 110
5.10　无状态地址自动配置示例 110
　　5.10.1　IPv6地址无状态自动配置方法 110
　　5.10.2　无状态地址自动配置实践 111
小　　结 114
习　　题 114

第6章　DHCPv6协议与实践........115

- 6.1 DHCPv6概述..........................115
  - 6.1.1 IPv6地址配置方式....................115
  - 6.1.2 DHCPv6协议及其变化................116
  - 6.1.3 DHCPv6基本概念.....................116
  - 6.1.4 DHCPv6常量..........................117
- 6.2 DHCPv6报文与选项...............117
  - 6.2.1 客户端/服务器报文格式............117
  - 6.2.2 中继代理/服务器报文格式.........118
  - 6.2.3 DHCPv6报文类型....................119
  - 6.2.4 DHCPv6选项格式....................119
  - 6.2.5 DHCPv6选项类型....................120
- 6.3 DHCPv6工作模式...................120
  - 6.3.1 DHCPv6基本工作模式..............120
  - 6.3.2 DHCPv6中继代理模式..............121
  - 6.3.3 DHCPv6前缀委托模式..............121
- 6.4 DHCPv6基本工作模式原理与实践......122
  - 6.4.1 DHCPv6有状态地址自动配置......122
  - 6.4.2 DHCPv6无状态地址自动配置......123
  - 6.4.3 DHCPv6基本工作模式配置方法...124
  - 6.4.4 DHCPv6基本工作模式配置实践...126
- 6.5 DHCPv6中继模式原理与实践......131
  - 6.5.1 DHCPv6中继代理......................131
  - 6.5.2 DHCPv6中继代理配置方法........132
  - 6.5.3 DHCPv6中继代理配置实践........133
- 6.6 DHCPv6 前缀委托模式工作原理与实践..135
  - 6.6.1 DHCPv6前缀委托......................135
  - 6.6.2 DHCPv6前缀委托配置方法........136
  - 6.6.3 DHCPv6 PD客户端下行接口IPv6地址的形成..................................138
  - 6.6.4 DHCPv6前缀委托配置实践........139
- 小　　结...144
- 习　　题...144

第7章　IPv6域名系统..................145

- 7.1 IPv4域名系统回顾...................145
  - 7.1.1 IPv4域名系统概述....................145
  - 7.1.2 域名系统的授权与管理............149
  - 7.1.3 DNS报文格式与报文传输.........149
  - 7.1.4 区文件格式与资源记录类型要求...151
  - 7.1.5 域名系统的解析过程................154
- 7.2 IPv6域名系统的实现...............154
  - 7.2.1 IPv6域名系统对IPv6的支持......154
  - 7.2.2 IPv6域名系统资源记录格式......155
  - 7.2.3 IPv6域名系统的发展................157
- 7.3 BIND域名服务器软件.............158
  - 7.3.1 关于BIND软件.........................158
  - 7.3.2 BIND软件安装与运行（CentOS 7）...158
  - 7.3.3 BIND软件的支撑文件...............159
  - 7.3.4 理解named.conf文件...............160
  - 7.3.5 理解named.rfc1912.zones文件........160
- 7.4 IPv6域名服务器配置实践.......161
  - 7.4.1 域名服务器工作模式...............161
  - 7.4.2 IPv6域名服务器配置实践.........162
- 7.5 华为路由器IPv6-DNS转发配置...........169
- 小　　结...170
- 习　　题...171

第8章　IPv6路由技术与实践........172

- 8.1 IPv6路由概述..........................172
  - 8.1.1 路由基本概念..........................172
  - 8.1.2 IPv6路由表与转发表................173
- 8.2 IPv6静态路由..........................175
  - 8.2.1 IPv6静态路由..........................175
  - 8.2.2 IPv6静态缺省路由....................175
- 8.3 RIPng协议及实践....................176
  - 8.3.1 RIPng协议概述........................176
  - 8.3.2 RIPng的配置任务....................177

8.3.3　RIPng协议配置示例 179
8.4　OSPFv3协议及实践 182
 8.4.1　OSPFv3协议概述 182
 8.4.2　OSPFv3配置任务 184
 8.4.3　OSPFv3协议配置示例 186
8.5　IPv6 IS-IS 协议及实践 188
 8.5.1　IPv6 IS-IS 协议概述 188
 8.5.2　IPv6 IS-IS配置任务 189
 8.5.3　IPv6 IS-IS 协议配置示例 191
8.6　BGP4+协议及实践 194
 8.6.1　MP-BGP协议概述 194
 8.6.2　BGP4+协议工作原理 195
 8.6.3　BGP4+协议配置任务 196
 8.6.4　BGP4+基本功能配置示例 198
小　结 204
习　题 205

第9章　IPv6过渡技术与实践 206

9.1　IPv6过渡技术概述 206
 9.1.1　IPv6过渡技术 207
 9.1.2　IPv4网络向IPv6网络过渡的三个阶段 207
9.2　双栈技术 208
 9.2.1　双栈协议结构 208
 9.2.2　双栈协议的典型应用场景 208
9.3　隧道技术 209
 9.3.1　IPv6 over IPv4隧道 209
 9.3.2　IPv4 over IPv6隧道 217
9.4　翻译技术 221
9.5　IPv6过渡技术选择 225
9.6　IPv6过渡技术实践 226
 9.6.1　基本隧道技术实践 226
 9.6.2　6RD中继方式隧道实践 233

小　结 236
习　题 236

第10章　IPv6+网络新技术 237

10.1　IPv6+网络新技术概述 237
 10.1.1　IP网络的代际演进 237
 10.1.2　IPv6+网络创新体系 237
 10.1.3　IPv6+网络新技术 238
10.2　IPv6+SRv6技术 239
 10.2.1　SRv6简介 239
 10.2.2　SRv6基本原理 241
 10.2.3　SRv6工作模式 245
10.3　IPv6+BIERv6技术 246
 10.3.1　BIERv6的产生 246
 10.3.2　BIERv6技术价值 247
 10.3.3　BIERv6原理 247
 10.3.4　SRv6与BIERv6 248
10.4　IPv6+网络切片技术 248
 10.4.1　网络切片的产生 248
 10.4.2　网络切片技术价值 249
 10.4.3　网络切片架构 250
 10.4.4　网络切片方案 251
10.5　IPv6+IFIT技术 251
 10.5.1　IFIT技术的诞生 252
 10.5.2　IETF技术价值 252
10.6　IPv6+APN6技术 253
 10.6.1　APN6技术产生 254
 10.6.2　APN6技术架构 254
 10.6.3　APN6技术发展 254

小　结 255
习　题 255

参考文献 256

第 1 章

IPv6 技术概述

IPv6（Internet Protocol version 6，互联网协议第六版），是互联网工程任务组（the Internet Engineering Task Force，IETF）设计的用于替代 IPv4 的下一代 IP 协议，其地址数量号称可以为全世界的每一粒沙子编上一个地址。

由于 IPv4 最大的问题在于网络地址资源有限，严重制约了互联网的应用和发展。IPv6 的使用，不仅能解决网络地址资源数量的问题，而且也解决了多种接入设备连入互联网的障碍。互联网数字分配机构（the Internet Assigned Numbers Authority，IANA）在 2016 年已向国际互联网工程任务组（IETF）提出建议，要求新制定的国际互联网标准只支持 IPv6，不再兼容 IPv4。目前，IPv6 已经成为唯一公认的下一代互联网商用解决方案，也成了互联网升级演进不可逾越的阶段。

本章在回顾 TCP/IPv4 协议诞生与发展的基础上，详细介绍 IPv6 协议诞生与发展以及 IPv6 网络的发展，并简要介绍 IPv6 技术面临的困境，以及 IPv6 技术的发展前景。

1.1 TCP/IP 的定义

TCP/IP（Transmission Control Protocol /Internet Protocol，传输控制协议/网际协议）代表的是一个协议簇，它包含两个版本，一个是初始版本 IPv4 版，一个是新版本 IPv6 版。

TCP/IP 是指一个能够在多个不同网络间实现信息传输的庞大的协议簇。TCP/IP 协议簇不仅仅指 TCP 和 IP 两个协议，而是包括 FTP、Telnet、TCP、UDP、IP、ICMP 等协议构成的协议簇，其中包含最为重要、最具代表性的传输控制协议 TCP 和网际协议 IP，因此称为 TCP/IP 协议。

当前使用的互联网 Internet 是运行在 TCP/IP 协议之上的。可以说，要使用互联网 Internet，就必须使用 TCP/IP 协议。TCP/IP 协议的 IPv4 互联网标准 RFC791 于 1981 年 9 月发布；TCP/IP 协议的 IPv6 草案标准 RFC2460 于 1998 年 12 月发布，IPv6 互联网标准 RFC8200 直到 2017 年 7 月才发布。

1.2 TCP/IPv4 协议诞生与发展

1. TCP/IPv4 协议的诞生

1969 年，美国国防部高级研究计划署（Defense Advanced Research Projects Agency，DARPA）资助一个适合长距离传输的分组交换网络研究项目，项目构成的最初网络，将美国 4 所大学的 4 台主机连接起来，采用网络控制协议 NCP 进行通信。这个项目构成的网络称为 APRANET。1973 年，APRANET 首次进行国际联网。

在 20 世纪 70 年代的美国，已经有大量的新网络出现。但 ARPANET 网络无法与其他计算机网络通信，NCP 协议存在着很多缺点，以至于不能充分支持 ARPANET 网络，特别是 NCP 仅能用于同构环境中。当接入 APRANET 网络的计算机越来越多，会造成发送信息的计算机很难在庞杂的网络中定位目标计算机。并且，最初的网络缺少纠错功能，数据在传输过程中一旦出现错误，网络就可能停止运行。

早期的网络研究者意识到数据需要能够跨越不同类型的网络，在多个不同主机之间能够传输。这一点对于将局域网使用长距离网络（如 APRANET）互联起来，将数据从一个局域网传输到另外一个局域网尤其重要。

为了将不同网络连接起来，TCP/IP 协议的发明者——罗伯特·卡恩（Robert Kahn）和温特·瑟夫（Vint Cerf）开始了他们的相关研究工作。1973 年卡恩与瑟夫设计完成了 TCP 协议的最早版本，并于 1974 年 5 月在 *IEEE Transactions on Communications* 杂志发表，1974 年 12 月，瑟夫通过 RFC675 文档发布了 TCP 协议。最初的 TCP/IP 设计文档只有 TCP 协议，它负责在互联网上传输和转发数据包，最初采用的地址只有 4 位二进制位（RFC675）。同时在 1974 年，DARPA 和 BBN 公司、斯坦福大学和伦敦大学签署了协议，开发不同硬件平台上均可支持的运行版本。

2. TCP/IPv4 协议的发展

1975 年，两个网络之间的 TCP/IP 通信测试在斯坦福大学和伦敦大学之间进行。1977 年 11 月，三个网络之间的 TCP/IP 通信测试在美国、英国和挪威之间进行。在这期间，研究人员不断对 TCP/IP 协议做修补和改进，开发人员前期也开发出了 TCPv1 和 TCPv2 运行版本。1978 年春天，TCP/IPv3 开发出来，TCP/IPv3 被分为 TCPv3 和 IPv3 两个协议，后来出现了稳定的 TCP/IPv4 版本。

1980 年 1 月，TCP/IP 协议的 RFC 文档 RFC761 和 RFC760 发布，其中 RFC761 是关于 TCPv4 协议的，RFC760 是关于 IPv4 协议的，并采用 32 位的 IP 地址。1980 年 8 月，UDP 协议标准版文档 RFC768 发布。1981 年 9 月，TCP/IP 协议标准版文档 RFC793 和 RFC791 发布，其中 RFC793 是关于 TCPv4 协议的，RFC791 是关于 IPv4 协议的。同期还发布了 ICMP 协议正式版文档 RFC792。

1983 年 1 月 1 日，ARPANET 正式从 NCP 切换到 TCP/IPv4 协议。从此，互联网得到快速发展。下面将 TCP/IPv4 协议发展中比较重要的几个节点事件列出：

(1) 1974 年，TCP 协议初版在 RFC675 发布。
(2) 1978 年，TCP 协议分解成 TCP 和 IP 两个协议。
(3) 1981 年，TCP/IPv4 协议标准版通过 RFC793 和 RFC791 发布。
(4) 1983 年，ARPANET 从 NCP 协议切换为 TCP/IP 协议。
(5) 1984 年，美国国防部将 TCP/IP 作为所有计算机网络的标准。

第 1 章　IPv6 技术概述

（6）1986 年，美国国家科学基金会的 NSFNET 网络上线。

（7）1990 年，NSFNET 网络彻底取代 ARPANET 成为 Internet 主干网。

（8）1991 年，Tim Berners-Lee 向公众介绍 WWW 并发布第一个 Web 站点（Website）。

（9）1993 年，美国国家科学基金会 NSF 建立 InterNIC，提供 Internet 服务。

（10）1994 年，中国于 1994 年 4 月 20 日正式接入国际互联网。

1.3　IPv6 协议诞生与发展

1. IPv6 协议的产生

最初的 APARENT 网络只是设计给美国军方使用的，没有考虑到它会变得如此庞大而成为全世界共同使用的 Internet 网络。采用 IPv4 协议的 Internet 网络的发展速度出乎了所有人的预料，全世界各个地区对 Internet 网络都有极大的需求。随着接入 Internet 网络的网络和用户越来越多，IPv4 网络面临两个严重的扩展问题，一个是 IPv4 地址耗尽问题，另一个是路由器路由表暴涨问题，其中关键的问题是 IPv4 地址空间耗尽问题。1993 年互联网工程任务组（The Internet Engineering Task Force，IETF）成立了地址生命期预期工作组（Address Lifetime Expectations Working Group，ALE）来分析和预测 IPv4 地址的耗尽时间，为推进 IPv4 替代提案的研究提供时间参考。ALE 在 1994 年 7 月的多伦多 IETF 会议上根据当时的分析统计信息，预计 Internet 将在 2005 年至 2011 年间耗尽 IPv4 地址。IPv4 地址严重不足，已无法满足互联网发展的需要。于是，IPv6 被推上历史舞台。

视频

IPv6 协议网络诞生与发展

早在 20 世纪 90 年初期，互联网工程任务小组（IETF）就开始规划 IPv4 的下一代协议 IPng。1991 年 1 月，互联网架构委员会（Internet Architecture Board，IAB）和互联网工程指导委员会（Internet Engineering Steering Group，IESG）举行互联网架构问题联合讨论会，对互联网相关问题和未来发展方向进行讨论，会议主要成果在 1991 年 12 月发布的 RFC1287 文档《未来的 Internet 体系结构》中得到体现。

1991 年 11 月的 IETF 会议上，成立路由与寻址特别小组（ROuting and ADdressing Group，ROAD 小组），小组主要负责探索解决路由表暴涨和 IPv4 地址耗尽问题可能的解决办法。1991 年 11 月 IETF 会议和 1992 年 3 月 IETF 会议期间，该小组做了大量相关工作，提出的多种 IPv4 地址耗尽问题的解决办法提案，包括 Simple CLNP、IP Encaps、CNAT、Nimrod 等。大多数解决 IP 地址空间耗尽问题的方法都涉及对 IP 层的重大改进。

1992 年 7 月，在 IETF 会议上正式对 Bigger Internet Addresses（更大的互联网地址）方案发出提案征集，并要求每一项提议办法都成立一个工作组负责提供一份互联网草案。这之后又形成了部分提案，包括 The P Internet Protocol（PIP）、The Simple Internet Protocol（SIP）、TP/IX:The Next Internet 等。

1993 年 12 月，IETF 以 RFC1550 文档的方式正式发出对 IPng 提案的征集。1993 年底，IETF 在还成立专门 IPng Area 工作组并招募成员形成 IPng 董事会，以便调查分析各种征集的 IPng 提案。1993 年底至 1994 年初，IETF 收到多个 IPng 提案，其中比较典型的提案有：CATNIP（Common Architecture for the Internet，Internet 通用体系框架）提案；SIPP（Simple Internet Protocol Plus，简易增强 IP 协议）提案；TUBA（The TCP/UDP Over CLNP-Addressed Networks，在 CLNP 更大编址

上的TCP/UDP协议）提案（参考RFC1752）。

在有关IPng设计中，讨论最热烈的方面是IP地址的长度问题，主要有四种不同看法，有支持8 B长度的，有支持16 B长度的，有支持20 B长度的，还有支持变化地址长度的。最终没有达成一致意见，但大多数人的观点是支持16 B固定长度地址。

1994年5月，IETF举行会议对IPng提案进行评估，IPng董事会对这些提案进行审阅和讨论。在综合IPng董事会的意见和大量讨论后，最后选择以简单增强IP协议（SIPP）为依据进行IPng改编，并将64位地址改为128位地址，作为互联网的下一代IP协议。由于IANA组织修订的IPng已经到第六版，因此，该协议称为IPv6协议。

2. IPv6协议的发展

1994年7月的IETF会议，IPng区域主管正式建议IPv6发展计划。1994年9月，下一代IP协议建议书RFC1752文档 *The Recommendation for the IP Next Generation Protocol* 发布，IPng区域主管关于IPv6的建议也在RFC1752中发布。建议书还建议成立一个新的IPng工作组制定IPv6协议套件及核心协议规范，工作组的主要任务是编写制定一组定义IPv6协议的基本功能和数据包格式等文档。

1994年11月，IPv6发展计划得到认可，新的IPng工作组（IPngWG）成立，并开始开展相关工作。1995年12月，IPv6的建议标准RFC1883文档 *Internet Protocol version 6 (IPv6) Specification*（IP协议，版本6（IPv6）规范）发布。同期还发布一系列相关文档，包括IPv6地址结构RFC1884、ICMPv6协议RFC1885、支持IPv6的DNS扩展RFC1886等建议标准文档。

IPng工作组在1998年12月发布IPv6协议草案标准（Draft Standard）文档RFC2460，同期发布的还有IPv6邻居发现协议草案标准RFC2461、IPv6无状态地址自动配置协议草案标准RFC2462、ICMPv6协议草案标准RFC2463等文档。2001年12月，IPng工作组停止工作并结束组。

2000年12月，IETF为了进一步推进IPv6的规范和标准化工作，又成立专门的IPv6工作组（IPv6 Working Group），主要负责IPv6协议的标准化工作，并根据IPv6试验网络实施和部署的经验对IPv6协议进行审查和更新，并在适当的时候推动IPv6的标准化。IPv6工作组在2007年9月停止工作并结束。

在2000年至2007年，IPv6工作组做了一系列工作，比如，"修订可聚合单播地址（RFC2374）以删除TLA/NLA/SLA术语""将站点本地弃用文档提交给IESG（Internet Engineering Steering Group，互联网工程指导小组）以获取信息""将唯一本地IPv6单播地址作为建议标准提交给IESG""提交更新ICMPv6（RFC2463）协议在草案标准重新发布""提交更新到邻居发现（RFC2461）协议在草案标准中重新发布"等工作。

随后，2007年9月IETF又成立IPv6维护组（IPv6 Maintenance），负责IPv6协议规范和寻址架构的维护和推进工作。IPv6维护组是IPv6协议扩展和修订的设计机构，至今仍然在工作。

IPv6维护组具体工作包括"IPv6分段开发方法""IPv6扩展报头（逐跳和目的地）开发方法""接口标识符中的'U/G'位未解决问题""将IPv6核心规范推进到互联网标准的计划"等工作。

经过一系列的实践试用，以及修订并发布多版草案标准之后，2017年7月IPv6协议标准版RFC8200正式发布，同期还有IPv6路径最大传输单元发现协议RFC8201发布。

1.4 IPv6 网络的发展

1. IPv6 网络在国际的发展

1996 年，作为向下一代互联网协议过渡的重要步骤，IETF 建立了名为 6bone 的 IPv6 试验网络。6bone 网络是 IETF 用于测试 IPv6 网络而进行的一项 IPng 工程项目，该项目的目的是测试如何将 IPv4 网络向 IPv6 网络迁移。作为 IPv6 问题测试的平台，6bone 网络包括协议的实现、IPv4 向 IPv6 迁移等功能。6bone 操作建立在 IPv6 试验地址分配基础上，并采用 3FFE::/16 的 IPv6 前缀，为 IPv6 产品及网络的测试和商用部署提供测试环境。中国教育网 CERNET 国家网络中心于 1998 年 6 月加入 6bone 网络，同年 11 月成为其骨干网络成员。6bone 网络最终于 2006 年结束。

1997 年后，全球主要发达国家纷纷开始 IPv6 网络的研究和部署，美国建成 Internet2、欧洲建立 GENAT2、亚太建成 APAN。另外，美国 1998 年还建立了面向实用的 IPv6 研究与教育网 6ren(IPv6 Research and Education Network) 等 IPv6 网络。欧洲在 2001 年建设 6INIT、2002 年建设 6NET 和 Euro6IX 等 IPv6 网络。日本 1998 年开始 WIDE 计划推动 IPv6 产业发展，1999 年提供试验服务，2001 年提供商用服务。韩国推出 IPv6 四个阶段演进计划，1999 年建立了 KOREN，2001 年建立了 TEIN 和 6NGIX 等 IPv6 网络。

2000 年至 2010 年，世界各国纷纷加快对下一代互联网的研究步伐。这期间，为推动 IPv6 的发展，由 Cisco、Nortel、Microsoft、Lucent、Nokia、3Com 等公司发起成立全球 IPv6 论坛（1999 年 7 月）每年举行多次 IPv6 全球峰会。从 2001 年起，由中国举办的全球 IPv6 下一代互联网高峰会议，每年举行一次。这一时期，对 IPv6 的主要研究集中在 IPv6 网络路由设备的研发、IPv6 路由机制的研究、IPv4/IPv6 过渡机制的研究，IPv6 对 QoS（Quality of Serverce，服务质量）和移动性支持的研究，以及 IPv6 相关协议软件的开发等方面。

从 2011 年开始，用在个人计算机和服务器上的操作系统基本上都支持高质量 IPv6 配置。例如，Microsoft Windows 从 Windows 2000 起就开始支持 IPv6，到 Windows XP 时已经进入了产品完备阶段。而 Windows Vista 及以后的版本，如 Windows 7、Windows 10 等操作系统都已经完全支持 IPv6，并对其进行了改进以提高支持度。Linux 2.6、FreeBSD 和 Solaris 同样是支持 IPv6 的成熟产品。

2012 年 6 月 6 日，国际互联网协会举行了世界 IPv6 启动纪念日，这一天，全球 IPv6 网络正式启动。

2. IPv6 网络在我国的发展

我国对 IPv6 的研究始于 1998 年，中国教育科研网（CERNET）是我国研究 IPv6 最早的网络。中国教育科研网 CERNET 联合 6 所高校，在广州、上海、北京建成 IPv6 实验平台，即 CERNET-6bone。

2004 年 3 月，中国第一个下一代互联网主干网 CERNET2 试验网宣布开通并提供服务。2004 年底，由清华大学等 25 所高等院校承担建设的我国第一个下一代互联网 CNGI-CERNET2 建成，它全面支持 IPv6 协议，连接我国 20 个城市的 25 个核心节点。CERNET2 是一个 IPv6 实验网络，主要用于 IPv6 技术研究和推广。在过渡技术上，采用 IPv4 over IPv6 隧道和无状态翻译 IVI 技术。

2005 年，建成北京国内国际互联中心 CNGI-6IX，分别实现了和其他 CNGI 示范核心网、美国 Internet2、欧洲 GEANT2 和亚太地区 APAN 的高速互联。

2009年至2012年，百所高校校园网IPv6技术升级，研制完成并规模应用IPv6网络运行管理与服务支撑系统，升级改造和新开发了一批重要的教育科研IPv6网络信息资源与应用系统。

2012年3月，国家发改委、工信部、教育部、科技部等七部委联合发布了《关于下一代互联网"十二五"发展建设意见》通知，明确五年发展规划，意见指出，2013年，开展IPv6网络商用试点；2014年至2015年全面部署IPv6商用，逐步实现全国约70%的县及以上政府外网网站系统支持IPv6，约70%的高校外网网络系统支持IPv6；移动互联网业务全面向IPv6过渡，物联网、云计算等新型业务需要IP网络地址时全部使用IPv6地址；电信运营企业既有业务逐步向IPv6迁移，新增上网固定终端和移动终端全面支持IPv6。

2013年以来，世界各国纷纷加快发展部署IPv6，而我国的IPv6发展却放慢脚步，运营商和互联网企业的相互等待使IPv6进展止步不前。在此背景下，2017年11月26日，中共中央办公厅、国务院办公厅印发《推进互联网协议第六版（IPv6）规模部署行动计划》。提出主要目标是：用5~10年时间，形成下一代互联网自主技术体系和产业生态，建成全球最大规模的IPv6商业应用网络，实现下一代互联网在经济社会各领域深度融合应用，成为全球下一代互联网发展的重要主导力量。

2018年6月，三大运营商联合阿里云宣布，将全面对外提供IPv6服务，并计划在2025年前助推中国互联网真正实现"IPv6 Only"。2018年7月，百度云制定了中国的IPv6改造方案。2018年8月，工信部通信司在北京召开IPv6规模部署及专项督查工作全国电视电话会议，我国将分阶段有序推进规模建设IPv6网络，实现下一代互联网在经济社会各领域深度融合。2018年11月，国家下一代互联网产业技术创新战略联盟在北京发布了中国首份IPv6业务用户体验监测报告。

2019年4月，工业和信息化部发布《关于开展2019年IPv6网络就绪专项行动的通知》。提出2019年末的主要目标是：获得IPv6地址的LTE终端比例达到90%，获得IPv6地址的固定宽带终端比例达到40%；LTE网络IPv6活跃连接数达到8亿；完成全部13个互联网骨干直联点IPv6改造。

2020年3月，工信部网站发布《关于开展2020年IPv6端到端贯通能力提升专项行动的通知》。提出2020年底IPv6的发展三大目标：一是IPv6网络性能与IPv4趋同，平均丢包率、时延、连接建立成功率等指标与IPv4相比劣化不超过10%。二是IPv6活跃连接数达到11.5亿。其中，中国移动达到6.4亿，中国电信达到2.9亿，中国联通达到2.2亿。三是移动网络IPv6流量占比达到10%以上。

2021年3月，全国人大通过的《国民经济和社会发展第十四个五年规划和2035年远景目标纲要》明确提出"全面推进互联网协议第六版（IPv6）商用部署"任务要求。

2021年7月，中央网络安全和信息化委员会办公室、国家发展和改革委员会、工业和信息化部联合下发《关于加快推进互联网协议第六版（IPv6）规模部署和应用工作的通知》，通知提出了IPv6协议规模部署和应用工作的目标。具体目标是：到2025年末，全面建成领先的IPv6技术、产业、设施、应用和安全体系，我国IPv6网络规模、用户规模、流量规模位居世界第一位。网络、平台、应用、终端及各行业全面支持IPv6，新增网站及应用、网络及应用基础设施规模部署IPv6单栈，形成创新引领、高效协同的自驱性发展态势。IPv6活跃用户数达到8亿，物联网IPv6连接数达到4亿。移动网络IPv6流量占比达到70%，城域网IPv6流量占比达到20%。县级以上政府网站、国内主要商业网站及移动互联网应用全面支持IPv6。我国成为全球"IPv6+"技术和产业创新的重要推动力量，网络信息技术自主创新能力显著增强。之后再用五年左右时间，完成向IPv6单栈的演进过渡，IPv6与经济社会各行业各部门全面深度融合应用。我国成为全球互联网技术创新、产业发展、设施建设、应用服务、安全保障、网络治理等领域的重要力量。

1.5 IPv6 协议主要特性

下面介绍 IPv6 协议的新特征，在介绍之前，首先介绍一下 IPv4 地址现状和 IPv4 协议存在的问题。

视频

IPv6 技术的特征-困境-前景

1.5.1 IPv4 地址现状

互联网号码分配机构（Internet Assigned Numbers Authority，IANA）负责 IPv4 地址的分配与管理。根据 IANA 的规定，IANA 将部分 IP 地址分配给地区级的 Internet 注册机构（Regional Internet Registry，RIR），然后由这些 RIR 根据各自的实际情况，进一步制定符合其区域发展的地址分配策略。在 IANA 下，设置有五大地域性互联网注册机构 RIR。

IANA 对全球 5 个 RIR 执行的 IPv4 地址分配策略主要有以下两个条件：(1) RIR 剩余的 IPv4 地址空间少于 /8 的 50%；(2) RIR 剩余的 IPv4 地址空间少于其未来 9 个月已确定的增长需求。只要 RIR 提交的地址申请满足其中一个条件，IANA 将给其分配大小为 /8 的 IPv4 地址空间。一直以来，各 RIR 遵循 IANA 的基本分配策略，从 IANA 获取到足够的地址，并根据各自的实际情况，进一步制定符合其区域发展的地址分配策略。

而随着剩余可分配 IPv4 地址的日渐减少，各大管理机构的分配策略也重新制定。2008 年 2 月举行的 APNIC 开放政策研讨会议上，通过了缩减 IPv4 最小分配空间至 /22 的提议。在国际分配策略方面，2009 年 3 月，IANA 通过了一项关于全球现存未分配 IPv4 地址的分配策略。即在 IPv4 枯竭时刻来临时，每个 RIR 都能获得最后 5 个保留的 8/IPv4 地址空间之一，各 RIR 可根据自身的情况，为最后一个保留 /8 的 IPv4 地址制定最适合的区域分配策略。

注意：IPv4 地址由网络号和主机号组成。/8 的 IPv4 地址空间表示网络号为 8 位，主机号为 24 位。而 /22 的 IPv4 地址空间则表示网络号为 22 位，主机号为 10 位。

2009 年 3 月，IANA 还现存 32 个 /8 未分配可用的 IPv4 地址块。其中 5 个 /8 地址空间作为保留的地址空间，27 个 /8 地址空间沿用现行的地址分配策略。

2011 年 2 月 3 日，IANA 按照既定分配策略，将最后 5 个 /8 地址空间平均分配给每个 RIR。至此，IANA 没有可以分配的 IPv4 地址。

2011 年 4 月，APNIC 宣布其可分配的 IPv4 地址仅剩下最后一组，并决定启动应对 IPv4 资源枯竭的计划，同时启动新的分配政策。

自 2011 年开始，我国的 IPv4 地址规模也停止了快速增长，IPv4 地址总数一直维持在 3.3 亿多个。从 2014 年 6 月的 33 041 万个缓慢增长到 2018 年的 33 882 万个 IPv4 地址。

截至 2019 年 12 月 5 日，欧洲网络协调中心 RIPENCC 和美洲互联网地址注册中心 ARIN 可用 IPv4 地址已耗尽。而亚太互联网信息中心 APNIC、拉丁美洲及加勒比互联网地址注册中心 LACNIC 和非洲网络信息中心 AfriNIC 还有少量的 IPv4 地址可用。

1.5.2 IPv4 协议存在的问题

IPv4 协议的标准版技术文档 RFC791 是 1981 年 9 月发布的。从 1983 年 1 月 1 日 ARPANET 网络协议正式从 NCP 切换到 TCP/IP 协议以来，IPv4 以其简便性、易用性获得了巨大的成功。大量用户开始接入 Internet 网络。

在 Internet 网络快速发展的过程中，IPv4 协议在设计时存在的局限性凸显出来。主要问题是 IPv4 地址空间耗尽问题和路由器路由表暴涨问题。其中最为关键的问题是 IPv4 地址空间耗尽问题。

1）路由器路由表暴涨

路由器路由表暴涨问题是由于 Internet 网络中，每接入一个网络就会增加一个路由表项，而随着 Internet 网络的快速发展，Internet 路由器路由表的增长超过了当前软件、硬件和人员的有效管理的能力。

为了解决路由器路由表暴涨问题，1993 年 9 月有关无分类域间路由 CIDR 技术的 RFC1519 文档作为建议标准发布。采用 CIDR 技术实现路由聚合，构成"超网"，减少路由器路由表项，从而减轻了路由器负担。

2）IPv4 地址空间耗尽

IPv4 地址空间耗尽问题是由于 IPv4 地址采用 32 位二进制编码，最大 IPv4 地址数量为 43 亿多个 IPv4 地址，而随着 Internet 网络的快速发展，以及 IPv4 地址早期分配的不合理，导致 IPv4 地址快速消耗而产生的问题。

IPv4 地址空间的耗尽是无法避免的问题，需要最终向 IPv6 网络过渡进行解决。但在过渡之前，可以采取相关技术手段，延缓 IPv4 地址的耗尽。为了延缓 IPv4 地址空间耗尽，IETF 采取了多种技术手段，如子网划分（Subnetting）、动态主机地址分配（Dynamic Host Configuration Protocol, DHCP）、网络地址转换（Network Address Translation, NAT）和私有 IP 地址等。

(1) 子网划分：它是在 A、B、C 类网络的基础上，进行子网划分，以便提高 IPv4 地址的利用效率，减少 IPv4 地址的浪费。有关子网划分的互联网标准 RFC950 文档发布于 1985 年 8 月。

(2) 动态主机地址分配（DHCP）：它实现了 IPv4 地址的按需自动配置，当主机关闭时，其 IPv4 地址就会被回收，优化了 IPv4 地址的使用。动态主机地址配置协议建议标准 RFC1521 文档发布于 1993 年 10 月。

(3) 网络地址转换（NAT）和私有 IPv4 地址：NAT 技术是最有效的 IPv4 耗尽延缓技术。它可以使多个使用私有 IPv4 地址的主机，通过一个公网 IPv4 地址连接 Internet 上网，从而有效节省公网 IPv4 地址。NAT 技术由 1994 年 5 月发布的 RFC1631 文档描述，私有 IPv4 地址由 1994 年 3 月发布的 RFC1597 文档描述。

另外，由于早期的网络设计主要考虑的是如何实现网络互联，对网络安全、网络服务质量、移动通信的支持考虑不足。因此，IPv4 协议的局限性还体现在对网络安全性、网络服务质量、移动通信的支持等方面存在问题。

3）IPv4 缺乏对网络安全的支持

由于最初网络设计的目标是用于军用网络，没有考虑网络安全问题。而且认为安全问题在网络协议的低层并不重要，都把安全问题交给应用层进行处理。导致在设计 IPv4 协议时没有考虑安全问题。虽然后来 IPv4 网络中也有 IPSec 安全协议（1998 年 6 月 RFC2401 文档），但在 IPv4 网络中只是将 IPSec 协议作为一个可选项对待，并非网络中所有节点都支持该协议。

4) IPv4 缺乏对网络服务质量 QoS 的支持

最初的网络考虑的仅仅是传输文本数据，在网络层只是提供尽力而为的服务，没有考虑对多媒体数据的支持。IPv4 提供的尽力而为的网络服务，没有提供服务质量保证。为了提供对 QoS 的支持，1994 年 6 月 IETF 通过 RFC1663 文档提出了集成服务（Integrated Service, InterServ）模型，主要采用资源预留协议 RSVP（1997 年 9 月 RFC2205 文档）实现，但由于过于复杂，难以实现。1988 年 12 月，IETF 通过 RFC2475 文档提出区分服务（Differentiated Service, DiffServ）模型，利用了 IPv4 协议服务类型（ToS）字段区分不同的服务类型，并利用路由器设备实现，但并非所有网络设备都支持区分服务。

5) IPv4 不支持移动通信传输

随着互联网应用的扩展，实时通信业务也开始在互联网中得到应用。无线移动通信也要求互联网能够提供对移动性的支持。而要支持移动性，就需要有家乡代理和外部代理，需要使用更多的 IPv4 地址等。但由于 IPv4 在设计之初并未考虑移动性问题，因此，IPv4 不能对移动性提供透明的支持。虽然 IETF 为了使 IPv4 提供对移动的支持，制定了移动 IPv4 相关技术（1996 年 10 月 RFC2002 文档），但采用 IPv4 支持移动性，会产生三角路由、安全性等问题。

1.5.3　IPv6 协议主要特征和优势

IPv4 协议是目前广泛部署的因特网协议。在因特网发展初期，IPv4 以其协议简单、易于实现、互操作性好等优势得到快速发展。但随着因特网的迅猛发展，IPv4 设计的不足也日益明显，IPv6 的出现，解决了 IPv4 的一些弊端。相比 IPv4 网络，IPv6 网络的主要特征和优势体现在地址空间、报文格式、地址自动配置、路由聚合、端到端安全、QoS、移动特性等方面。

1) 地址空间

IPv4 地址采用 32 位标识，理论上能够提供的地址数量是 43 亿个。另外，IPv4 地址的分配也很不均衡，美国占全球地址空间的一半左右，而欧洲和亚太地区都比较匮乏。目前，IPv4 地址已经消耗殆尽。针对 IPv4 的地址短缺问题，曾经出现的解决方案有域间路由（Classless Inter-Domain Routing, CIDR）和网络地址转换(NAT)等。但是 CIDR 和 NAT 都有各自的弊端和不能解决的问题。IPv6 地址采用 128 位标识。128 位的地址结构使 IPv6 理论上可以拥有（43 亿 × 43 亿 × 43 亿 × 43 亿）个地址。近乎无限的地址空间是 IPv6 的最大优势。

2) 报文格式

IPv4 报头包含可选字段 Options，内容涉及 Security、Timestamp、Record Route 等，这些 Options 可以将 IPv4 报头长度从 20 B 扩充到 60 B。携带这些 Options 的 IPv4 报文在转发过程中往往需要中间路由转发设备进行软件处理，对于性能是个很大的消耗，因此实际中也很少使用。

IPv6 基本报头和 IPv4 报头相比，去除了 IPv4 中的 IHL（Internat Header Length，报头长度）、Identification（标识）、Flag（标志）、Fragment Offset（片偏移量）、Header Checksum（报头检验和）、Options（选项）、Padding（填充）域，只增加了 Flow Label（流标签）域，因此 IPv6 报头的处理较 IPv4 更为简化，提高了处理效率。另外，IPv6 为了更好地支持各种选项处理，提出了扩展报头的概念，新增选项时不必修改现有结构，理论上可以无限扩展，体现了优异的灵活性。

3) 地址自动配置

IPv4 地址只有 32 位，而且地址分配不均衡，这导致在网络扩容或重新部署时，经常需要重新分配 IP 地址，因此需要能够进行地址自动配置和重新编址，以减少维护工作量。目前 IPv4 的自动配置和重新编址机制主要依靠 DHCP 协议。

IPv6 协议内置支持通过地址自动配置方式使主机自动发现网络并获取 IPv6 地址，大大提高了内部网络的可管理性。

4）路由聚合

IPv4 发展初期的地址分配规划是不科学的，这造成许多 IPv4 地址分配不连续，不能有效聚合路由。日益庞大的路由表耗用大量内存，对设备成本和转发效率产生影响，这一问题促使设备制造商不断升级其产品，以提高路由寻址和转发性能。

IPv6 在地址分配初期就进行了科学规划，且巨大的地址空间，可以方便地进行层次化网络部署。层次化的网络结构可以方便地进行路由聚合，提高了路由转发效率。

5）端到端安全

IPv4 协议制定时并没有仔细针对安全性进行设计，不能支持端到端的安全。而 IPv6 中，网络层支持 IPSec 的认证和加密，支持端到端的安全。

6）QoS

随着网络电话、网络会议、网络电视迅速普及，客户要求有更好的 QoS 来保障这些音视频实时转发。IPv4 并没有专门的手段对 QoS 进行支持。而 IPv6 新增了流标记域，可以提供 QoS 保证。

7）移动特性

随着 Internet 的发展，移动 IPv4 出现了一些问题，比如安全性问题、三角路由问题等。而 IPv6 协议规定必须支持移动特性。和移动 IPv4 相比，移动 IPv6 使用邻居发现功能可直接实现外地网络的发现并得到转交地址，而不必使用外地代理。同时，利用路由扩展报头和目的选项扩展报头，移动节点和通信节点之间可以直接通信，解决了移动 IPv4 的安全性问题、三角路由问题等，移动通信处理效率更高且对应用层透明。

1.6 IPv6 网络的困境与前景

IPv6 协议相比于 IPv4 有这么多的优势，为何互联网没有快速地向 IPv6 过渡？这里从 IP 网络的核心设计理论及其面临的挑战，以及 IPv6 网络的困境进行说明。最后说明 IPv6 网络的发展前景。

1.6.1 IP 网络核心设计理念

IP 技术的成功在于互联网，在于 IP 技术实现了 RFC3439 文档描述的互联网的"端到端的透明性"的核心设计理念。

计算机领域中，所谓"透明"类似于黑匣子，黑匣子中进来什么出去就是什么，不需要知道黑匣子具体是如何实现的。

所谓互联网"端到端的透明性"，就是互联网中端点与端点之间通信，只需要知道对方的状态信息（IP 地址和端口号等），就能利用 IP 网络将信息传送到对方。至于网络是如何实现通信的，通信的两个端点不需要知道具体通信过程。

可以说，互联网"端到端的透明性"设计理念赋予了互联网"自由""平等""开放""创新"的理念。

互联网"端到端的透明性"，要求在互联网系统中，通信子网（IP 网络）和资源子网高层应用（端点）分离。进一步拓展，就是在 TCP/IP 协议的设计中，通信子网内部不维护与特定应用相关的任何信息，而尽可能地将应用状态信息维护在端点上。只有这样，才能够做到在互联网的某部分网络发生故障时也不会中断通信，除非通信的两个端点自身出现故障才会引起通信中断。

互联网"端到端的透明性"，可以最大限度地简化 IP 网络的设计，IP 网络中不保存与业务应用相关的信息，使业务应用和数据承载相分离，做到终端智能化而网络傻瓜化。

1.6.2　IP 网络核心设计理念面临的挑战

正是由于互联网"端到端的透明性"带来的互联网的开放性和创新性，为后来互联网的蓬勃发展起到了决定性的作用。互联网"端到端的透明性"在将网络简单化的同时，把复杂性推向了网络边缘，提高了网络的可扩展性。互联网中部分网络的故障不会破坏端到端的通信，网络基础设施只需要高效地传递 IP 数据包即可。

但是，互联网"端到端透明性"的设计是有两个假设前提的，一是互联网最初是由相互信任技术专家设计和使用；二是互联网最初是非商用网络。这两个假设前提渗透互联网最初的设计中，因此最初的互联网多数协议没有设计认证机制，没有设计和建立信任体系用于商业运营，没有强制实行网络溯源的技术和管理，对善意和恶意的用户没有设计奖惩措施，也没有拥塞控制，没有统一管理等。

互联网"端到端的透明性"的优点和假设前提，在为互联网带来巨大发展优势的同时，也为后来互联网商用时出现的很多问题埋下了几乎难以克服的隐患。

（1）互联网将应用、安全、流量等的控制权完全交给用户，这导致了用户在互联网开启什么应用几乎具有完全的决定权，同时导致网络安全问题泛滥而互联网服务运营商几乎无法处理，而且互联网服务运营商与用户在流量控制方面也曾冲突不断。

（2）互联网 IP 协议以尽力而为的方式工作，仅靠终端之间的适配，难以支持需要提供 QoS 保证的业务应用。

（3）互联网的商用化，互联网提供与传统电话网络完全不同的服务模式，互联网服务运营商主要服务是提供"比特管道（bit pipe）"，使得互联网服务运营商长时间不能适应互联网通信带来的变化。

（4）互联网的用户群体和应用的变化，最初的用户能够做到彼此相互信任地进行通信，而随着互联网规模和用户日益增加，用户彼此之间不再相互信任，出现了安全攻击、病毒，以及有害信息的传播。

因此，互联网需要遵循的"端到端的透明性"核心设计理念，使互联网具备开放性和创新性，保持前进动力。但又必须有恰当的约束机制，即采取"有条件的端到端透明性"，在保证人人能够继续公平访问互联网的同时，能够通过管理和控制机制，抑制一些用户的不自律行为。

1.6.3　IPv6 网络的困境

互联网在 20 世纪 90 年代的快速发展产生了新的问题，主要是 IPv4 地址空间耗尽问题。为了解决 IPv4 地址的耗尽，可以采用两种方式：一种是采用 IPv4 地址，通过网络地址转换 NAT 技术，延缓 IPv4 地址耗尽；一种是采用下一代互联网协议 IPv6 地址技术，从根本上解决网络地址不足。现在看来，由于网络地址转换 NAT 技术的应用和发展创新，IPv4 地址耗尽变得并不是非常紧迫的问题。

两种解决 IP 地址短缺方式的主要区别在于，网络地址转换 NAT 在解决网络地址短缺问题的同时，却破坏了互联网"端到端的透明性"，增加了网络的控制权和复杂性，存在可扩展性的问题，因此只适用于客户/服务器模式的应用和在小规模的网络中使用；而下一代互联网协议 IPv6 技术，不但保持了互联网核心设计理念"端到端的透明性"，同时彻底解决了地址短缺问题。

虽然 IETF 已经将 IPv6 选择作为下一代互联网（NGI）的协议，而且计算机领域和通信领域都对 IPv6 协议寄予了很高的期望。但是 IPv6 协议除了能够带来更多的地址空间外，其他方面相比 IPv4 协议的所谓的优势是非常值得考虑的。

（1）IPv6 没有合适的商业模型。基于 IPv4 的互联网商业模型是失败的，网络管理能力不能满足电信运营的需要，而 IPv6 在商业模型和管理能力方面几乎没有任何实质性突破。这是由于 IPv6 的设计思路诞生在互联网商用化之前。

（2）IPv6 保证 QoS 仍然非常困难。目前解决网络 QoS 的技术主要是 DiffServ、InterServ，而它们同时适用于 IPv4 和 IPv6。IPv6 设计原理上的 QoS 性能改进与电信领域所期望的服务质量保证完全是两回事。也就是，IPv6 将使用与 IPv4 相同的技术来解决 QoS 问题，不会因为使用了 IPv6，服务质量就会得到保证。

（3）IPv6 的安全性与 IPv4 相比，也没有明显改进。IPv4 和 IPv6 都是使用 IPSec 协议提供安全性保证，区别只是 IPv4 对 IPSec 的要求是可选的，IPv6 对 IPSec 的要求是强制的。但 IPv6 对 IPSec 的强制性要求只是实现上，并不要求应用中都一定使用，首先是没这个必要，其次是都使用会对性能产生重大影响。因此从这点上说二者的安全性几乎是等价的。这是由于 IPv6 的设计思路诞生在互联网安全性问题泛滥之前，对安全性问题同样重视不够。

（4）移动数据业务并不一定需要 IPv6。一般认为移动数据业务需要大量的 IP 地址空间资源，必须使用 IPv6 地址，但现在的实际情况是很多移动数据运营商并未采用完全开放的互联网商业模式，而是采用把用户限制在一个特定范围内的互联网商业模式，又称 Walled Garden（带围墙的花园）商业模式，即把用户限制在一个封闭的网络范围内，这样运营商就能够更容易地控制业务和用户，计费方便，而且安全性也更高。而且采用 Walled Garden 商业模式时，移动数据网与互联网形成隔离的编址域。因此现在的移动运营商几乎不约而同地选择 Walled Garden 商业模式，使用更加成熟、廉价和熟悉的（私有）IPv4 编址，并通过 NAT 技术实现墙外访问。这可能也正是当前 IPv4 向 IPv6 过渡缓慢的主要原因。

另外，现在 IPv4 网络存在大量的互联网应用，这些基于 IPv4 协议的互联网应用向 IPv6 协议演进，不但具有相当的困难，而且代价太高。尽管在新应用中支持 IPv6 协议是一件直接的事情，但让所有基于 IPv4 协议的大量原有应用实现双协议栈却并不轻松。原有 IPv4 网络已有的系统、工具和它们的生命周期都是巨大的。

可以说 IPv6 协议的网络体系是在 20 世纪 90 年代设计成形的网络体系，当时互联网面临最大的问题是 IPv4 地址耗尽和路由器路由表暴涨问题。"端到端透明性"设计理念所带来的优点依然非常明显，而该理念给商用化、网络安全和服务质量所带来的问题还不突出。所以，IPv6 网络在设计时，就继续沿用了被当前证明并不完全合适的"端到端的透明性"的网络设计理念，以扩大地址空间为核心目标加以设计。

1.6.4　IPv6 网络的发展前景

1. IPv6 网络的发展趋势

在国外，据权威机构统计数据显示，近年来 IPv6 部署在全球推进迅速，主要发达国家 IPv6 部署率持续稳步提升，部分发展中国家推进迅速。2020 年 5 月全球 IPv6 普及度突破 32%。欧洲、美洲、亚洲、大洋洲等区域一些代表性国家和地区 IPv6 部署总体都超过了 40%。比利时、美国等国家 IPv6 部署率已超过 50%。而且，全球各大运营商都在积极推动 IPv6 网络基础设施改造，从整体来看，IPv6 的部署率呈不断上升态势。

在我国，政府强势主导推动 IPv6 升级改造。2017 年 11 月，中共中央办公厅、国务院办公厅印发《推进互联网协议第六版（IPv6）规模部署行动计划》。在此背景下工信部于 2018 年开始全力推动 IPv6 规模部署各项工作，并在 2019 年安排 IPv6 网络就绪专项行动计划，2020 年提出 IPv6 端到端贯通能力提升专项行动计划，以行政力量牵引 IPv6 产业链各方按照政府制定的目标加速 IPv6 发展。这里通过一组数字说明，近年来中国 IPv6 网络的快速发展。截至 2020 年 3 月，全国已获得 IPv6 地址的用户数从 2018 年的 0.74 亿增长到 13.92 亿；IPv6 活跃连接数从 2018 年的 0.63 亿增长到 11.18 亿；骨干直联点全部完成 IPv6 改造，IPv6 总流量从 17.17 Gbit/s 提升到 251.34 Gbit/s，增幅约 14 倍。

2. 我国的 IPv6 网络规模部署行动计划

我国是世界上较早开展 IPv6 试验和应用的国家，在技术研发、网络建设、应用创新方面取得了重要阶段性成果，已具备大规模部署的基础和条件。抓住全球网络信息技术加速创新变革、信息基础设施快速演进升级的历史机遇，加快推进 IPv6 规模部署，构建高速率、广普及、全覆盖、智能化的下一代互联网，是加快网络强国建设、加速国家信息化进程、助力经济社会发展、赢得未来国际竞争新优势的紧迫要求。

大力发展基于 IPv6 的下一代互联网，有助于显著提升我国互联网的承载能力和服务水平，更好融入国际互联网，共享全球发展成果，有力支撑经济社会发展，赢得未来发展主动。大力发展基于 IPv6 的下一代互联网，有助于提升我国网络信息技术自主创新能力和产业高端发展水平，高效支撑移动互联网、物联网、工业互联网、云计算、大数据、人工智能等新兴领域快速发展，不断催生新技术新业态，促进网络应用进一步繁荣，打造先进开放的下一代互联网技术产业生态。大力发展基于 IPv6 的下一代互联网，有助于进一步创新网络安全保障手段，不断完善网络安全保障体系，大幅提升重要数据资源和个人信息安全保护水平，进一步增强互联网的安全可信和综合治理能力。

2017 年的《推进互联网协议第六版（IPv6）规模部署行动计划》，明确提出，用 5～10 年时间，形成下一代互联网自主技术体系和产业生态，建成全球最大规模的 IPv6 商业应用网络，实现下一代互联网在经济社会各领域深度融合应用，成为全球下一代互联网发展的重要主导力量。行动计划的主要目标为：

- 到 2018 年末，市场驱动的良性发展环境基本形成，IPv6 活跃用户数达到 2 亿，在互联网用户中的占比不低于 20%。
- 到 2020 年末，市场驱动的良性发展环境日臻完善，IPv6 活跃用户数超过 5 亿，在互联网用户中的占比超过 50%，新增网络地址不再使用私有 IPv4 地址。
- 到 2025 年末，我国 IPv6 网络规模、用户规模、流量规模位居世界第一位，网络、应用、终端全面支持 IPv6，全面完成向下一代互联网的平滑演进升级。形成全球领先的下一代互联网技术产业体系。

IPv6 技术扮演着核心技术的角色，在互联网世界中越来越受到重视。它的新技术、新能力、新品质必将在未来的互联网世界中发挥举足轻重的作用。我国虽然"起步早，发展慢"，但最近越来越重视IPv6技术，并努力为此投入大量的人力、物力、财力支持。未来，IPv6技术定将在大数据、物联网、云计算、智能家居等新兴领域中大放光彩。

小　结

本章在回顾TCP/IPv4协议的诞生与发展基础上，详细介绍了IPv6协议诞生与发展以及IPv6网络的发展。

1973年。卡恩与瑟夫设计完成了TCP协议最早版本，并于1974年5月在 *IEEE Transactions on Communications* 杂志发表，1974年12月瑟夫通过RFC675文档发布TCP协议。

1981年9月，TCP/IP协议标准版文档RFC793和RFC791正式发布，其中RFC793是关于TCPv4协议的，RFC791是关于IPv4协议的。

1994年5月，IETF举行会议对IPng提案进行评估，IPng董事会对这些提案进行审阅和讨论。在综合IPng董事会意见和大量讨论后,最后选择以简单增强IP协议（SIPP）为依据进行IPng改编，并将64位地址改为128位地址，作为互联网的下一代IP协议。由于IANA组织修订的IPng已经到第六版，因此，该协议就被称为IPv6协议。

1995年12月，IPv6的建议标准RFC1883文档 *Internet Protocol version 6 (IPv6) Specification*（IP协议，版本6（IPv6）规范）发布。

1998年12月，IPv6协议草案标准（Draft Standard）文档RFC2460发布。

2017年7月，IPv6协议标准版RFC8200正式发布。

1996年,作为向下一代互联网协议过渡的重要步骤,IETF建立了名为6bone的IPv6试验网络。

1997年后，全球主要发达国家纷纷开始IPv6网络的研究和部署，美国建成Internet2，欧洲建立GENAT2，亚太建成APAN。

2012年6月6日，国际互联网协会举行了世界IPv6启动纪念日，这一天，全球IPv6网络正式启动。

2017年11月，中共中央办公厅、国务院办公厅印发《推进互联网协议第六版（IPv6）规模部署行动计划》，政府强势主导推动IPv6升级改造。

习　题

1. 什么是TCP/IP？
2. 简述TCP/IPv4的诞生历程。
3. 简述IPv6的诞生和发展历程。
4. 简述IPv6在我国的发展历程。
5. IPv4协议存在的主要问题有哪些？
6. 为延缓IPv4地址耗尽，主要采取了哪些技术措施？
7. 与IPv4相比，IPv6有哪些新特性？
8. 我国为什么大力发展基于IPv6的下一代互联网？

第 2 章

IPv6 网络与 IPv6 协议

IPv6 网络最关键的协议就是 IPv6 协议。本章在简要介绍 IPv6 网络体系结构的基础上，重点介绍 IPv6 协议基本报头格式、扩展报头，以及 IPv6 协议与上下层协议的关系等。

2.1 IPv6 网络体系结构

2.1.1 网络体系结构基本概念

网络体系结构是网络分层、各层网络协议以及层间接口的集合。常用的网络体系结构有 OSI/RM 网络体系结构和 TCP/IP 网络体系结构。互联网采用 TCP/IP 网络体系结构。

1. 网络协议

计算机网络由多台计算机主机组成，主机之间需要不断地交换数据。要做到有条不紊地交换数据，每台主机都必须遵守一些事先约定好的通信规则。网络协议就是一组控制数据交互过程的通信规则。网络协议由语法、语义和时序三个要素组成。

（1）语法。语法是用户数据与控制信息的结构与格式。

（2）语义。语义规定解释控制信息每部分的含义，它规定了需要发出何种控制信息，以及做出什么样的响应。

（3）时序。时序是对事件发生顺序的详细描述。

简单地说，语法表达要做什么，语义表达要怎么做，时序表达做的先后顺序。

2. 协议分层

对于结构复杂的计算机网络来说，为保证计算机网络有条不紊地交换数据，必须制定大量的协议，构成一套完整的协议体系。为便于组织管理协议体系，一般采用层次结构管理协议。

视 频

IPv6 网络体系结构与各层协议

协议分层具有许多优点。比如,各层之间相对独立,某一层并不需要知道其下层是如何实现的,而仅仅需要知道该层通过层间的接口所提供的服务即可;分层结构可以简化设计工作,将一个庞大而复杂的系统变得容易实现;分层结构使网络灵活性增强,当某一层发生变化时,只要层间接口关系保持不变,则这层上下层均可不受影响;有助于标准化工作,可以做到每一层的功能及其所提供的服务都有精确的说明。

如何划分协议的层次是网络体系结构的另一个重要问题,层次划分必须适当。层次太多会造成系统开销的增加,层次太少又会造成每层的功能不明确,相邻层间接口不明确,从而降低协议的可靠性。一般网络体系结构的层次为 4~7 层。

3. 层间接口

在同一台主机中,包含多层体系结构,每一层有每一层的协议。主机在协议的控制下,利用本层向上层提供服务,同时还需要使用下层向本层提供的服务。层间接口是网络体系结构中相邻的层与层之间进行交互的地方,又称服务访问点。

注意:协议是水平的,协议是控制两个主机进行通信的规则。服务是垂直的,服务是由下层向上层通过层间接口提供的。

网络分层、各层协议以及层间接口的集合就组成了计算机网络的体系结构。

2.1.2 IPv6 网络体系结构

IPv6 网络是在 IPv4 网络的基础上发展起来的下一代 Internet 网络,其网络体系结构与 IPv4 网络的体系结构基本相同,IPv6 网络和 IPv4 网络一样采用 TCP/IP 网络体系结构。

1. TCP/IP 网络分层

TCP/IP 网络体系结构将网络分为四层,分别是应用层、传输层、网络层、网络接口层。TCP/IP 网络分层及 TCP/IP 网络参考模型与 OSI 参考模型层次对应关系如图 2-1 所示。

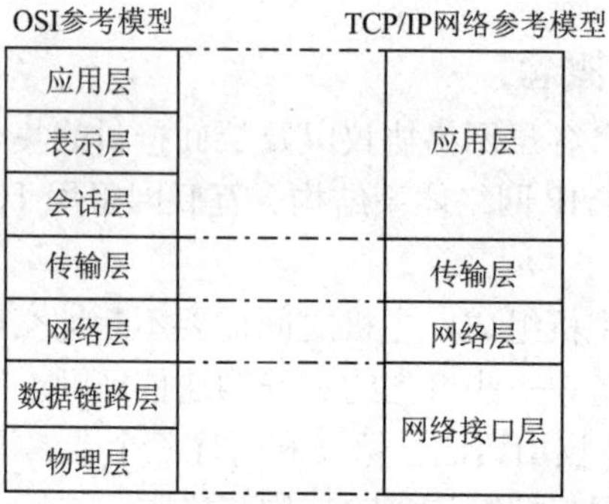

OSI参考模型	TCP/IP网络参考模型
应用层	应用层
表示层	
会话层	
传输层	传输层
网络层	网络层
数据链路层	网络接口层
物理层	

图 2-1 TCP/IP 分层及 TCP/IP 参考模型与 OSI 参考模型对应关系

2. IPv4 网络与 IPv6 网络各层对应协议

IPv4 网络各层主要对应的协议见表 2-1。

表 2-1 IPv4 网络分层与各层协议表

层	协议
应用层	HTTP、SMTP、Telnet、FTP、DNS、DHCP 等
传输层	TCP、UDP
网络层	ICMP、IGMP、IPv4、ARP、RARP 等
网络接口层	Ethernet、PPP、ATM、FR

IPv6 网络的分层以及各层对应的协议见表 2-2。

表 2-2 IPv6 网络分层与各层协议表

应用层	HTTP、SMTP、Telnet、FTP、IPv6-DNS、DHCPv6 等
传输层	TCP、UDP（计算检验和的伪首部不同）
网络层	IPv6、ICMPv6（ND、PMTU、MLD）等
网络接口层	Ethernet、PPP、ATM、FR 等（增加 IPv6 标识等）

通过对比 IPv4 网络和 IPv6 网络层间协议，可以看到，IPv6 网络具有以下几个特点。

（1）IPv6 网络的网络接口层与 IPv4 网络的网络接口层采用相同网络技术，主要变化是数据链路层相关协议需要增加对 IPv6 协议的识别标识等。

（2）IPv6 网络相对于 IPv4 网络最大的变化是网络层，采用了全新的网络层协议，包括 IPv6 协议和 ICMPv6 协议，且利用 ICMPv6 协议报文支持邻居发现（ND）、路径最大传输单元（PMTU），以及多播侦听者发现（MLD）等协议功能。

（3）IPv6 协议对传输层协议的影响比较小，传输层协议 TCP 和 UDP 的变化主要是针对 IPv6 地址长度变化进行的适应性修订。具体体现在计算 TCP 和 UDP 检验和的伪首部的变化上，TCP 和 UDP 的伪首部因 IPv4 和 IPv6 地址长度的不同而不同。

（4）针对 IPv6 网络，不同应用协议需要做不同处理。部分应用协议可以不加修改直接使用，如 Telnet 协议；部分应用协议要针对 IPv6 地址长度的变化进行适应性修订如 FTP 和 DNS 协议；少部分协议要重新编写以适应变化，如 DHCPv6 协议。

2.2 IPv6 网络各层常用协议

IPv6 协议和 IPv4 协议是属于网络层互不兼容的两个协议，在对网络层协议设计时，不论是采用 IPv6 协议，还是采用 IPv4 协议，对网络体系结构中网络层之外的协议，比如网络层之上的传输层和应用层，以及网络层之下的数据链路层，不应产生过大的影响。

IPv6 技术的开发提供了对底层网络的支持，底层具体网络不需要做太多的变动；同时，IPv6 技术的开发也提供了对上层协议的支持，传输层和应用层也不需要做太多变动。

1. 网络接口层协议

IPv6 网络的网络接口层是 TCP/IPv6 参考模型的底层，它负责发送和接收 IP 分组。TCP/IPv6 协议对网络接口层并没有规定具体协议，它采用开放的策略，允许使用局域网、城域网、广域网的各种协议。目前，以太网（Ethernet）协议已经成为局域网的主流协议，PPP 协议成为使用最多的广域网协议。

Ethernet 协议：以太网是由 Xerox 公司创建并由 Xerox、Intel 和 DEC 公司联合开发的基带局域网规范，是当今现有局域网采用的最通用的通信协议标准。TCP/IP 体系中主要为局域网提供 Ethernet v2 格式的数据链路层封装服务。

PPP 协议：点到点协议（Point-to-Point Protocol）是为在点到点链路上传输多协议数据包提供的一种标准方法。PPP 协议是一个多协议的集合，支持建立链路的链路控制协议和多种网络层控制协议，包括 IPv4cp 和 IPv6cp 协议等。在 TCP/IP 体系中主要为广域网提供数据链路层封装服务。

2. 网络层协议

IPv6 网络的网络层主要使用 IPv6 协议，IPv6 协议是一种不可靠、无连接的数据报传输协议，它提供的是尽力而为的服务。网络层主要功能是通过路由器实现路径选择和数据转发的功能。IPv6 网络的网络层协议主要包括 IPv6 协议和 ICMPv6 协议等。

IPv6 协议：IPv6 协议是为解决 IPv4 地址耗尽问题而设计的下一代网络的网际协议。它采用 128 位的地址空间，支持单播、任播和多播三种类型的地址。IPv6 协议支持服务质量、支持移动性、支持端到端安全等特性。

ICMPv6 协议：ICMPv6 协议是最新版的网络控制报文协议，它延续了 ICMPv4 协议的策略和目标，但比 ICMPv4 更复杂，功能更多。ICMPv6 协议不断提供差错报告和信息通告，而且还支持邻居发现、地址解析、多播侦听者发现等功能。

3. 传输层协议

IPv6 网络的传输层负责在会话进程之间建立端到端的连接，传输层使用两个不同协议，一个是传输控制协议 TCP，一个是用户数据报协议 UDP。在 IPv6 网络中，TCP 和 UDP 协议本身没有变化。

TCP 协议：TCP 是一种可靠的、面向连接的传输层协议。它支持差错控制、流量控制和拥塞控制等。大多数需要可靠传输的应用都采用 TCP 协议。

UDP 协议：UDP 是一种不可靠的、无连接的传输层协议。它只是在 IP 服务的基础上增加了进程到进程的通信，使之不再是主机到主机的通信。它除了支持检验和差错控制外，不支持其他差错控制，也不支持流量控制和拥塞控制。主要用于音视频通信场景。

4. 应用层协议

IPv6 应用层是 TCP/IPv6 参考模型中的最高层。应用层包含各种标准的网络应用协议。在 IPv6 网络中，应用层变化最大的协议是与 IPv6 地址相关的服务应用，特别是域名服务系统和动态主机地址分配协议，即 IPv6-DNS、DHCPv6 协议。

IPv6-DNS：IPv6 网络中的 DNS 与 IPv4 的 DNS 在体系结构上是一致的，即 IPv4 和 IPv6 共同拥有统一的域名空间。修订后的 DNS 服务增加对 IPv6 地址解析的支持。为了支持 IPv6 地址的域名解析，修订后的 DNS 服务增加 AAAA 和 A6 两种记录类型和一个反向搜索域 IP6.ARPA 来支持 IPv6 地址的域名解析。

DHCPv6 协议：为了支持 IPv6 地址自动配置，IETF 对 DHCP 协议进行了全新设计，形成了 DHCPv6 协议。需要注意的是，IPv6 协议自身也支持 IPv6 地址自动配置，但 IPv6 协议采用的是无状态 IPv6 地址自动配置，而 DHCPv6 采用的是有状态 IPv6 地址自动配置。

2.3 基于 IPv6 互联网组网架构

2012 年 6 月，工业和信息化部发布并实施中华人民共和国通信行业标准《基于 IPv6 的下一代互联网体系架构》（YD/T 2395—2012）。《基于 IPv6 的下一代互联网体系架构》标准结合我国运营商网络的具体情况，制定了我国的基于 IPv6 互联网组网架构。

基于 IPv6 的互联网架构应达到网络层次清晰化、网络结构扁平化、网络质量差异化、网络管

第 2 章 IPv6 网络与 IPv6 协议

理控制集中化等要求。从层次清晰化和结构扁平化角度来说，基于 IPv6 的互联网主要有接入网、城域网和骨干网三层架构组成，如图 2-2 所示。从质量差异化和管理集中化的角度来说，IPv6 互联网应具备服务质量、网络可靠、移动和安全管理等能力。

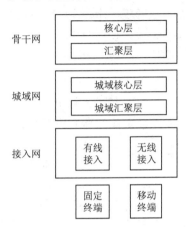

图 2-2 我国基于 IPv6 互联网组网架构

1. 骨干网架构

IPv6 互联网骨干网架构分两层，由核心层和汇聚层组成。骨干层设备应支持 IPv6 基本协议主要包括 IPv6 的邻居发现机制、基于 IPv6 的 QoS 机制、IPv6 静态和动态路由协议、IPv6 安全机制、IPv6 的 MIB 信息库以及 IPv6 数据包线速转发等。支持 IETF RFC4291 规定的 IPv6 地址结构。

2. 城域网架构

IPv6 互联网城域网架构分为两层，由城域核心层和城域汇聚层（含业务接入控制节点）组成。城域核心层为路由器组网，技术要求主要体现在高转发性能，以及与骨干网互联的策略控制能力。城域汇聚层由宽带接入服务器（BRAS）、业务路由器（SR）、移动分组域接入点（PDSN）等控制点设备组成，主要负责固定宽带用户、移动宽带用户、企业专网的接入认证和业务控制。

3. 接入网络架构

接入网在用户终端、企业网络和城域网的业务控制层之间实现传送承载功能。基于用户终端、企业网络接入的物理媒介的不同，接入网络可以分为有线接入网和无线接入网。

有线接入网采用 xDSL、LAN、EPON 或 GPON 等技术接入用户固定终端，对于企业用户可以直接通过光纤将用户自建网络连接到城域汇聚层。

无线接入网采用 Wi-Fi、3G/4G/5G 等无线技术接入用户移动终端。

接入网设备应支持二层透传 IPv6 流量，支持 IPv6 二层多播监听，支持 IPv6 的 QoS、DHCPv6 认证、端口定位属性、IP/MAC 地址绑定等相关安全机制。

2.4 IPv6 协议基本报头分析

1995 年 12 月，IPv6 协议建议标准 RFC1883 文档发布；1998 年 12 月，IPv6 协议草案标准 RFC2460 文档发布；2017 年 7 月，IPv6 协议互联网标准 RFC8200 文档 *Internet Protocol, version 6* (IPv6) *Specification* 正式发布，经历了 20 多年，IPv6 协议互联网标准

视频

IPv6 协议基本报头分析

才正式发布。RFC8200 文档规定了 IPv6 协议基本报头和 IPv6 扩展选项，另外，讨论了 IPv6 协议报文的大小问题、流标签和流量类别的含义，以及 IPv6 协议对上层协议的影响等。注意，IPv6 地址结构在 RFC4291 文档中定义。

IPv6 协议报文由 IPv6 基本报头、IPv6 扩展报头以及上层协议数据单元三部分组成。

上层协议数据单元一般由上层协议报头和其有效载荷构成，上层协议数据单元有效载荷可以是一个 ICMPv6 报文、一个 TCP 报文或一个 UDP 报文。

2.4.1 IPv6 协议基本报头

IPv6 基本报头有 8 个字段，固定大小为 40 B，每个 IPv6 数据报都必须包含基本报头。基本报头提供报文转发的基本信息，会被转发路径上面的所有设备解析。IPv6 基本报头格式如图 2-3 所示。

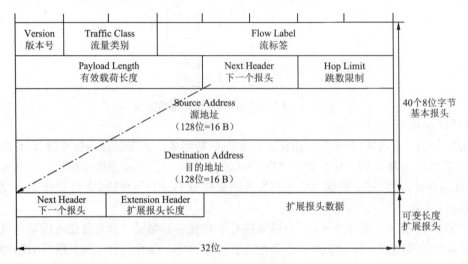

图 2-3　IPv6 基本报头格式

IPv6 报头格式中主要字段解释如下：

- 版本号（Version）：长度为 4 位。对于 IPv6，该值为 6。
- 流量类别（Traffic Class）：长度为 8 位。等同于 IPv4 中的 TOS 字段，表示 IPv6 数据报的类或优先级，主要应用于服务质量 QoS。
- 流标签（Flow Label）：长度为 20 位。IPv6 中的新增字段，用于区分实时流量，不同的流标签＋源地址可以唯一确定一条数据流，中间网络设备可以根据这些信息更加高效率地区分数据流。
- 有效载荷长度（Payload Length）：长度为 16 位。有效载荷是指紧跟 IPv6 报头的数据报的其他部分（即扩展报头和上层协议数据单元）。该字段只能表示最大长度为 65 535 B 的有效载荷。如果有效载荷的长度超过该值，该字段会置 0，而有效载荷的长度用逐跳选项扩展报头中的超大有效载荷选项来表示。
- 下一个报头（Next Header）：长度为 8 位。该字段定义紧跟在 IPv6 报头后面第一个扩展报头（如果存在）的类型，或者上层协议数据单元中的协议类型。
- 跳数限制（Hop Limit）：长度为 8 位。该字段类似于 IPv4 中的 Time to Live 字段，它定义了 IP 数据报所能经过的最大跳数。每经过一个设备，该数值减去 1，当该字段的值为 0 时，数据报将被丢弃。

- 源地址（Source Address）：长度为 128 位。表示发送方的地址。
- 目的地址（Destination Address）：长度为 128 位。表示接收方的地址。

另外，IPv6 为了更好地支持各种选项处理，提出了扩展报头的概念，新增选项时不必修改现有结构就能做到，理论上可以无限扩展，体现了优异的灵活性。

2.4.2 IPv6 基本报头与 IPv4 报头的比较

1. IPv4 协议报头格式

IPv4 协议的报头包含 12 个字段，固定部分大小 20 B。每个 IPv4 数据报都包含基本报头。IPv4 报头格式如图 2-4 所示。

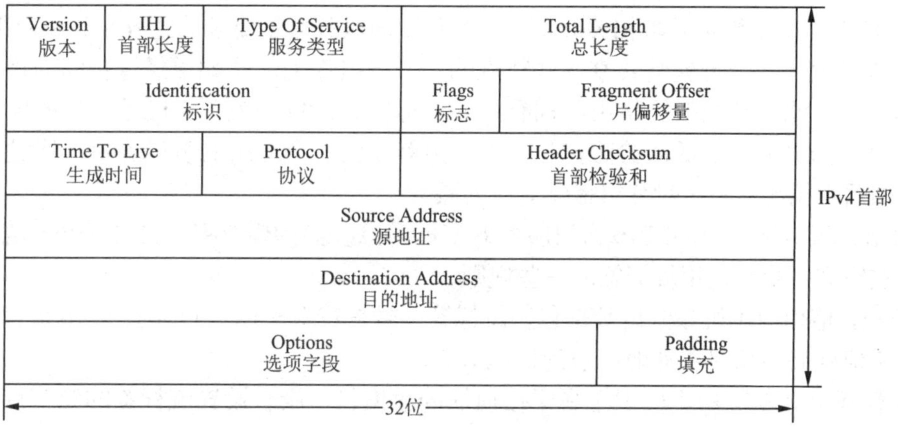

Version 版本	IHL 首部长度	Type Of Service 服务类型	Total Length 总长度	
Identification 标识			Flags 标志	Fragment Offser 片偏移量
Time To Live 生成时间		Protocol 协议	Header Checksum 首部检验和	IPv4首部
Source Address 源地址				
Destination Address 目的地址				
Options 选项字段			Padding 填充	

←————32位————→

图 2-4 IPv4 报头格式

2. IPv6 协议报头和 IPv4 协议报头比较

对比 IPv6 报头和 IPv4 报头，两者有以下不同。

- IPv6 报头取消了 IPv4 报头的首部长度（IHL）字段，因为在 IPv6 版本中基本报头长度是固定的。
- IPv6 报头取消了用于分片的标识（Identification）、标志（Flags）和片偏移量（Fragment Offset）字段，这些字段包含在 IPv6 的分片扩展首部中。
- IPv6 报头取消了 IPv4 报头中的首部检验和（Header Checksum）字段。
- IPv6 报头将 IPv4 服务类型（TOS）字段改为流量类别（Traffic Class），用以取代服务字段的功能。
- IPv6 报头将 IPv4 总长度字段改为有效载荷长度（Payload Length）。有效载荷长度最大为 65 535 B。
- IPv6 报头将 IPv4 的生成时间（TTL）字段改为跳数限制（Hop-Limit）字段。
- IPv6 报头将 IPv4 的协议（Protocol）字段修改为下一个报头（Next Header）。
- IPv6 报头利用扩展首部（Extended Header）实现 IPv4 的选项（Options）字段。
- IPv6 报头增加了一个新的字段，流标签（Flow Label）。

概括起来，IPv6 报头相比 IPv4 报头，增加 1 个字段(流标签)，3 个字段保持不变(版本、源地址、目的地址)，4 个字段修改（流量类别、有效载荷长度、跳数限制、下一个报头），减少 5 个字段（首部长度、标识、标志、片偏移量、检验和）。

3. IPv6 协议新增流标签功能

对于流标签，RFC6437 文档《IPv6 流标签规范》给出了定义：源节点利用 IPv6 报头中 20 位流标签字段标记特定的数据流序列，并利用流标签、源地址和目的地址的三元组识别特定数据包属于哪个数据流，然后通过支持流标签处理的 IPv6 路由器节点，根据流标签作出特定的处理，提供相应的服务。RFC 文档虽然给出了定义，但其格式和用法却没有具体的规定，只提出了一些语义上的基本要求。

流标签字段类似多协议标签交换 MPLS 协议使用的标签（Label），但 IPv6 协议将流标签直接加入到数据报的报头格式中，以便于使用流标签、源地址和目的地址字段的三元组实现高效的 IPv6 流分类。流标签不仅仅用来标识数据流，方便数据包的路由和转发，更重要的是可以利用流标签的 20 位携带与服务质量要求相关的参数，实现不同服务质量要求的区分服务和应用。

对路由器来说，一个流就是共享某些特性的一个分组序列，比如说经过相同的路径，使用相同的资源等。支持流标签处理的路由器拥有一张流标签表，每个表项定义了相应的流标签所需的服务，同时用于标记每一个活动的流标签。当路由器收到一个分组的流标签后，通过查找自己的流标签表，然后根据流标签表对分组提供对应的服务。

这里根据 RFC8200 文档《IPv6 协议版本 6（IPv6）规范》、RFC6437 文档《IPv6 流标签规范》和相关的一些研究，给出使用流标签的一些规则。

（1）流标签值由源主机指派给数据包，流标签编号是在 $1 \sim (2^{20}-1)$ 的一个随机数。流标签一旦设置为非零值就必须原封不动地传送到目标节点。

（2）流标签值"零"用于标识不属于任何流的数据包。没有设置流标签的源节点，必须将流标签设置为"零"。

（3）若转发节点不支持对流标签的处理，就简单地忽略该字段。

（4）属于同一流的分组必须具有相同的源地址、目的地址和流标签值。

（5）分配流标签时，不得使用已经使用并仍在生命周期（120 s）之内的流标签值。

注意：流标签是一个未受保护的字段，可能在途中意外或故意更改。这使得使用流标签，就可能引起安全问题。包括存在拒绝服务攻击的可能性和未经授权的流量窃取的可能性。

2.5 IPv6 协议分析实践

IPv6 基本报头有 8 个字段，固定大小为 40 B，IPv6 基本报头格式比 IPv4 基本报头更加简洁，设计更为合理。为了便于学习掌握 IPv6 基本报头格式，体会掌握真实的 IPv6 协议基本报头。这里通过一个实验示例，演示 IPv6 数据包的捕获与分析。

视频
IPv6 协议数据分析实践

实验名称：IPv6 数据包的捕获与分析

实验目的：通过捕获 IPv6 协议数据包，对 IPv6 协议数据包进行分析，真正掌握 IPv6 基本报头格式。同时了解如何捕获协议数据并进行协议数据分析。

实验拓扑：利用华为 eNSP 网络仿真平台进行模拟实践。网络拓扑图如图 2-5 所示。采用两台路由器模拟计算机，并通过交换机进行互联开展 IPv6 相关的实践。

第 2 章 IPv6 网络与 IPv6 协议

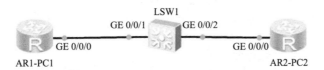

图 2-5 IPv6 协议分析实验拓扑图

实验内容：计划利用路由器 AR1-PC1 模拟计算机开启 Telnet 服务，路由器 AR2-PC2 模拟计算机通过 Telnet 登录 AR1-PC1 并进行远程操作。在登录之前，开启 Wireshark 软件并对 AR1-PC1 的 G0/0/0 接口进行数据捕获。然后对捕获的数据进行分析。

实验步骤：

1. 初始配置

(1) 对 AR1-PC1 进行初始配置，包括配置路由器名称、开启全局 IPv6 和接口 IPv6 功能、手动配置接口 IPv6 地址等。

```
<Huawei> system-view
[Huawei] sysname AR1-PC1
[AR1-PC1] ipv6                                      ##开启全局 IPv6
[AR1-PC1] int g0/0/0
        Ipv6 enable                                 ##开启接口 IPv6
        Ipv6 address 240e:0:1:11::1 64              ##手工配置接口 IPv6 地址
        Quit
```

(2) 对 AR1-PC1 进行配置，开启 Telnet 服务并允许远程 Telnet 登录。

```
[AR1-PC1] Telnet ipv6 server enable                 ##开启 Telnet 服务
[AR1-PC1] user-interface vty 0 4                    ##进入虚拟终端接口
        Authentication-mode password                ##设置认证模式为口令
        Set authentication password cipher huawei123 ##设置口令
        User privilege level 3                      ##设置登录用户权限
        Quit
```

(3) 对 AR2-PC2 进行初始配置。包括配置路由器名称、开启全局 IPv6 和接口 IPv6 功能、手动配置接口 IPv6 地址等。

```
<Huawei> system-view
[Huawei] sysname AR2-PC2
[AR1-PC1] ipv6
[AR1-PC1] int g0/0/0
        Ipv6 enable
        Ipv6 address 240e:0:1:11::2  64
        Quit
```

2. 开启 Wireshark 进行数据捕获

在拓扑图中 AR1-PC1 的接口 G0/0/0 上右击，弹出的快捷菜单如图 2-6 所示，选择"开始抓包"命令，系统开启 Wireshark，并开始捕获所有通过 G0/0/0 接口的数据包。

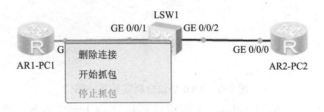

图 2-6 Wireshark 捕获数据操作

3. 远程登录 AR1-PC1

在 AR2-PC2 上，在用户模式下通过 Telnet 远程登录 AR1-PC1，并对 AR1-PC1 进行配置显示等操作，如图 2-7 所示。

```
<AR2-PC2> telnet ipv6 240e:0:1:11::1                ## 通过 Telnet 登录 AR1-PC1
```

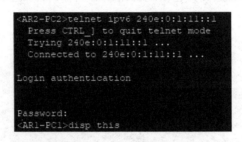

图 2-7 AR2-PC2 远程登录 AR1-PC1

4. 对 Wireshark 捕获数据进行过滤筛选

当开启 Wireshark 后，将捕获通过接口的所有报文，为了便于找到所需要的报文，需要对捕获数据进行过滤筛选。

在 Wireshark 中过滤筛选报文，使用过滤器 filter。关于过滤器的用法，这里不做介绍，有兴趣的读者可以通过网络进行学习。在过滤器中输入：tcp，显示所有 TCP 流。Telnet 应用层协议采用 TCP 协议封装，因此也包含在 TCP 流中，如图 2-8 所示。

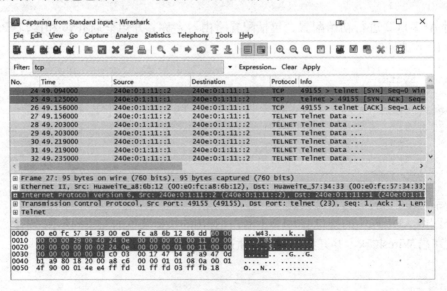

图 2-8 Wireshark 通过过滤器显示 TCP 流

5. 对 Wireshark 捕获的 IPv6 数据包选择其一进行分析

对 Wireshark 捕获的 IPv6 数据包选择其中一个数据帧进行分析，如图 2-9 所示。可以看到，被分析数据为捕获数据的第 29 帧，网络层采用 IPv6 协议。

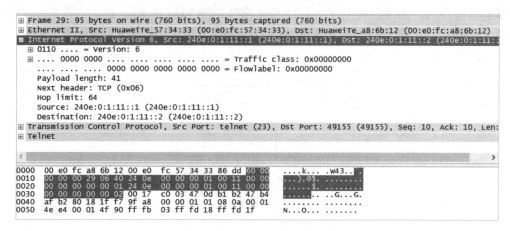

图 2-9 IPv6 数据包分析

- 第一字段协议版本，4 位二进制，二进制值为"0110"，即 Version=6；
- 第二字段流量类别，8 位二进制，值为 0x00，即 Traffic Class=0x00；
- 第三字段流标签，20 位二进制，值为 0x00000，即 Flow Label=0x00000；

注意：前三个字段组成第一个 32 位二进制位，形成十六进制值：0x60 00 00 00。

- 第四字段有效载荷长度，16 位二进制，值为 0x0029，即 Payload Length=41 B；
- 第五字段下一个报头，8 位二进制，值为 0x06，即下一个报头为 TCP 协议；
- 第六字段跳数限制，8 位二进制，值为 0x40，及跳数限制 =64；

注意：第四至六字段组成第二个 32 位二进制位，形成十六制值：0x00 29 06 40。

- 第七个字段源 IPv6 地址，128 位二进制，即 240e:0:1:11::1；
- 第八个字段目的 IPv6 地址，128 位二进制，即 240e:0:1:11::2。

源地址和目的地址后面，是上层协议和有效载荷数据。这里不做分析。

2.6 IPv6 协议扩展报头分析

2.6.1 IPv6 协议扩展报头格式

在 IPv4 协议中，IPv4 报头包含可选字段 Options，Options 可以将 IPv4 报头长度从 20 B 扩充到 60 B。IPv6 将这些 Options 从 IPv6 基本报头中剥离，放到了扩展报头中，扩展报头被置于 IPv6 报头和上层协议数据单元之间，将扩展报头与基本报头分离的设计，优化 IPv6 基本报头，同时也提高了路由器处理数据包的速率和路由器转发性能。一个 IPv6 报文可以包含 0 个、1 个或多个扩展报头，仅当需要设备或目的节点做某些特殊处理时，才由发送方添加一个或多个扩展报头。与 IPv4 不同，IPv6 扩展头长度任意，不受 40 B 限

视频

IPv6 扩展报头分析

制,这样便于日后扩充新增选项,这一特征加上选项的处理方式使得 IPv6 选项能得以真正的利用。但是为了提高处理选项报头和传输层协议的性能,扩展报头总是 8 B 长度的整数倍。

当使用多个扩展报头时,前面报头的 Next Header 字段指明下一个扩展报头的类型,这样就形成了链状的报头列表。如图 2-10 所示,IPv6 基本报头中的 Next Header 字段指明了第一个扩展报头的类型,而第一个扩展报头中的 Next Header 字段指明了下一个扩展报头的类型。如果不存在扩展报头,则指明上层协议的类型。

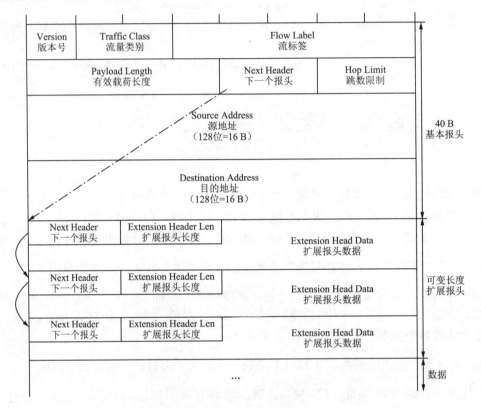

图 2-10 IPv6 扩展报头格式

当使用 Next Header 字段指明上传协议类型时,Next Header 值为 58 代表上层数据为 ICMP 报文,Next Header 值为 6 代表上层数据为 TCP 报文,Next Header 值为 17 代表上层数据为 UDP 报文。

IPv6 扩展报头中主要字段解释如下:

下一个报头(Next Header):长度为 8 位。与基本报头的 Next Header 的作用相同。指明下一个扩展报头(如果存在)或上层协议的类型。

扩展报头长度(Extension Header Len):长度为 8 位。表示扩展报头的长度,以 8 B 为单位(不包括开始的 8 B)。

扩展报头数据(Extension Head Data):扩展报头数据长度可变。是扩展报头的内容,为一系列选项字段和填充字段的组合。

2.6.2 扩展报头功能

目前,IPv6 协议完整实现 6 个扩展报头,分别是:逐跳选项报头、目的选项报头、路由报头、分段报头、认证报头、封装安全净载报头。其中逐跳选项报头、目的选项报头、路由报头和分段选择报头在 RFC8200 文档中定义,而认证报头在 RFC4302 文档中定义,封装安全净载报头在 RFC4303 文档中定义。

本文不对 IPv6 扩展报头的结构进行详细说明,有兴趣的读者可以通过网络阅读 RFC8200、RFC4302 和 RFC4303 文档进行学习。

这里利用表格对 IPv6 扩展报头的功能进行简要说明,以便读者了解 IPv6 协议实现的 6 个扩展报头的功能,见表 2-3。扩展报头的 Next Header 字段值来源于 IANA IP 协议号值,与 IPv4 和 IPv6 协议使用的协议号值相同。

表 2-3 IPv6 扩展报头

扩展报头类型	Next Header 字段值	描 述
Hop-by-Hop Options 逐跳选项	0	该选项主要用于为在传送路径上的每跳转发指定发送参数,传送路径上的每台中间节点都要读取并处理该字段
Destination Options 目的选项	60	目的选项报头携带了一些只有目的节点才会处理的信息。目前,目的选项报头主要应用于移动 IPv6
Routing 路由	43	路由报头用来指明一个报文在网络内需要依次经过的路径点,用于源路由方案
Fragment 分段	44	当报文长度超过 MTU 时就需要将报文分段发送,而在 IPv6 中,分段发送使用的是分段报头
Authentication 认证	51	该报头由 IPSec 使用,提供认证、数据完整性以及重放保护。它还对 IPv6 基本报头中的一些字段进行保护
Encapsulating Security Playload 封装安全净载	50	该报头由 IPSec 使用,提供认证、数据完整性以及重放保护和 IPv6 数据报的保密,类似于认证报头
No Next Header 无下一个报头	59	当扩展报头没有下一个报头时,将扩展报头中下一个报头的值设置为 59,标识扩展报头为空
上层报头	58/6/17	Next Header 值为 58 代表上层为 ICMP 报文,Next Header 值为 6 代表上层为 TCP 报文,Next Header 值为 17 代表上层为 UDP 报文

根据 IPv6 协议标准 RFC8200 文档,除逐跳选项报头外,扩展报头不会由沿数据包的传递路径的任何中间节点进行处理、插入或删除,直到数据包到达 IPv6 报头的目标地址字段中标识的目的节点。

如果存在逐跳选项报头,则逐跳选项报头必须紧跟在 IPv6 报头之后,且 IPv6 报头的下一个报头字段中的值为零。逐跳选项报头不能被插入或删除,但可由沿分组的递送路径的任何节点检查或处理,直至分组到达目的节点为止。

在目的节点,如果存在扩展报头,IPv6 报头处理程序调用相关模块处理第一个扩展报头,如果不存在扩展报头,则直接处理上层报头。每个扩展报头的内容和语义决定是否存在下一个报头。因此,必须严格按照扩展报头在数据包中出现的顺序进行处理,接收方不得扫描数据包,以寻找特定类型的扩展报头，并在处理之前处理该报头。

如果目的节点无法识别当前报头中的下一个报头值，则它应丢弃该数据包，并向数据包源节点发送"ICMPv6 参数问题"（类型为 4）报文，ICMPv6 代码值为 1（"遇到无法识别的下一个标头类型"）和包含原始数据包中无法识别值的偏移量的 ICMPv6 指针字段。如果目的节点在除 IPv6 报头以外的任何报头中遇到下一个报头值为零，则应采取相同的操作。

2.6.3 扩展报头顺序

需要注意的是，当一个数据包有多个扩展报头时，各报头出现是有顺序的。各报头建议按照下列顺序出现：IPv6 基本报头、逐跳选项扩展报头、目的选项扩展报头、路由扩展报头、分段扩展报头、认证扩展报头、封装安全净载扩展报头、目的选项扩展报头、上层协议数据报文（ICMPv6 报文或 TCP 报文或 UDP 报文）。

除了目的选项扩展报头可能出现一次或两次（一次在路由扩展报头之前，另一次在上层协议数据报文之前），其余扩展报头最多只能出现一次。

IPv6 协议文档 RFC8200 强调，IPv6 节点必须接收并尝试以任何顺序处理扩展报头，并在同一数据包中出现任意次数。但逐跳选项报头除外，该报头仅限于出现在 IPv6 标头之后。尽管如此，强烈建议 IPv6 数据包的源节点遵守上述建议的顺序，除非后续规范修改该建议。

2.6.4 路由报头相关问题

1. 包含路由报头的数据包处理过程

在 RFC8200 文档中，关于扩展报头的描述，"除逐跳选项报头外，扩展报头不会由沿数据包的传递路径的任何中间节点进行处理、插入或删除，直至数据包到达 IPv6 报头的目标地址字段中标识的目的节点"。而关于路由报头的描述，"IPv6 源节点使用路由报头列出一个或多个中间节点，这些中间节点将在数据包到达目的节点的过程中被'访问'"，中间节点根据路由类型值（Routing Type）和剩余段数（Segment Left）做出相应的处理。

在关于扩展报头的描述中，中间节点（如路由器）是不允许处理、插入或删除报头的；而在关于路由扩展报头的描述中，中间节点（如路由器）是可以访问处理路由报头的。两者似乎有些矛盾。

通过进一步研究，发现在 IPv6 协议的草案标准 RFC2460 文档中，在定义路由报头的同时，定义了"类型 0 路由报头（Type 0 Routing header）"（简称 RH0），并给出了 RH0 的实现算法，以及实现算法示例。下面根据 RFC2460 文档进行说明。

当采用 RH0 时，路由报头结构如图 2-11 所示。图中 Segment left 表示剩余段数，即在到达访问终点前，仍需要访问的且明确列出的中间节点的数量。

当数据包中包含 RH0 时，每经过一个 RH0 列出的中间节点，中间节点在对紧邻前一个报头的下一个报头字段进行处理时就会触发调用路由报头算法模块。

根据 RFC2460 给出的算法实现示例，当 IPv6 数据包中采用 RH0 时，IPv6 数据包必须经过 RH0 中列出的每个中间节点以及真正最后的目标节点。源节点产生的 IPv6 基本报头的目的地址是第一个中间节点路由器的 IPv6 地址，并不是真正最后的目标节点 IPv6 地址。每经过一个中间节点，就将 IPv6 基本报头的目的地址修改为下一个中间节点的 IPv6 地址，直至修改为最后一个目的节点的 IPv6 地址为止。

由于包含 RH0 的源节点数据包的目的地址使用的是中间节点的 IPv6 地址，每经过一个中间节点就替换为下一个中间节点的 IPv6 地址。可见，"类型 0 路由报头"的这种数据传输处理方式，与

"除逐跳选项报头外,扩展报头不会由沿数据包的传递路径的任何中间节点进行处理、插入或删除,直至数据包到达 IPv6 报头的目标地址字段中标识的目的节点"的要求没有矛盾冲突。

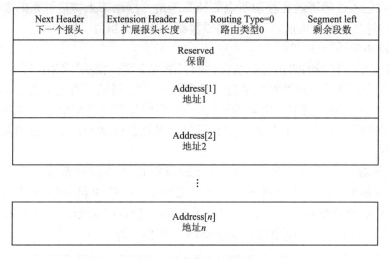

图 2-11　类型 0 路由报头结构(RH0 结构)

2. 路由报头的变化

细心的读者可能发现,在描述包含路由报头的数据包处理过程中,引用的是 IPv6 草案标准 RFC2460 文档。而不是 IPv6 标准协议 RFC8200 文档。这是由于草案标准 RFC2460 文档定义的"类型 0 路由报头"存在安全隐患,而被建议标准 RFC5095 文档"弃用 IPv6 中的类型 0 路由报头"所弃用。

根据 RH0 结构,单个 RH0 可以包含多个中间节点地址,并且同一节点地址可能在同一个 RH0 中出现多次,这就允许源节点构建一个数据包,使得数据包能够在两个中间节点之间多次来回访问。RH0 结构的这一特点能够被攻击者利用,实现拒绝服务攻击。这种攻击非常严重,因为它影响的是被利用节点之间的整个路径,而不仅仅是节点本身或其网络。

2001 年发现 RH0 潜在的安全问题,导致 2004 年 6 月制定的移动 IPv6 规范(RFC3775)使用"类型 2 路由报头"代替了"类型 0 路由报头"来支持 IPv6 的移动性;也导致了 2007 年 12 月 RFC5095 文档弃用 IPv6 中的"类型 0 路由报头"RH0。

3. 类型 2 路由报头

当前,移动报头、移动选项、类型 2 路由报头和家乡地址选项报头一起用于支持 IPv6 的移动性(建议标准 RFC6275 文档《IPv6 的移动性支持》)。这里先根据 RFC6275 文档介绍移动 IPv6 的数据包选路,然后介绍"类型 2 路由报头"。

1) 移动 IPv6 的数据包选路

对于知道移动节点的转交地址(移动节点连接到非家乡网络时分配的临时 IP 地址)的通信节点(与移动节点通信的对等节点),可以利用 IPv6 路由报头直接将数据包发送给移动节点的转交地址。数据包不需要经过移动节点的家乡代理(是指移动节点在家乡链路上的路由器),而是经过从始发点到移动节点的一条优化路由。这种方式采用的 IPv6 路由报头就是"类型 2 路由报头"。数据包处理过程在"类型 2 路由报头"中进一步说明。

如果通信节点不知道移动节点的转交地址,那么它就像向其他任何固定节点发送数据包那样向移动节点发送数据包。这时,通信节点只是将移动节点的家乡地址(是通信节点知道的唯一地址)

放入目的 IPv6 地址字段中，并将自己的地址放在源 IPv6 地址字段中，然后将数据包转发到合适的下一跳上。这样发送的一个数据包将被送往移动节点的家乡链路。在家乡链路上，家乡代理截获这个数据包，并将它通过隧道送往移动节点的转交地址。移动节点将送过来的数据包拆封，发现内层数据包的目的地是其家乡地址，于是将内层数据包交给高层协议处理。

2)"类型 2 路由报头"(RH2)

移动 IPv6 定义了一种新的路由报头变体，即"类型 2 路由报头"(RH2)，用于允许将数据包直接从通信节点路由到移动节点的转交地址。采用 RH2 时，通信节点先是将移动节点的转交地址插入 IPv6 目标地址字段中（而不是家乡地址），一旦数据包到达转交地址，移动节点就能从 RH2 中检索出移动节点的家乡地址，并将其用作数据包的最终目的地址。数据包转发到家乡地址，并交由高层协议处理。

RH2 仅限于承载一个 IPv6 地址。处理 RH2 的所有 IPv6 节点必须验证其中包含的地址是否为节点自己的家乡地址，以防止数据包在节点外部转发。RH2 中包含的 IPv6 地址（也就是移动节点的家乡地址）必须是单播路由地址。RH2 的结构如图 2-12 所示。对于 RH2，扩展报头长度 Extension Header Len 必须为 2，剩余段数 Segments Left 必须为 1。

图 2-12　类型 2 路由报头格式（RH2 结构）

2.7　IPv6 协议与底层网络协议

视　频

IPv6 协议与上下层协议关系

制定 IP 协议的一个目标是 IP 网络要尽可能地支持各种底层网络的互联，这种方式称为 IP over Everything，即 IP 协议能够适应各种底层网络。

为了尽可能地让 IP 协议与数据链路层保持独立，需要 IP 协议通过具体网络的数据链路层接口连接数据链路层。但由于 IPv4 与 IPv6 地址格式长度不同，因此需要对各种具体网络数据链路层接口进行适当修改。

具体的网络有以太网、令牌环网、FDDI 网、ATM 网络、帧中继网、点到点 PPP 网络等。由于网络的技术发展，目前以太网（Ethernet）协议已经成为局域网的主流协议，点到点 PPP 协议成为使用最多的广域网协议。本节概要介绍各种具体网络针对 IPv6 协议的变化，然后详细介绍以太网和点到点网络传递的 IPv6 数据包的格式。

1. 底层网络对 IPv6 协议的支持

底层网络对 IP 协议的支持体现在两个方面：一是底层网络通过数据链路层接口驱动程序，将 IP 数据包作为底层网络的数据链路层数据单元进行封装后，在底层网络中传输；二是 IP 网络独立

第 2 章　IPv6 网络与 IPv6 协议

于底层网络的物理传输介质，IP 协议只关心目的 IP 地址，而不用考虑底层网络具体使用硬件设备。

为了使各种具体的网络支持 IPv6 网络，IETF 发布了一系列具体网络支持 IPv6 的建议标准 RFC 文档。以以太网为例，IETF 在 1998 年 12 月发布 RFC2464 文档《通过以太网传输 IPv6 数据包》，增加了 IPv6 协议识别代码 0x86DD，并对以太网传递 IPv6 数据报的封装格式、链路本地地址和无状态 IPv6 地址自动配置等进行了说明。通过这些具体规范，提供以太网对 IPv6 协议的支持。一些底层网络技术支持 IPv6 协议的协议代码和 RFC 文档，见表 2-4。

表 2-4　底层网络支持的 IPv6 协议的协议代码和 RFC 文档

具体网络	MTU/B	IPv6 协议 ID	对应 RFC 文档
以太网	1 500	0x86DD	RFC2464，RFC8064
PPP 网络	1 500	0x0057	RFC5072，RFC8064
FDDI 网络	4 352	0x86DD	RFC2467，RFC8064
令牌环网	可变（默认值 1 500）	0x86DD	RFC2470，RFC8064
ATM 网络	9 180	0x86DD	RFC2492，RFC8064
帧中继 FR	1 592	0x8E	RFC2590，RFC8064

注：RFC8064 对各种网络的无状态 IPv6 地址自动配置进行了修订。

2. 以太网对 IPv6 的支持（RFC2464）

以太网是目前广泛使用的局域网技术。IETF 通过 RFC2464 文档《通过以太网传输 IPv6 数据包》对以太网传递 IPv6 数据报的封装格式、链路本地地址和无状态 IPv6 地址自动配置等进行了说明，提供了对 IPv6 网络的支持。

当以太网协议类型字段值为 0x86DD 时，表示以太网封装的是 IPv6 数据包。以太网对 IPv6 数据包的封装格式如图 2-13 所示。通过报头三个字段和尾部一个字段，将上层的 IPv6 数据封装成帧。报头三个字段分别为 6 B 目的 MAC 地址、6 B 源 MAC 地址、2 B 协议类型，尾部一个字段为 4 B 帧检验序列，采用循环冗余校验码（CRC），用于检验帧在传输过程中有无差错。

以太网数据46~1 500 B

目的MAC地址 （6 B）	源MAC地址 （6 B）	0x86DD （2 B）	IPv6数据包 （最小1 280 B）	帧检验序列 （4 B）

图 2-13　以太网对 IPv6 数据包封装格式

3. PPP 对 IPv6 网络的支持（RFC5072）

PPP 网络是一种在串行链路上支持运行 IP 协议及其他协议的网络，支持同步线路和非同步线路。PPP 协议由三个主要部分组成：一是在串行链路中封装数据包成帧的方法；二是用于建立和配置数据链路连接的链路控制协议 LCP；三是用于建立和配置不同网络层协议的一系列网络控制协议 NCP。

为了让 PPP 网络支持 IPv6 网络，IETF 在 1998 年 12 月发布 RFC2472 文档《基于 PPP 的 IPv6 协议》，2007 年 9 月又发布了 RFC5072 文档并废弃了 RFC2472 文档。RFC5072 文档增加了 PPP 识别 IPv6 报文的协议代码 0x0057，增加了用于建立和配置基于 PPP 协议的 IPv6 网络控制协议 NCP，也就是 IPv6CP。并对 PPP 协议封装 IPv6 数据包的格式、链路本地地址和无状态自动配置进行了说明。

IPv6 网络的 PPP 网络控制协议 IPv6CP 负责配置、启用和禁用点对点链路两端的 IPv6 协议模板，实现 IPv6 通信。IPv6CP 通过一套独特的选项对 IPv6 参数进行协商，目前，IPv6CP 定义了唯一选项——接口标识符（Interface Identifier），它提供了一种方式协商一个 64 位的接口标识符。（在 RFC2472 中，还定义了另一个选项是 IPv6 压缩协议（IPv6 Compression Protocol），它用来协商一个特殊的数据包压缩协议，该选项默认状态是不开启的。在 RFC5072 中被取消。）

当 PPP 协议帧中协议字段设置为 0x0057 时，表示 PPP 协议帧中的数据为 IPv6 数据包。PPP 协议对 IPv6 数据包的封装格式如图 2-14 所示。通过报头 4 个字段和尾部 2 个字段将上层的 IPv6 数据封装成帧。报头四个字段分别是标志、地址、控制和协议，尾部两个字段分别是帧检测序列和标志。标志字段固定值为 0x7E，即 "01111110"，用于标识 PPP 协议数据的开始和结尾。

PPP数据最大1 500 B

标志 (0x7E)	地址 (0xFF)	控制 (0x3)	协议（2字节） 0x0057	IPv6数据包 （最小1 280 B）	帧检验序列 (2 B)	标志 (0x7E)

图 2-14　PPP 协议对 IPv6 数据包封装格式

注意：关于以太网和 PPP 等网络的链路本地地址和无状态 IPv6 地址自动配置等知识在第 3 章中具体介绍。

2.8　IPv6 协议与上层协议

制定 IP 协议的另一个目标是要 IP 网络支持各种上层应用，这种方式称为 Everything over IP，即各种上层应用都可以通过 IP 协议网络进行互联处理。也需要尽可能保持 IP 协议与上层协议的独立。

IPv6 协议对上层协议的影响非常小，各种上层协议最重要的变化主要发生在使用 IP 地址的地方。如果 IPv4 网络中上层协议使用了 IPv4 地址，在 IPv6 网络中就需要对上层协议对应的进程进行更新，以便适应 IP 地址长度的变化。

1. TCP 和 UDP 协议的变化（检验和字段）

在 IPv6 网络中，传输层的 TCP 和 UDP 协议本身没有变化。但由于 TCP 和 UDP 协议在数据包中包含了检验和字段，并通过 IPv6 伪报头等数据生成检验和。而 TCP 和 UDP 协议使用的 IPv6 伪报头由 IPv6 协议规范文档 RFC8200 定义,其中包含源 IPv6 地址和目的 IPv6 地址等字段。因此，TCP 和 UDP 协议的处理进程需要进行适当更新。IPv6 的伪报头如图 2-15 所示,包括源 IPv6 地址、目的 IPv6 地址、上层数据包长度、3B 0 填充符、下一个报头字段。IPv6 伪报头总长度为 40 B。

注意：根据 IPv6 协议规范 RFC8200 文档，TCP 和 UDP 报文检验和由发起报文的 IPv6 节点负责计算，由最终目的节点负责检验。如果 IPv6 数据包包含路由扩展报头，则计算检验和使用的 IPv6 目的地址是路由报头中列出的最后一个 IPv6 地址，也就是真正的目的 IPv6 地址，而不是中间节点路由器的 IPv6 地址。这样处理是为了避免因 IPv6 数据包目的 IPv6 地址的变化（包括路由报头的 IPv6 数据包每经过一个中间节点，目的 IPv6 地址变化一次），而引起检验和验证失败。

第 2 章 IPv6 网络与 IPv6 协议

图 2-15 IPv6 伪报头

2. 应用层协议的变化

对于应用层协议，从 IPv4 到 IPv6 网络，不同的应用层协议变化不相同。比如，Telnet 协议，由于 Telnet 编码中未使用 IP 地址，因此可以不加变化地在 IPv6 网络中使用；FTP 协议，由于 FTP 协议在部分命令中涉及 IP 地址，因此需要对 FTP 协议中使用 IP 地址的命令进行适应性修订；应用层协议变化较大的有 DNS 协议和 DHCP 协议。DNS 协议针对 IPv6 地址进行了扩展，以便支持 IPv6 地址，形成了 IPv6-DNS 服务。为了适应 IPv6 地址长度的变化及动态分配 IPv6 地址，IETF 对 DHCP 协议进行了全新设计，形成了 DHCPv6 协议。

表 2-5 给出部分应用层协议为适应 IPv6 网络所做修订对应的 RFC 文档，以便读者学习了解。本书后面章节对变化较大，且与 IPv6 网络应用密切相关的应用层协议 IPv6-DNS 协议和 DHCPv6 协议进行介绍，其他应用层协议读者可参考相关 RFC 文档。

表 2-5 常用应用层协议修订

协议	简要说明	RFC 文档
DHCPv6	全新的 DHCPv6 服务与 DHCPv4 是完全独立的两种服务	RFC8415（2018）
IPv6-DNS	RFC1886 使用 AAAA 记录类型和 ip6.int 反向域	RFC1886（1995）
	RFC2874 定义使用 A6 记录类型	RFC2874（2000）
	RFC3152 建议使用 IP6.ARPA 反向域	RFC3152（2001）
	RFC3363 将定义使用 A6 记录的 RFC2874 改为试验状态（Experimental）	RFC3363（2002）
	RFC3596 使用 AAAA 记录和 IP6.ARPA 反向域	RFC3596（标准 2003）
	RFC4159 弃用 IP6.INT 方向域	RFC4159（2005）
FTP	EPRT 命令替换 PORT 命令 EPSV 命令替换 PAST 命令	RFC2428（1998）
Telnet	Telnet 协议无须做任何修改	RFC854（1983）
URI 标准	通过 RFC3986 定义 URI 通用语法，以支持 URI 中的文本格式 IPv6 地址。升级 Web 服务器和浏览器支持 URI 通用语法，进而支持 IPv6 的 Web 服务等	RFC3986（标准 2005）

附：实验软件 eNSP 使用介绍

1. eNSP 软件功能

eNSP（Enterprise Network Simulation Platform）是一款由华为提供的、可扩展的、图形化操作的网络仿真工具平台。主要对华为的企业网络路由器、交换机、WLAN 设备（AC 和 AP）、防火墙等设备进行软件仿真，完美呈现真实设备实景，支持大型网络模拟，让广大用户有机会在没有真实设备的情况下能够模拟演练，学习网络技术。

2. 软件依赖

eNSP 的正常使用依赖于 WinPcap、VirtualBox 和 Wireshark 三款软件，支持软件及版本信息见表 2-6。

表 2-6　eNSP 依赖软件信息

软　件	版　本　号	备　注
WinPcap	4.1.3	必选
VirtualBox	4.2.X-5.2.X	必选
Wireshark	（版本可变）	可选

eNSP 软件有多个版本，早期版本的 eNSP（V100R002）软件包包含以上三个软件，用户可以在安装 eNSP 软件的同时自动安装以上三个软件。最后一个包含以上三个软件的完整版 eNSP 软件包是 eNSP V100R002C00B510 Setup.ZIP 文件。

之后的 eNSP 软件版本（V100R003）不再包含以上三个软件，需要用户单独下载并先安装好，才能安装使用 eNSP 软件，否则部分功能将不能使用。比如软件包 eNSP V100R003C00SPC100 Setup.ZIP 文件，就需要用户事先下载以上三个软件并安装好，才能安装 eNSP 软件。

特别强调一点，Wireshark 软件用于捕获网络数据包，进行网络协议分析，是可选软件。如果用户不需要进行网络协议分析，可以不用安装 Wireshark 软件。本书需要利用 Wireshark 进行协议分析，因此安装 eNSP 之前，先安装 Wireshark 软件。

3. eNSP 软件安装

这里以 eNSP 软件 V100R003 版本安装为例说明 eNSP 软件安装。假定用户已经安装好 WinPcap、VirtualBox 和 Wireshark 三款软件（采用默认配置安装即可）。

下载 eNSP V100R003C00SPC100 Setup.ZIP 软件包，解压缩得到 eNSP_setup.EXE 文件。双击 eNSP_setup.EXE，开始安装 eNSP 软件。为简化安装，所有对话框采用默认设置，具体安装步骤如下。

(1) 双击 eNSP_setup.EXE，启动安装软件语言选择界面，如图 2-16 所示。

(2) 选择语言"中文（简体）"，单击"确定"按钮，出现安装初始界面，如图 2-17 所示。

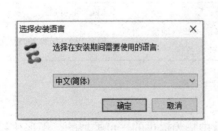

图 2-16　软件安装语言选择界面

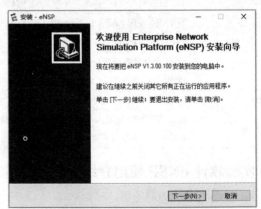

图 2-17　eNSP 软件安装初始界面

(3) 连续单击"下一步"按钮，选择许可协议、安装位置、开始菜单文件夹对话框、创建桌面快捷图标。其中，创建桌面快捷图标对话框如图 2-18 所示。

第 2 章　IPv6 网络与 IPv6 协议

(4) 单击"下一步"按钮，出现 eNSP 自动检测已安装的辅助程序对话框，如图 2-19 所示。

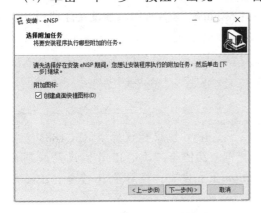 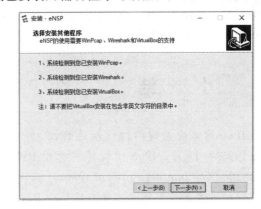

图 2-18　选择创建桌面快捷图标　　　　　图 2-19　自动检测已安装的辅助程序对话框

(5) 单击"下一步"按钮，开始安装，如图 2-20 所示。

(6) 单击"完成"按钮，即可完成 eNSP 软件安装，如图 2-21 所示。

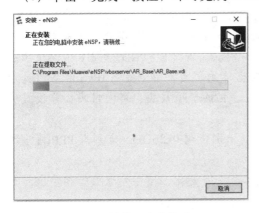 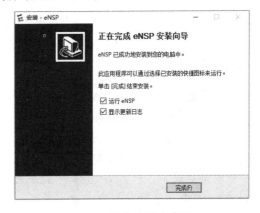

图 2-20　软件正在安装界面　　　　　　　图 2-21　软件安装完成界面

4. 软件初始配置

华为 eNSP 软件安装完成后，还需要对模拟设备进行注册，才能正常使用。双击桌面上的 eNSP 图标，启动 eNSP 软件，选择右上角"菜单"→"工具"→"注册设备"命令（见图 2-22），打开注册设备对话框，如图 2-23 所示。

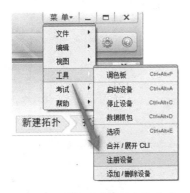 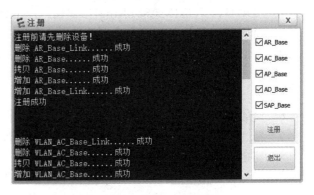

图 2-22　选择"注册设备"命令　　　　　　图 2-23　注册设备对话框

在注册设备对话框中，先勾选右侧所有设备，然后单击"注册"按钮，注册设备时，软件先删除模拟器中所有设备，然后重新创建所有设备。显示结果如图2-23所示，则设备注册成功。华为 eNSP 软件可以正常使用。

小　　结

IPv6 网络最关键的协议就是 IPv6 协议。1995 年 12 月，IPv6 协议建议标准 RFC1883 文档发布；1998 年 12 月，IPv6 协议草案标准 RFC2460 文档发布；2017 年 7 月，IPv6 协议互联网标准 RFC8200 文档 *Internet Protocol version 6 (IPv6) Specification* 正式发布，经历了 20 多年，IPv6 协议互联网标准才正式发布。本章内容结合 RFC8200 文档进行介绍。

本章在简要介绍 IPv6 网络体系结构的基础上，重点介绍 IPv6 协议基本报头格式、扩展报头，以及 IPv6 协议与上下层协议的关系等。

IPv6 网络体系结构和 IPv4 网络的体系结构一样，分为四层，分别是网络接口层、网络层、传输层和应用层。

IPv6 协议基本报头有 8 个字段，固定大小为 40 B，每个 IPv6 数据报都必须包含基本报头。基本报头由版本号、流量类别、流标签、有效载荷长度、下一个报头、源地址和目的地址 8 个字段组成。

IPv6 协议扩展报头被置于 IPv6 报头和上层协议数据单元之间，用于提高 IPv6 网络的灵活性和创新性，主要有 6 个扩展报头，分别是逐跳选项报头、目的选项报头、路由报头、分段报头、认证报头、封装安全净载报头。

底层网络协议中，以太网封装格式增加了 IPv6 协议识别代码 0x86DD，点到点 PPP 协议增加了 IPv6 协议识别代码 0x0057。

传输层协议中，针对 IPv6 协议 TCP 和 UDP 协议本身没有变化，但在处理检验和字段时需要对 TCP 和 UDP 协议的处理进行适当更新。

应用层协议中，不同的应用层协议变化不相同。

习　　题

1. 对比 IPv4 网络协议和 IPv6 网络协议，IPv6 网络具有哪些特点？
2. 简述 IPv6 协议数据单元的固定报头格式。
3. 与 IPv6 技术有关的国际标准组织有哪些？
4. 简述 IPv6 协议中下一个报头标识的作用。
5. 简述 IPv6 协议支持的扩展报头及其作用。
6. 简述 IPv6 协议扩展报头的使用顺序。
7. 简述不同底层网络针对 IPv6 协议所作的变化。
8. 简述 IPv6 协议对网络高层协议的影响。

第 3 章

IPv6 地址结构

从 IPv6 网络体系结构可以看出，IPv6 网络的关键变化是 IPv6 地址的长度由 IPv4 的 32 位变为 128 位。因此，学习掌握 IPv6 网络，关键是要学习掌握 IPv6 的地址结构。本章主要介绍 IPv6 网络的地址结构、地址分类、IPv6 地址分配方法、网络节点需要使用的 IPv6 地址，以及节点 IPv6 地址的配置方法等。

3.1 IPv6 地址

IPv6 地址是接口和接口集的 128 位标识符。IPv6 有三种类型的地址，分别是单播地址（Unicast Address）、任播地址（Anycast Address）、多播地址（Multicast Address）。所有类型的 IPv6 地址都是分配给接口的，而不是分配给节点的。

IPv6 单播地址用于标识节点上的某个接口。由于每个具体的接口都属于特定的节点，因此该节点的任何接口的单播地址都可以用作该节点的标识符，代表该节点。而且，单个接口可以有多个 IPv6 地址，所有接口都被要求至少有一个链路本地单播地址。

视频

IPv6 地址与分类

3.1.1 IPv6 地址表示方法

1. IPv6 地址表示格式

IPv6 地址作为文本字符串，RFC4291 定义了三种表示格式，分别是首选格式、压缩格式和 IPv4 与 IPv6 地址混合格式。

方式一：首选格式

IPv6 地址总长度为 128 位，通常，每 16 位二进制位分为一组，用 4 位十六进制数表示，共分为 8 组，每组十六进制数间用冒号":"分隔。例如：

```
Abcd:ef01:2345:6789:abcd:ef01:2345:6789
2001:db8:0:0:8:800:200c:417b
```

注意：每组4位十六进制数中，前导的"0"可以写出，也可以不写出，但每组十六进制数中必须至少有一个数字。

方式二：压缩格式

由于在分配IPv6地址时，通常会包含连续两组或多组连续的"0"。为了便于书写连续组数的"0"地址，可以用双冒号"::"表示一组或多组连续的"0"地址。例如，以下地址：

```
2001:db8:0:0:8:800:200c:417b        单播地址
ff01:0:0:0:0:0:0:102                多播地址
0:0:0:0:0:0:0:1                     回环地址
0:0:0:0:0:0:0:0                     未指定地址
```

可以被表示为：

```
2001:db8::8:800:200c:417b           单播地址
ff01 :: 102                         多播地址
:: 1                                回环地址
::                                  未指定地址
```

注意：（1）在一个IPv6地址中只能使用一次双冒号"::"，否则当计算机将压缩后的地址恢复成128位时，无法确定每个"::"代表0的组数。

（2）RFC4291文档没有说明IPv6地址文本字符串大小写问题。

方式三：IPv4 与 IPv6 地址混合格式

在IPv4网络向IPv6网络过渡过程中，出现过一些特殊的IPv6地址，这种IPv6地址将IPv4地址嵌入IPv6地址中，从而形成IPv6地址，称为嵌入IPv4地址的IPv6地址，表示形式为"x:x:x:x:x:x:d.d.d.d"，其中高位的6个x表示6组4位十六进制数，低位的4个d表示32位的点分十进制数，也就是标准的IPv4地址。例如：

```
0:0:0:0:0:0:16.1.68.8               IPv4兼容的IPv6地址（已淘汰）
0:0:0:0:0:ffff:130.144.52.48        IPv4映射的IPv6地址
```

用压缩格式表示为：

```
::16.1.68.8                         IPv4兼容的IPv6地址（已淘汰）
::ffff:130.144.52.48                IPv4映射的IPv6地址
```

2．IPv6 地址表示格式使用建议

采用压缩格式表示IPv6地址，使得IPv6地址的文本表示具有非常大的灵活性。IPv6地址的灵活性体现在单个IPv6地址有多种文本表示方式。比如：

```
2001:db8:0:0:1:0:0:1
2001:0db8:0:0:1:0:0:1
2001:db8::1:0:0:1
```

```
2001:db8::0:1:0:0:1
2001:0db8::1:0:0:1
2001:db8:0:0:1::1
2001:db8:0000:0:1::1
2001:DB8:0:0:1::1
```

以上这些压缩格式的 IPv6 地址都是同一个 IPv6 地址。这种 IPv6 地址文本表示的灵活性给运营商、系统工程师和用户都带来了一些问题。比如，因不同操作系统区分大小写导致同一 IPv6 地址不能识别的问题；因是否有前导"0"导致同一 IPv6 地址检索为不同地址问题；因双冒号"::"的位置不同导致同一 IPv6 地址识别或检索为不同地址问题；还有用户因不了解 IPv6 地址规则而产生的对 IPv6 地址理解正确性质疑问题；等等。

为了避免以上问题，RFC5952 文档对 IPv6 地址表示提出了使用建议，具体规定如下。

（1）对于前导"0"问题，必须抑制使用前导"0"。例如，2001:0db8::0001 是不可接受的，必须写成 2001:db8::1，单个 4 位十六进制的"0000"，必须写成"0"。

（2）对于双冒号"::"，要尽可能地发挥简化 IPv6 地址的作用，例如，2001:db8:0:0:0:0:2:1 必须写成 2001:db8::2:1。而 2001:db8:0:0:0:0:0:1 必须写成 2001:db8::1，而不能写成 2001:db8::0:1。

（3）双冒号"::"不能用来处理只有一组 4 位十六进制的"0"。例如，2001:db8:0:1:1:1:1:1 是正确的，而 2001:db8::1:1:1:1:1 是错误的。

（4）对于 IPv6 地址存在两段分开的连续十六进制的"0"，两段连续"0"相等，双冒号"::"替代前面连续"0"，两段连续"0"不等，双冒号"::"替代较长的连续"0"。

（5）IPv6 地址中出现的"abcdef"，必须以小写形式表示。

（6）内嵌 IPv4 地址的 IPv6 地址，例如，IPv4 映射的 IPv6 地址，ISATAP 的 IPv6 地址等，这些将 IPv4 地址嵌入 IPv6 地址的低 32 位中的 IPv6 地址，可以混合使用十六进制和十进制表示法，但十进制表示法只能用于地址的最后 32 位。

注意：以上条款只是规范表示 IPv6 地址文本格式的建议，操作系统应该遵循这些建议，但操作系统所有的实现和处理都必须能够接受和处理任何合法的 RFC4291 文档规定的 IPv6 地址格式。本书后面 IPv6 地址遵循 RFC5952 文档建议。

3. IPv6 地址与端口号组合的格式

当 IPv6 地址和端口号组成的文本字符串时，可以有多种不同的表示方式。具体可能的表示方式如下。

方式一：[2001:db8::1]:80　（默认方式）
方式二：2001:db8::1:80　　（不建议使用方式）
方式三：2001:db8::1.80
方式四：2001:db8::1 port 80
方式五：2001:db8::1p80
方式六：2001:db8::1#80

上述方式中，方式二由于 IPv6 地址分组和端口连接都使用冒号":"，难以判断的是 IPv6 地址最后部分，是最后一组十六进制数，还是端口号，存在歧义，不建议使用此样式。

IPv6 地址与端口号组合形成文本字符串，应当采用 RFC3986 文档中表示的中括号"[ ]"样式，将 IPv6 地址放入 "[ ]" 内，再利用冒号 ":" 连接端口号，形成 IPv6 地址和端口号组合文档字符串，如方式一的样式。采用中括号 "[ ]" 和冒号的连接方式是默认样式。

对于一个特定环境，如果只有一种 IPv6 地址与端口号组合样式，并且跨平台可移植性不成问题，也可以采用其他 IPv6 地址和端口的连接方式。

3.1.2 IPv6 地址的网络前缀表示方法

IPv6 不支持用子网掩码标识网络，只支持前缀（网络前缀）标识网络。IPv6 地址的网络前缀文本表示方式类似于 IPv4 采用无分类域间路由（SIDR）表示的网络前缀。IPv6 地址被分为两部分：网络前缀和接口标识符。IPv6 地址的网络前缀格式表示：

```
IPv6 地址 / 前缀长度（Ipv6-address/prefix-length）
```

IPv6 地址和前缀长度之间用斜杠 "/" 区分。其中，ipv6-address 表示合法的 IPv6 地址，prefix-length 是一个用于指定地址左边连续多少个二进制位构成网络前缀的十进制数，即 IPv6 地址中有多少位用于网络标识。例如：

```
2001:db8:0:cd30:0:0:0:0/60          ##IPv6 地址前 60 位为网络前缀
2001:db8:0:cd30::/60                ##IPv6 地址前 60 位为网络前缀
```

当同时标识节点地址和网络前缀时，可以采用以下组合方式：

```
IPv6 节点地址：2001:db8:0:cd30:123:4567:89ab:cdef
网络前缀（网络号）：2001:db8:0:cd30::/60
```

也可简写为：

```
IPv6 节点地址及前缀长度：2001:db8:0:cd30:123:4567:89ab:cdef/60
```

IPv6 也用地址前缀标识网络和路由（选路）。任何少于 64 位的网络前缀可以是一个路由前缀，也可以是包含了部分 IPv6 地址空间的地址区域范围。

3.1.3 IPv6 地址类型识别

IPv6 地址采用地址的高位进行类型识别。IPv6 地址类型规定见表 3-1。

表 3-1 IPv6 地址类型识别

Address type（地址类型）	Binary prefix（二进制前缀）	IPv6 notation（IPv6 表示法）
未指定地址	00...0（128 位）	::/128
回环地址	00...1（128 位）	::1/128
多播地址	11111111	ff00::/8
链路本地单播	1111111010	fe80::/10
全球单播地址	其他全部	

任播地址取自单播地址空间，并且在语法上与单播地址没有区别。

未来的规范可能会出于其他目的重新定义全球单播空间的一个或多个子范围，但除非发生这种情况，否则，必须将所有不以上述任何前缀开头的地址视为全球单播地址。

3.2　IPv6 地址相关概念与分类

IPv6 地址是接口和接口集的 128 位标识符。为了便于理解 IPv6 地址，首先介绍 IPv6 地址相关的概念，在此基础上，介绍 IPv6 地址的分类。

3.2.1　IPv6 地址相关概念

与 IPv6 地址相关的概念包括节点（Node）、网络接口（Interface）、链路（Link）、站点（Site）等，它们的关系如图 3-1 所示。

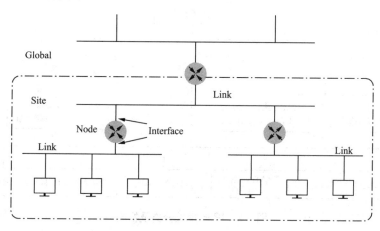

图 3-1　网络基本概念间关系图

（1）节点（Node）：是指一个支持 IPv6 协议的设备、包括终端、服务器、路由器等。

（2）接口（Interface）：是指节点设备与网络链路之间的一个连接点。一个节点可以包含多个网络接口。同 IPv4 地址一样，IPv6 各种地址都是分配给网络接口的，而不是分配给节点的。IPv6 单播地址标识一个单独的网络接口。很多时候，也用接口的 IPv6 单播地址代表节点。

（3）链路（Link）：链路是指同一网络中连接多个节点之间的连接线路，包括连接线路以及线路连接设备的网络接口。

（4）站点（Site）：站点是互联网的组成部分，它由多个网络组成。由于这些网络在地理位置上的联系非常紧密，所以互联网将多个网络抽象成一个"站点"来处理。

3.2.2　IPv6 地址分类

IPv6 地址分为单播地址（Unicast Address）、任播地址（Anycast Address）、多播地址（Multicast Address）三种类型。与 IPv4 相比，取消了广播地址类型，以更丰富的多播地址代替，同时增加了任播地址类型。

1．IPv6 单播地址

IPv6 单播地址标识了一个接口，由于每个接口属于一个节点，因此每个节点的任何接口上的单播地址都可以标识这个节点。发往单播地址的报文，由此地址标识的接口接收。其中单播地址包括未指定地址、回环地址、嵌入 IPv4 地址的 IPv6 地址、链路本地地址、唯一本地地址、全球单播地址等。

2. IPv6 多播地址

IPv6 的多播与 IPv4 相同,用来标识一组接口,一般这些接口属于不同的节点。一个节点可能属于 0 个到多个多播组。发往多播地址的报文被多播地址标识的所有接口接收。多播地址包括分配的多播地址和节点请求地址等。

3. IPv6 任播地址

任播地址标识一组网络接口(通常属于不同的节点),目标地址是任播地址的数据包将发送给其中路由意义上最近的一个网络接口。任播地址包括共享的单播地址和子网路由器任播地址等。

根据三类 IPv6 地址的具体分类,下面给出 IPv6 地址分类及构成图,如图 3-2 所示。

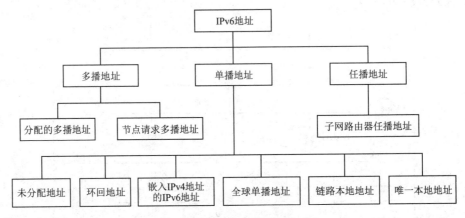

图 3-2 IPv6 地址分类及构成

注意: 在 IPv6 单播地址的具体分类中,曾经出现过站点本地地址和 IPv4 兼容的 IPv6 地址,后来被弃用。

(1)站点本地地址,由于站点定义模糊和站点本地地址的不明确性,已由 2004 年的 RFC3879 文档弃用,取而代之的是 2005 年 RFC4193 定义的唯一本地地址。

(2)IPv4 兼容的 IPv6 地址,是嵌入 IPv4 地址的 IPv6 地址的一种,由于 IPv6 的过渡机制已不再使用这类地址,2006 年的 RFC4291 文档弃用这类地址。

3.3 IPv6 单播地址

IPv6 单播地址用于标识了一个网络接口,一个节点可以具有多个网络接口,每个接口必须有一个与之相关的 IPv6 单播地址。

3.3.1 单播地址结构的理解

IPv6 单播地址的结构和包含的信息是比较灵活的。IPv6 单播地址的结构和包含的信息由相关类型文档定义,节点不对 IPv6 地址的结构进行任何假设。

视频
IPv6 单播地址

(1)IPv6 单播地址可以被认为包含一段信息,这段信息包含在整个 128 位字段中,即该地址被完整地用来定义一个特定接口。例如,主机节点自身可能只需要简单地了解整个 IPv6 地址的 128 位地址是一个全球唯一的地址标识符,如图 3-3 所示。

第 3 章 IPv6 地址结构

```
|←———————— 128位 ————————→|
|      Node Address       |
|        节点地址         |
```

图 3-3 主机节点看到的简单结构 IPv6 单播地址格式

（2）IPv6 单播地址本身也可以为节点提供关于其结构的信息。例如，通过路由器传递数据的 IPv6 单播地址，路由器可以根据 IPv6 单播地址确定地址中的哪一部分标识的是一个特定网络，哪一部分用于标识一个特定主机接口。即路由器将 IPv6 单播地址看成两部分，网络前缀和接口标识符，且在网络前缀中不同地址有不同的 n 值，如图 3-4 所示。

```
|←— n位 —→|←——— 128-n位 ———→|
| Subnet Prefix | Interface ID |
|   网络前缀    |  接口标识符   |
```

图 3-4 路由器看到的 IPv6 单播地址格式

（3）在讨论特定的 IPv6 单播地址时，网络前缀又可分为多个部分，分别表示不同的子网部分。例如，网络管理者可以将 IPv6 全球单播地址看成由三部分组成，即全球可路由前缀、子网 ID 和接口标识符。IETF 在 RFC4291 文档中，定义了 IPv6 全球单播地址的格式，是目前使用的 IPv6 全球单播地址格式。其中，除了以 000 开始的 IPv6 地址外，其余所有的 IPv6 全球单播地址的接口标识符都固定为 64 位，全球路由前缀与子网 ID 的长度和为 64，$m+n=64$，如图 3-5 所示。

```
|← m位 →|← n位 →|←— 128-m-n位 —→|
| Global Routing Prefix | Subnet ID | Interface ID |
|     全球路由前缀      |   子网ID  |   接口标识符  |
            其中：m+n=64
```

图 3-5 网络管理者看到的 IPv6 全球单播地址格式

3.3.2 接口标识符（IID）

对于所有 IPv6 单播地址，除了那些以二进制值 000 开头的地址，要求接口标识符必须是 64 位的长度（RFC4291）。接口标识符（IID）用于标识链路上的接口，它们在子网前缀内部必须是唯一的。因此建议不要将同一个接口标识符分配给链路上的不同节点。同一接口标识符可以用于单个节点上不同的接口，只要这些接口连接在不同的子网中即可。另外，接口标识符的唯一性与 IPv6 地址的唯一性是无关的。

接口标识符可通过两种方式生成：手工配置和自动生成，而自动生成方法又包括 EUI-64 规范模式和 Stable-privacy 模式。EUI-64 规范模式最为常用，当接口标识符是基于 IEEE 标识符 EUI-64，需要将 IEEE 标识 EUI-64 的最高第 7 位"u"（通用 / 本地）求反，从而形成接口标识符，这里称为 EUI-64 接口标识。Stable-privacy 模式是根据 IETF 的 RFC7217 文件中定义的算法自动生成的接口标识符，这里称为 Stable-privacy 接口标识符，又称语义迷糊接口标识（Semantically Opaque IID）。

1. 不同网络自动生成接口标识符的方法

不同的具体网络，自动生成接口标识符的默认方法有所不同。一般情况下，64 位的接口标识符可以直接从链路层地址派生出来。

对于局域网，包括以太网、FDDI 网络和令牌环网络，它们的链路层地址都是 48 位的 MAC 地址。

自动配置 IPv6 单播地址时，接口标识符是通过 EUI-64 规范自动生成的，即将接口的 MAC 地址转换为 EUI-64 标识符，然后将 EUI-64 标识符的最高第 7 位的"u"（通用 / 本地）位（默认值为 0），进行反转得到。

对于 PPP 链路，由于 PPP 链路没有链路层地址，无法从接口的链路层地址派生出接口标识符。因此，PPP 链路网络通过一种协商机制提供 64 位接口标识符。RFC5072 文档提供了产生接口标识符唯一性的三种顺序来源：一是节点中其他接口 IEEE 标识符（EUI-48 或 EUI-64）；二是可能的其他链路层地址或机器序列号；三是生成一个随机数。

对于 ATM 网络和帧中继网络，感兴趣的读者可以参考 RFC2492 和 RFC2490 文档了解 ATM 网络和帧中继网络的接口标识符的生成方法。

2．EUI-64 接口标识符形成示例

如图 3-6 所示，局域网 MAC 地址的前 24 位（用 c 表示的部分）为公司标识，后 24 位（用 m 表示的部分）为扩展标识符。从高位数，第 7 位（U/L 位）是 0 表示了 MAC 地址全局唯一，第 8 位（I/G 位）为 0 表示单播 MAC 地址，一般 MAC 地址从高位数，第 7、8 位一般为 00，表示全局单播 MAC 地址。

IEEE EUI-64 规范是将接口的 MAC 地址转换为 IPv6 地址接口标识符的过程。转换的第一步将 FFFE（1111111111111110）插入 MAC 地址的公司标识和扩展标识符之间，第二步将从高位数，第 7 位（U/L 位）求反，最后得到的这组数就是 EUI-64 模式接口标识符。

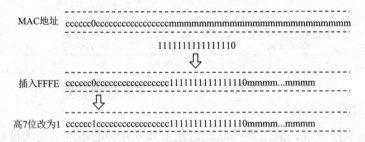

图 3-6　EUI-64 规范形成接口标识符示意图

例如，MAC 地址 5489:981A:0ECF 转换为 EUI-64 接口标识为 5689:98FF:FE1A:0ECF，如图 3-7 所示。

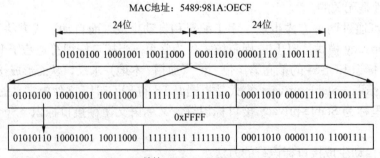

图 3-7　MAC 地址转换为 EUI-64 接口标识符示例

这种由 MAC 地址产生 IPv6 地址接口标识的方法可以减少配置的工作量，尤其是当采用无状态地址自动配置时，只需要获取一个 IPv6 地址的网络前缀即可与接口标识形成 IPv6 地址。但是使用这种方式最大的缺点是任何人都可以通过二层 MAC 地址推算出三层 IPv6 地址。

3. Stable-privacy 接口标识符及其生成方法

RFC4291 文档《IPv6 地址结构》中介绍采用 IEEE EUI-64 规范生成基于链路层地址的稳定的接口标识符（IID），并用于无状态 IPv6 地址自动配置（SLAAC）。但是，2016 年 3 月 IEEE 发布 RFC7721 文档《IPv6 地址生成机制的安全和隐私注意事项》中强调，使用 EUI-64 接口标识符存在着安全隐患，容易受到四类攻击，分别是获取随时间关联的活动信息、位置跟踪、地址扫描、特定设备漏洞利用等。为此，2017 年 2 月的 RFC8064 文档《关于稳定的 IPv6 接口标识符的建议》更改了这种默认接口标识符的生成方案，不建议在 IPv6 单播地址中嵌入链路层地址，而建议采用 RFC7217 文档《一种用于 IPv6 无状态地址自动配置（SLAAC）的生成语义模糊的接口标识符的方法》中指定的新的接口标识符生成方法。

RFC7217 文档定义的新接口标识符生成方法生成的新接口标识符称为 stable-privacy 接口标识符。stable-privacy 接口标识符用于 IPv6 无状态 IPv6 单播地址配置。它在子网内是稳定的，但是当主机从一个网络移动到另一个网络时，stable-privacy 接口标识符就会发生变化。因此，stable-privacy 接口标识符可以避免部分攻击，从而避免部分用户安全和隐私问题。

stable-privacy 接口标识符要求系统支持允许启动或禁止通过该方法生成接口标识符。生成 Stable-privacy 接口标识符的表达式如下：

```
RID = F(Prefix, Net_Iface, Network_ID, DAD_Counter, secret_key)
```

其中：

- RID：Random (but stable) Identifier，随机但稳定的标识符。
- F()：Pseudo Random Function（伪随机函数 PRF），要求至少 64 位输出。
- Prefix：来自路由器广播的地址前缀或链路本地地址的前缀。
- Net_Iface：与接口标识符关联的接口相关信息，必须能唯一标识接口，其值可以来源于接口索引、接口名称、链路层地址或逻辑网络服务标识等。
- Network_ID：特定网络数据，用于标识接口连接的子网，此参数会导致接口连接到不同网络时产生不同的接口标识符，包含此参数有助于减少攻击，为可选项。
- DAD_Counter：用于解决重复地址检测冲突的计数器，以便产生不同的 IPv6 地址，必须将其初始化为 0，并对由于 DAD 冲突而配置的每个新临时地址递增 1。
- secret_key：至少为 128 位密钥。密钥在系统安装时初始化为伪随机数，允许自动启用和使用此机制，无须用户干预。系统可以提供显示和更改密钥的方法。

上述表达式生成的随机标识符 RID 要求至少 64 位。系统从最低有效位开始，根据需要取出尽可能多的位（一般为 64 位），形成最终的 stable-privacy 接口标识符。

目前，大量支持 IPv6 的网络设备在生成链路本地地址、唯一本地地址、无状态自动配置地址时，使用的还是 EUI-64 接口标识符生成的稳定 IPv6 地址。但已经有计算机设备开始使用 stable-privacy 接口标识符生成 IPv6 地址，比如安装 Windows 10 操作系统或 Linux kernel v4.0 以上的计算机等。

在 Windows 10 操作系统的命令窗口中执行 ipconfig/all 命令，显示计算机网络适配器配置信息，如图 3-8 所示。可以看到，计算机的链路本地 IPv6 地址的接口标识符并非是根据网卡的 MAC 地址生成的，而是采用 stable-privacy 接口标识符。

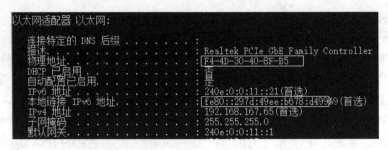

图 3-8　Windows 10 系统网络适配器配置信息

3.3.3　未指定地址

IPv6 中未指定地址即 0:0:0:0:0:0:0:0/128 或者 ::/128。是一个 128 位全 0 的 IPv6 地址。这个地址用于主机引导期间，但主机不知道自己的 IPv6 地址而需要查询以便找出自己的 IPv6 地址时。因为任何 IPv6 分组都需要有一个 IPv6 源地址，所以该主机使用这个地址完成此项任务。该地址表示某个接口或者节点还没有 IPv6 地址，可以作为某些报文的源地址。未指明地址的格式如图 3-9 所示。

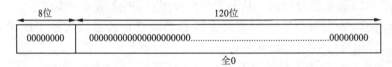

图 3-9　未指定地址

未指定地址不能用于 IPv6 数据包的目的地址字段。源 IPv6 地址是 ::/128 的报文不会被路由设备转发。

3.3.4　回环地址

IPv6 中的回环地址即 0:0:0:0:0:0:0:1/128 或者 ::1/128。与 IPv4 中的 127.0.0.1 作用相同，主要用于主机在不需要连接到网络的情况下给自己发送报文，来测试软件应用层的功能是否正常。在使用 IPv6 回环地址的情况下，由应用层产生的一个报文，发送到运输层，再传递到网络层，但是这个报文并没有传递到物理网络中，而是返回到运输层，再传递到应用层。通过使用回环地址，可以在计算机连接到网络之前，测试应用系统上面几层的功能是否正常。IPv6 回环地址如图 3-10 所示。

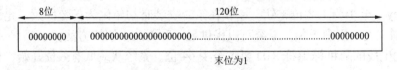

图 3-10　IPv6 回环地址

回环地址通常用来作为一个虚接口的地址（如 Loopback 接口）。实际发送的 IPv6 数据包中源地址段不能使用回环地址；目的地址为回环地址的 IPv6 数据包不允许发送到本节点之外。

3.3.5　嵌入 IPv4 地址的 IPv6 地址

在 IPv4 网络向 IPv6 网络过渡过程中，出现过一些特殊的 IPv6 地址，这种 IPv6 地址将 IPv4 地址嵌入 IPv6 地址中，从而形成 IPv6 地址，称为嵌入 IPv4 地址的 IPv6 地址。最初设计了两种格式，IPv4 兼容的 IPv6 地址和 IPv4 映射的 IPv6 地址。

1. IPv4 映射的 IPv6 地址

IPv4 映射的 IPv6 地址是由 80 位 0 之后紧跟 16 个 1，再后面紧跟 32 位 IPv4 地址形成的 IPv6 地址。当某个计算机已经过渡到 IPv6 网络，而需要将报文发送给一个仍然使用 IPv4 地址的计算机时，需要使用 IPv4 映射的 IPv6 地址。这个报文所经过的大部分网络都是 IPv6 网络，但最后需要交过给 IPv4 的计算机。IPv4 映射的 IPv6 地址格式如图 3-11 所示。

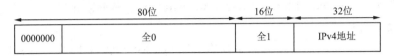

图 3-11　IPv4 映射的 IPv6 地址

2. IPv4 兼容的 IPv6 地址（已弃用）

IPv4 兼容的 IPv6 地址是在 96 位 0 之后紧跟 32 位的 IPv4 地址形成的 IPv6 地址。当使用 IPv6 地址的计算机要把报文发送到另一个使用 IPv6 地址的计算机，但分组必须经过仍然使用 IPv4 地址的网络区域时，就需要使用 IPv4 兼容的 IPv6 地址。发送方必须使用 IPv4 兼容的 IPv6 地址，使得分组能够通过 IPv4 网络区域。IPv4 兼容的 IPv6 地址格式如图 3-12 所示。

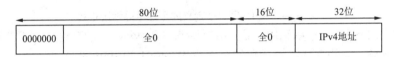

图 3-12　IPv4 兼容的 IPv6 地址（已弃用）

注意：由于 IPv6 的过渡机制已不再使用 IPv4 兼容的 IPv6 地址，2006 年的 RFC4291 文档弃用这类地址。

3.3.6　全球单播地址

IPv6 全球单播地址（Global Unicast Address），是带有全球单播前缀的 IPv6 地址，其作用类似于 IPv4 中的公网地址。这种类型的地址允许路由前缀的聚合，从而限制了全球路由表项的数量。

1. 全球单播地址格式的变化

1998 年，IETF 在 RFC2374 文档中，对 IPv6 全球单播地址格式进行了定义，称为可聚合全球单播地址。RFC2374 文档定义的可聚合全球单播地址的格式如图 3-13 所示。

3位	13位	8位	24位	16位	64位
FP	TLA ID	RES	NLA ID	SLA ID	Interface ID

图 3-13　RFC2374 定义的 IPv6 全球可聚合单播地址格式（已淘汰）

其中，FP 固定为二进制字符串 001；TLA ID 为顶级集聚标识符；RES 是保留字段；NLA ID 为下一级集聚标识符；SLA ID 为站点级集聚标识符；Interface ID 为接口标识符。

这种地址格式能够将路由表长度限制在一个可接受的范围内，但是缺乏灵活性，同时，如何分配 TLA ID 及 NLA ID 也是一个难点。

2003 年和 2006 年，IETF 在 RFC3513 文档以及 RFC4291 文档中，重新定义了 IPv6 全球单播地址的格式，其结构如图 3-14 所示。这也是目前使用的 IPv6 全球单播地址格式。其中，除了以

000 开始的 IPv6 地址外，其余所有 IPv6 全球单播地址的接口标识符都固定为 64 位，全球路由前缀与子网 ID 的长度和为 64，即 $n+m=64$。

RFC4291 文档定义的新的 IPv6 全球单播地址格式弃用了 RFC2374 文档定义的 IPv6 可聚合全球单播地址的格式，取消了有关 TLA ID、NLA ID 和 SLA ID 的定义，使得全球可路由前缀和子网标识符部分的长度可以动态变化，只需要满足 $n+m=64$ 即可。全球路由前缀部分的具体划分由各个区域 Internet 注册机构（Regional Internet Registry，RIR）和运营商决定。

2. 全球单播地址格式

当前的 IPv6 全球单播地址由全球路由前缀（Global Routing Prefix）、子网 ID（Subnet ID）和接口标识（Interface ID）三部分组成，其格式如图 3-14 所示。

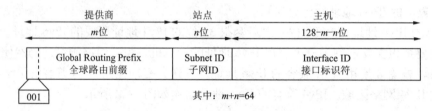

图 3-14　RFC4291 中定义的全球单播地址格式

Global Routing Prefix：全球路由前缀。由提供商（Provider）指定给一个组织机构（站点）的路由前缀。目前已经分配的全球路由前缀的前 3 位均为 001 的 IPv6 地址段。

Subnet ID：子网 ID。组织机构（站点）内可以用子网 ID 构建本地网络。子网 ID 通常最多分配到第 64 位。子网 ID 和 IPv4 中的子网号作用相似。注意：$m+n=64$。

Interface ID：接口标识。用来标识主机设备（Host）。全球 IPv6 单播地址的接口标识为全球 IPv6 单播地址的后 64 位。

例如，全球 IPv6 单播地址 2001:0:0:1:5689:98ff:fe1a:0ecf，其中，Global Routing Prefix 为 2001:0:0；Subnet ID 为 1；Interface ID 为 5689:98ff:fe1a:0ecf，Interface ID 由接口 MAC 地址根据 IEEE EUI-64 规范转换而来。

3.3.7　链路本地地址

链路本地地址（Link Local Address）是 IPv6 中应用范围受限制的地址类型，只能在连接到同一本地链路的节点之间使用。它使用了特定的本地链路前缀 fe80::/10（最高 10 位值为 1111111010），随后 54 位全为 0，同时将接口标识添加在后面作为地址的低 64 位形成。

当一个节点启动 IPv6 协议栈时，启动时节点的每个接口会自动配置一个链路本地地址（固定的前缀 +EUI-64 规则形成的接口标识）。链路本地地址这种机制使得两个连接到同一链路的 IPv6 节点不需要做任何配置就可以通信。所以链路本地地址广泛应用于邻居发现、无状态地址配置等应用。

以链路本地地址为源地址或目的地址的 IPv6 报文不会被路由设备转发到其他链路。链路本地地址的格式如图 3-15 所示。

其中：

Prefix：前缀，长度 10 位，固定值为 fe80::/10。代表链路本地地址。

Fixed Value：固定值，长度 54 位，默认值为 0。

Interface ID：接口标识符，长度 64 位。用来标识设备（Host）。

第 3 章 IPv6 地址结构

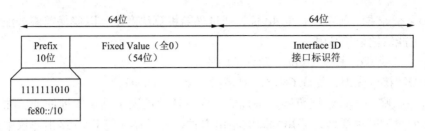

图 3-15　链路本地地址格式

3.3.8　站点本地地址（已弃用）

站点本地地址（Site Local Address）是应用范围受限的地址，仅能够在一个站点内使用，用途类似于 IPv4 的私有 IPv4 地址。站点本地地址能用在站点内部传输数据，但不允许将站点数据传送到 Internet 中。站点本地地址结构如图 3-16 所示。

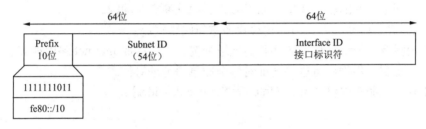

图 3-16　站点本地地址格式（已弃用）

注意：由于站点定义的模糊和站点本地地址的不明确性，已由 2004 年的 RFC3879 文档弃用，取而代之的是 2005 年 RFC4193 定义的唯一本地地址。

3.3.9　唯一本地地址

唯一本地地址（Unique Local Addresses）是另一种应用范围受限制的地址，它仅能在一个站点内使用。唯一本地地址在 RFC4193 中定义，用来代替站点本地地址。

唯一本地地址的作用类似于 IPv4 中的私网地址，任何没有申请到提供商分配的全球单播地址的组织机构都可以使用唯一本地地址。唯一本地地址只能在本地网络内部被路由转发而不会在全球网络中被路由转发。唯一本地地址格式如图 3-17 所示。

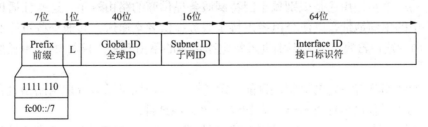

图 3-17　唯一本地地址格式

其中：

Prefix：前缀，长度 7 位，固定为 FC00::/7，代表唯一本地地址。

L：L 标志位，长度 1 位，其值为 1 时，代表该地址为在本地网络范围内使用的地址，即前缀 FD00::/8 的地址为本地网络范围内使用的唯一本地地址；其值为 0 被保留，用于以后扩展。

Global ID：全球唯一前缀，长度 40 位，通过伪随机算法产生。以确保前缀分配之间没有任何关系，且前缀不能够被全局路由。

Subnet ID：子网 ID，长度 16 位，划分子网使用。

Interface ID：接口标识，长度 64 位。用来标识设备（Host）。

默认情况下，唯一本地地址范围是全局的，它的适用性大于站点本地地址。唯一本地地址在站点内部与其他类型的单播地址采用相同的路由方式，可以在任何 IPv6 路由协议中使用，而无须任何更改。

当唯一本地地址与基于提供商的全球单播地址同时使用时，它们将会共享相同的子网 ID。负责管理路由区域之间的外部路由协议默认会忽略接收 fc00::/7 块中的前缀，也不转发 fc00::/7 块中的前缀。唯一本地地址具有如下特点：

- 具有全球唯一的前缀（随机方式产生，但冲突概率很低）。
- 可以进行网络之间的私有连接，而不必担心地址冲突等问题。
- 具有知名前缀（fc00::/7），方便边缘设备进行路由过滤。
- 如果路由泄露，该地址也不会和其他地址冲突，不会造成 Internet 路由冲突。
- 应用中，上层应用程序将这些地址看作全球单播地址对待。
- 独立于互联网服务提供商 ISP（Internet Service Provider）。

3.4 任播地址

3.4.1 任播地址概念

IPv6 任播地址是分配给一组网络接口（通常属于不同节点）的地址，其特性是根据路由协议的距离度量，对目标地址是任播地址的数据包，将被发送到其中具有路由意义上该地址的"最近"接口。

IPv6 中没有为任播地址规定单独的地址空间，任播地址和单播地址使用相同的地址空间。因此，任播地址在语法上与单播地址无法区分。当一个单播地址分配给多个接口，从而将其转换为任播地址时，分配该地址的节点必须明确配置为知道它是任播地址。

任播地址的一个预期用途是识别属于因特网服务提供商的路由器集。这些任播地址可以用作 IPv6 路由报头中的中间地址，以使分组经由特定服务提供者来递送。其他一些可能的用途是识别连接到特定子网的路由器集，或者识别进入特定路由域的路由器集。目前 IPv6 中任播主要应用于移动 IPv6。

任播地址的使用具有一定的限制，目前，IPv6 任播地址仅可以被分配给路由设备，不能指定给 IPv6 主机。另外，任播地址也不能作为 IPv6 报文的源地址。

而且，使用任播地址，发送端不能控制将数据包发送到特定接口，具体由路由协议层面确定。发送端向任播地址发送多个数据包，数据包可能会到达不同的接收端。因此，如果是一系列请求和应答报文或者数据包被分段，任播就可能会出现问题。

目前，任播地址的使用标准还处于不断完善中，很多设备都还不支持 IPv6 任播地址。

3.4.2 子网路由器任播地址

子网路由器任播地址是已经定义好的一种任播地址（RFC2526）。子网路由器任播地址由两部分组成：一部分是网络前缀；另一部分是全"0"接口标识符。任播地址中的"网络前缀"是标识特定链路的前缀。任播地址的接口标识符设置为全"0"，与该链路上接口标识符为全"0"的单播地址相同。子网路由器任播地址格式如图3-18所示。

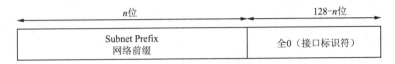

图3-18 子网路由器任播地址格式

发送到子网路由器任播地址的报文会被发送到该任播地址标识的子网中路由意义上"最近"的一个路由器。任播地址标识的子网中所有路由器都需要支持这个子网路由器任播地址。子网路由器任播地址用于节点需要和远端子网上所有路由器设备中的某一个通信时使用。例如，一个移动节点需要和它的"家乡"子网上的所有移动代理中的某一个进行通信。

3.5 多播地址

3.5.1 多播地址格式

IPv6的多播地址与IPv4的多播地址相同，用来标识一组接口，一般这些接口属于不同的节点。一个节点可能属于0到多个多播组。发往多播地址的报文被多播地址标识的所有接口接收。IPv6多播地址格式如图3-19所示。

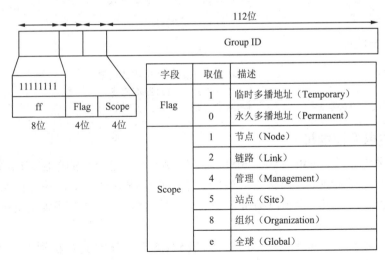

图3-19 IPv6多播地址格式

一个IPv6多播地址由前缀（Prefix）、标志（Flag）字段、范围（Scope）字段以及多播组ID（Group ID）4部分组成：

- 前缀（Prefix）：长度8位，当IPv6地址前8位为"11111111"时，代表IPv6多播地址。

IPv6 多播地址的前缀是 FF00::/8。
- 标志字段 (Flag)：长度 4 位，高三位标识位保留，必须初始化为 0。目前只使用了最后一位，当最后一位为 0 时，表示当前的多播地址是由 IANA 所分配的一个永久分配地址；当最后一位为 1 时，表示当前的多播地址是一个临时多播地址（非永久分配地址）。
- 范围字段 (Scope)：长度 4 位，用来限制多播数据流在网络中发送的范围，该字段的取值和含义的对应关系如图 3-19 所示。
- 多播组 ID (Group ID)：长度 112 位，用以标识多播组。RFC4291 文档将所有 112 位都定义成多播组 ID，不再使用 RFC2373 文档定义的多播组 ID 格式（RFC2373 中，将 112 位中最低 32 位作为多播组 ID，将其余 80 位置 0）。

3.5.2 预定义多播地址

以下众所周知的多播地址是预定义的。

1) 保留多播地址

```
ff00:0:0:0:0:0:0:0
ff01:0:0:0:0:0:0:0
ff02:0:0:0:0:0:0:0
...
ff0d:0:0:0:0:0:0:0
ff0e:0:0:0:0:0:0:0
ff0f:0:0:0:0:0:0:0
```

上述多播地址为保留多播地址，共计 16 个，不得分配给任何多播组。

2) 所有节点多播地址

```
FF01:0:0:0:0:0:0:1        ## 接口本地范围内所有节点
FF02:0:0:0:0:0:0:1        ## 链路本地范围内所有节点
```

3) 所有路由器地址

```
FF01:0:0:0:0:0:0:2        ## 接口本地范围内所有路由器
FF02:0:0:0:0:0:0:2        ## 链路本地范围内所有路由器
FF05:0:0:0:0:0:0:2        ## 站点本地范围内所有路由器
```

3.5.3 节点请求多播地址

节点请求多播地址（Solicited-Node Multicast Address）通过节点的单播或任播地址生成。当一个节点具有了单播或任播地址，就会对应生成一个节点请求多播地址，并且加入这个多播组。一个单播地址或任播地址对应一个节点请求多播地址。该地址用于 IPv6 邻居发现协议中地址解析和重复地址检测功能。

IPv6 中没有广播地址，也不使用 ARP。但是仍然需要从 IP 地址解析到 MAC 地址的功能。在 IPv6 中，这个功能通过邻居请求（Neighbor Solicitation，NS）报文完成。当一个节点需要解析某个 IPv6 地址对应的 MAC 地址时，会发送 NS 报文，该报文的目的 IPv6 地址就是需要解析的 IPv6 地址对应的节点请求多播地址，只有具有该多播地址的节点会检查处理。

节点请求多播的构成如图 3-20 所示，该多播地址是将一个 IPv6 单播地址的后 24 位附加到固定前缀 ff02:0:0:0:0:1:ff00::/104 中，生成唯一的节点请求多播地址。节点请求多播地址的范围为 ff02:0:0:0:0:1:ff00:0000 到 ff02:0:0:0:0:1:ffff:ffff。

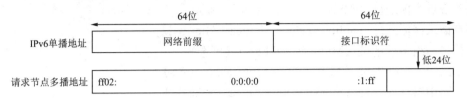

图 3-20　节点请求多播地址的构成方法

IPv6 的节点请求多播地址可以理解为用来替代 IPv4 中 ARP 协议的目标广播地址 255.255.255.255。在 IPv4 的 ARP 地址解析协议中的请求报文的目标链路层地址为 ffff.ffff.ffff，在 IPv6 中也有对应的数据链路层地址，IPv6 多播 MAC 地址是由节点请求多播地址映射形成的数据链路层地址。具体来说，48 位的 IPv6 多播 MAC 地址的高 16 位为 0x3333，低 32 位为 IPv6 多播地址的低 32 位。

例如，假定 IPv6 单播地址 2001::01:5689:98ff:fe1a:8ecf 对应的节点请求多播地址为 ff02::1:ff1a:8ecf；对应的 IPv6 多播 MAC 地址为 33-33-ff-1a-8e-cf。

3.6　节点所需的 IPv6 地址

采用 IPv6 协议体系的计算机网络，每个节点必须配备多个 IPv6 地址，包括单播地址、多播地址、任播地址等。

1. 主机配置的 IPv6 地址

根据相关标准，网络中每台主机为了标识自己都需要分配以下地址。
- 链路本地地址（Link Local Address）
- 全球单播地址（Global Unicast Address）
- 回环地址（Loopback Address）
- 全部节点多播地址（All Node Multicast Address）
- 节点请求多播地址（Solicited Node Multicast Address）
- 其他多播组多播地址（Multicast Address）（可选）

主机中每个接口必须分配链路本地地址、链路范围内全部节点多播地址 ff02::1、链路本地地址对应的请求节点多播地址。

主机中每个接口还可以配置 0 至多个全球单播地址，以及每个全球单播地址对应的节点请求多播地址。

主机会自动分配 IPv6 回环地址（::1）给本机。

如果主机加入了其他多播组，则主机接口还会分配其他多播组多播地址，如果主机没有加入其他多播组，则不会分配其他多播组多播地址。

2. 路由器配置的 IPv6 地址

根据相关标准，网络中路由器为了标识自己都需要分配和识别以下地址。
- 链路本地地址（Link Local Address）

- 全球单播地址（Global Unicast Address）
- 回环地址（Loopback Address）
- 全部节点多播地址（All Node Multicast Address）
- 节点请求多播地址（Solicited Node Multicast Address）
- 其他多播组多播地址（Multicast Address）（可选）
- 全部路由器多播地址（ALL Routers Multicast Address）
- 子网路由器任播地址（Subnet Router Anycast Address）
- 其他任播组任播地址（Anycast Address）（可选）

路由器每个接口必须分配链路本地地址、链路范围内全部节点多播地址（ff02::1）、链路范围内全部路由器多播地址（ff02::2）、链路本地地址对应的请求节点多播地址。

路由器每个接口还可以配置0至多个全球单播地址，以及每个全球单播地址对应的节点请求多播地址。

路由器会自动分配IPv6回环地址（::1）给路由器回环接口loopback0。

每个路由器接口都有一个子网路由器任播地址。子网路由器任播地址是必需的任播地址，它是预先定义的IPv6保留地址，用于标识一个特定链路非0的子网前缀。

如果路由器加入了其他多播组或其他任播组，则路由器还会分配其他多播组多播地址或任播组任播地址。如果路由器没有加入其他多播组或其他任播组，则不会分配其他多播组多播地址或任播组任播地址。

3.7 IPv6 全球单播地址的分配

视频
IPv6 全球单播地址的分配

3.7.1 IPv6 地址分段使用情况

如果采用高三位二进制数对IPv6地址分类，IPv6总共可以分为8段地址，分别对应前三位为000，001，010，011，100，101，110，111，每段IPv6地址数（2^{125}）个。IPv6地址分段分配使用情况如图3-21所示。

全球单播地址	保留	保留	保留	保留	保留		
000	001	010	011	100	101	110	111

未指定地址（::/128）
回环地址（::1/128）
嵌入IPv4的IPv6地址

注：每段（2^{125}）个IPv6地址

链路本地地址（fe80::/10）
唯一本地地址（fc00::/7）
多播地址（ff00::/8）

图 3-21 IPv6 分段分配情况

（1）前三位为000的IPv6地址中，前8位为"0000 0000"的地址用作特殊IPv6单播地址，包括未指定地址、回环地址，以及嵌入IPv4的IPv6地址等。

（2）前三位为111的IPv6地址中，前8位为"1111 1111"的IP地址为多播地址（ff00::/8）；还有部分地址用作特殊用途的IPv6单播地址，比如链路本地地址（fe80::/10），是前10位为"1111 1110 10"的IPv6地址块。

（3）前三位为001的IPv6地址为当前定义的全球IPv6单播地址。可见，IPv6全球单播地址以 2000~3fff 开头。

（4）其他五段，前三位分别为 010，011，100，101，110 的 IPv6 地址段都作为全球 IPv6 单播地址保留。

（5）根据需要，可能会重新定义全球 IPv6 单播地址空间的一个或多个子范围，用作其他用途。比如 2005 年 RFC4193 文档定义的唯一本地地址，是在前三位为 111 的 IPv6 地址段中，前 7 位为"1111 110"的 IPv6 单播地址块（fc00::/7）。

3.7.2 各级单播地址分配机构

互联网数字分配机构（Internet Assigned Numbers Authority，IANA）主要负责域名系统维护管理、地址资源分配和协议端口定义等。现在，IANA 被负责协调 IANA 责任范围的非营利机构 ICANN（Internet Corporation for Assigned Names and Numbers，互联网名称与数字地址分配机构）掌管。ICANN（IANA）负责 IPv6 地址的分配与管理。根据 ICANN 的规定，ICANN 将部分 IP 地址分配给区域级的 Internet 注册机构(Regional Internet Registry，RIR)，然后由这些 RIR 负责该地区的登记注册服务。

在 ICANN（IANA）下，设置有五大区域性互联网注册机构 RIR，RIR 是在各自管理区域中管理和规划 IPv6 地址空间的组织。五大 RIR 分别是亚太互联网信息中心 APNIC、美洲互联网地址注册中心 ARIN、欧洲网络协调中心 RIPENCC、拉丁美洲及加勒比互联网地址注册中心 LACNIC、非洲网络信息中心 AFRINIC。

（1）APNIC 亚太互联网信息中心——服务于亚洲和太平洋地区的国家。

（2）ARIN 美洲互联网地址注册中心——服务于北美地区和部分加勒比海地区。

（3）RIPENCC 欧洲网络协调中心——服务于欧洲、中东地区和中亚地区。

（4）LACNIC 拉丁美洲和加勒比地区互联网地址注册中心——服务于中美、南美以及加勒比地区。

（5）AFRINIC 非洲网络信息中心——服务于非洲地区。

在每个 RIR 下设置有本地互联网注册机构（Local Internet Registry，LIR）。另外，在 APNIC 还设置有国家互联网地址注册机构（National Internet Registry，NIR）。LIR 和 NIR 负责将地址分配给最终用户。

3.7.3 单播地址分配原则

IPv6 的一个显著特点是具有 128 位地址。但是巨大的地址空间同时也为管理带来了许多问题。进行 IPv6 地址分配需要综合考虑多方面的因素，包括对路由效率的影响，对未来网络发展的影响，以及对运营商的影响等。根据 ARIN、RIPENCC 及 APNIC 共同起草的正式文件提出的建议，对 IPv6 全球单播地址的分配规划和管理方案应符合以下基本原则。

① 唯一性。被分配出去的 IPv6 地址必须保证在全球范围内是唯一的，以保证每台主机都能被正确识别。

② 可记录性。已分配出去的地址块必须记录在数据库中，为定位网络故障提供依据。

③ 可聚集性。地址空间应该尽量划分为层次，以保证聚集性，缩短路由表长度。同时，对地址的分配要尽量避免地址碎片出现。

④ 节约性。地址申请者必须提供完整的书面报告，证明它确实需要这么多地址。同时，应该

避免闲置被分配出去的地址。

⑤ 公平性。所有团体，无论其所处地理位置或所属国家，都具有公平地使用 IPv6 全球单播地址的权利。

⑥ 可扩展性。考虑到网络的高速增长，必须在一段时间内留给地址申请者足够的地址增长空间，而不需要它频繁地向上一级组织申请新的地址。

以上仅为分配 IPv6 全球单播地址的一些指导性原则，在实际管理中可能无法完全满足。现在 IPv6 地址的分配基本还是"先到先得"。RIR 只能够根据企业在申请地址时提交的发展计划进行考察和衡量。

国际上对申请 IPv6 地址段有一个最低限制，RIR 一般不受理少于"/48"的地址段申请，"/32"是缺省的分配值。ICANN 现在对 IPv6 的管理政策是鼓励申请，对申请上限没有明确规定，只要企业或科研机构提供足够的证据证明自己确实有需求，它们就能申请到足够的地址。

3.7.4 终端站点地址分配建议

IPv6 全球单播地址巨大的地址空间，使其分配和管理都具有一定的难度。2001 年 9 月 IETF 发布 RFC3177，提出了向终端站点分配 IPv6 全球单播地址的一些建议，2011 年 3 月，IETF 发布 RFC6177 文档《向终端站点分配 IPv6 地址》，废弃了 RFC3177 文档，并对 IPv6 全球单播地址分配建议进行了更新。这里结合 RFC3166 和 RFC6177 文档介绍对 IPv6 全球单播地址进行分配的建议。

2001 年的 RFC3177 文档建议使用地址前缀为 /48、/64、/128 分配 IPv6 单播地址。① 家庭网络用户、小型和大中型企业应分配 /48 网络前缀；非常大的行业用户可以分配一个 /47 的网络前缀或更短前缀，或者多个 /48 网络前缀；② 对于已知设计时只有一个子网的网络可以分配 /64 的网络前缀；③ 当完全知道只有一个设备在连接网络时，可以分配 /128 的单播地址，比如 PPP 拨号连接网络时，拨号主机可能会获得 /64 网络前缀中的一个 /128 的特定主机 IPv6 单播地址。

2001 年的 RFC3177 建议终端站点 IPv6 单播地址分配的默认大小为 /48 网络前缀。随后，RIR 制定并采用了符合 RFC3177 建议的 IPv6 地址分配政策。2005 年，RIR 再次讨论 IPv6 单播地址分配政策，随后，APNIC、ARIN、RIPE 将终端站点分配政策修改为鼓励将较小的（/56）地址块分配给终端站点。

2011 年的 RFC6177 文档废弃了 RFC3177 文档建议，并通过以下方式更新了 RFC3177 文档的建议。① RFC6177 文档认为使用少量固定边界的网络前缀长度 /48、/64 和 /128 来分配 IPv6 单播地址，返回到类似 IPv4 的 ABC 类地址的"类别寻找"的方式，在系统实现上可能导致编码仅识别固定边界问题，而实际的 IPv6 网络希望采用无固定边界的网络前缀，类似无分类域间路由 SIDR 形式分配和识别任意长度的路由前缀；② 即使在某些情况下可能是合理的，也不建议使用 /128 的单播地址进行分配；③ 由于各种终端站点有不同的大小和形式，不能采取一刀切的方式为终端站点分配固定长度网络前缀的 IPv6 单播地址。

2011 年的 RFC6177 文档在废弃 RFC3177 建议的时候，并没有给出新的终端站点 IPv6 单播地址分配的默认网络前缀大小，而是建议使用变长的网络前缀进行 IPv6 单播地址分配。同时还建议任何有关终端站点的 IPv6 单播地址分配政策都应该考虑：① 终端站点应该很容易获取 IPv6 地址空间以便对多个子网进行编号；② 默认分配网络前缀大小应该考虑终端站点将来可能需要多个子网的可能性；③ 为终端站点分配更长的网络前缀可能会增加终端站点的运营成本和复杂性；应充分考虑采用半字节（nibble，4 位）边界分配对简化反向 DNS 区域管理和委派的作用；等等。

需要强调的是：Internet 社区和 RIR 强烈建议在半字节边界进行分配，以便简化分配过程并减少分配的错误。而且半字节边界分配还能够简化反向 DNS 区域的管理与委派。

注意：虽然 RFC3177 文档给出的 IPv6 单播地址分配建议被弃用，但并不代表 RFC3177 文档分配 IPv6 单播地址的建议是错的，只是这种分配方式存在 IPv6 地址的大量浪费现象，且这种默认采用固定长度的全球路由前缀（/48）分配地址方式不够灵活，与希望采用无固定边界的网络前缀思想不一致。RFC3177 文档给出的 IPv6 单播地址分配建议，在某些情况下还能够简化终端站点的 IPv6 地址空间管理，本书部分示例还是采用 /48 全球网络前缀进行 IPv6 单播地址分配。

3.7.5　IPv6 地址分配现状

近年来，IPv6 部署在全球推进迅速，主要发达国家 IPv6 部署率持续稳步提升，部分发展中国家推进迅速。根据中国教育网的数据，截至 2021 年 6 月底，全球 IPv6 地址申请（/32 以上）总计 41 858 个，IPv6 分配地址总数为 327 374 个 /32 地址，IPv6 地址数总计获得 4 096 个 /32 地址以上且排名前十的国家 / 地区见表 3-2。中国申请获得的 IPv6 地址总数超过美国，列第一位。

表 3-2　IPv6 地址数总计排名前十的国家 / 地区（2021 年 6 月）

排名	国家 / 地区	地址数（/32）	排名	国家 / 地区	地址数（/32）
1	中国（cn）	59 025	6	俄罗斯（ru）	12 843
2	美国（us）	57 863	7	日本（jp）	10 056
3	德国（de）	22 233	8	意大利（it）	9 723
4	英国（gb）	20 721	9	澳大利亚（au）	9 410
5	法国（fr）	14 341	10	荷兰（nl）	9 225

1. IPv6 单播地址分配规划

已经分配的 IPv6 全球单播地址都是前 3 位均为 001 的全球可路由前缀，也就是网络前缀为 2000::/3 的地址，即 2000:0000-3fff:ffff/32。目前，IANA 对 2000::/4 的 IPv6 单播地址进行了整体规划，并为各区域的 IPv6 单播地址进行了分配，具体分配如下：

- 2000::/8 主要是 IPv6 互联网前期分配，在全球各地均有分配使用。
- 2400::/8 主要由 APNIC 管理（亚太互联网信息中心）。
- 2600::/8 主要由 ARIN 管理（美洲互联网号码注册管理机构）。
- 2800::/8 主要由 LACNIC 管理（拉丁美洲和加勒比互联网地址注册管理机构）。
- 2a00::/8 主要由 RIPE 管理（欧洲互联网络信息中心）。
- 2c00::/8 主要由 AfriNIC 管理（非洲互联网络信息中心）。

2. 已分配特殊 IPv6 地址前缀

当前，已分配的特殊用途的 IPv6 地址前缀包括以下几个：

（1）由 RFC4380 文档定义的 Teredo 隧道 IPv6 地址前缀 2001::/32。
（2）由 RFC3849 文档定义的用于文档示例的 IPv6 地址前缀 2001:DB8::/32。
（3）由 RFC3056 文档定义的 6to4 自动隧道 IPv6 地址前缀 2002::/16。

3. 国内 IPv6 地址分配

中国属于亚太地区，获取的 IPv6 单播地址在 2400::/8 地址块中。表 3-3 列出了中国部分运营商获取的 IPv6 单播地址，表 3-4 列出了中国部分云服务商获取的 IPv6 单播地址。表 3-3 和表 3-4 数据来源于互联网，并且只是列出了部分已申请获批的 IPv6 地址范围，并非完整数据。

表 3-3 部分运营商获取的 IPv6 单播地址

网 段	运 营 商	掩 码 位	IP 数量（/32）
240e::/18	中国电信（201812）	18	16 384
2408:8000::/20	中国联通（201205）	20	4 096
2409:8000::/20	中国移动（201108）	20	4 096
240c:c000::/20	中国教育网（201901）	20	4 096
240a:4000::/21	中国广播电视网络有限公司（201712）	21	2 048
240a:8000::/21	中国铁通（移动）（201301）	21	2 048
240b:8000::/21	中国经济信息网（201308）	21	2 048
240c:4000::/22	北京百度网讯科技有限公司（201811）	22	1 024
2400:dd00::/28	科技网（CSTNET, 201105）	28	16
2001:250::/31	教育网（高校）	31	2
2001:da8::/31	教育网（高校）	31	2

表 3-4 部分云厂商获取的 IPv6 单播地址

所属 IP 段	云 厂 商	地 区	起始 IP	结束 IP
2400:3200::/32	阿里云	杭州	2400:3200::	2400:3200:ffff:ffff::
2400:b200::/32	阿里云	蚂蚁金服	2400:b200::	2400:b200:ffff:ffff::
2408:4000::/32	阿里云	北京	2408:4000::	2408:4000:ffff:ffff::
2408:4001::/32	阿里云	河北、张家口	2408:4001::	2408:4001:ffff:ffff::
2408:4002::/32	阿里云	上海	2408:4002::	2408:4002:ffff:ffff::
2408:4003::/32	阿里云	深圳	2408:4003::	2408:4003:ffff:ffff::
2402:4e00::/32	腾讯云	北京	2402:4e00::	2402:4e00:ffff:ffff::
2402:e7c0::/32	青云	北京、深圳、上海	2402:e7c0::	2402:e7c0:ffff:ffff::
2407:c080::/32	华为	北京	2407:c080::	2407:c080:ffff:ffff::
240c:4082::/32	百度云	北京	240c:4082::	240c:4082:ffff:ffff::
2401:1d40::/32	金山云	北京、上海、广州	2401:1d40::	2401:1d40:ffff:ffff::
2401:3480::/32	优刻得	上海	2401:3480::	2401:3480:ffff:ffff::
240f:c000::/32	京东	北京	240f:c000::	240f:c0ff:ffff:ffff::
2400:5280::/32	美团云	北京	2400:5280::	2400:5280:ffff:ffff::
2400:89c0::/32	新浪	北京	2400:89c0::	2400:89c0:ffff:ffff::

第 3 章　IPv6 地址结构

3.8　IPv6 地址手动配置实践

IPv6 地址空间巨大，地址长度达到 128 位，因此，合理分配设备接口 IPv6 单播地址显得尤为重要。IPv6 单播地址的配置支持三种方法：一是手动配置 IPv6 单播地址，手动配置 IPv6 单播地址 / 前缀及其他网络参数；二是无状态自动配置 IPv6 单播地址，由接口 ID 生成链路本地地址，再根据路由通告报文（Router Advertisement，RA）包含的前缀信息自动配置 IPv6 单播地址；三是有状态自动配置 IPv6 单播地址，即 DHCPv6 方式。下面介绍华为设备手动配置 IPv6 单播地址的方法。

IPv6 地址手动配置实践

3.8.1　手动配置 IPv6 地址方法

华为路由器设备配置 IPv6 单播地址，首先需要在全局模式开启 IPv6 功能（命令：ipv6），还需要在接口模式下开启 IPv6 功能（命令：IPv6 enable）。然后才能手动配置 IPv6 单播地址。

手动配置接口 IPv6 地址，在全局模式下使用命令 Interface interface-type interface-number 进入接口模式，在接口模式下执行命令：

```
ipv6 address {ipv6-address prefix-length |ipv6-address/prefix-length }
```

每个接口下最多可以配置 10 个全球单播地址。

3.8.2　IPv6 单播地址手动配置实践

这里利用华为 eNSP 虚拟仿真平台演示网络设备手动配置 IPv6 单播地址的方法。通过示例，学习掌握 IPv6 地址格式，学习掌握 IPv6 地址的手动配置方法。

实验名称：IPv6 单播地址手动配置实践

实验目的：利用 eNSP 虚拟仿真平台，手动配置 IPv6 单播地址，学习掌握 IPv6 单播地址结构和手动配置 IPv6 单播地址的方法。

实验拓扑：网络拓扑如图 3-22 所示。两台主机通过路由器相连，通过手动配置 IPv6 单播地址，实现互通。

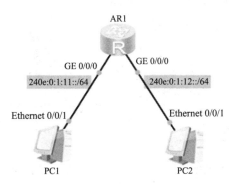

图 3-22　手动配置 IPv6 单播地址实践拓扑

IPv6 地址规划：拓扑中 PC1 和 PC2 以及 AR1 路由器都采用手动配置 IPv6 地址，其中 PC1 和 AR1 的 G0/0/0 接口属于一个子网，假定为"子网 1"，PC2 和 AR1 的 G0/0/1 接口属于另一个子网，假定为"子网 2"。网络地址分配规划如下：

子网 1：IPv6 全球路由前缀 240e:0:1::/48，子网标识 16 位，采用 0x11 的子网编号，形成网络前缀 240e:0:1:11::/64。

子网 2：IPv6 全球路由前缀 240e:0:1::/48，子网标识 16 位，采用 0x12 的子网编号，形成网络前缀 240e:0:1:12::/64。

路由器 AR1 的接口 G0/0/0 网络地址：240e:0:1:11::1/64。接口 G0/0/1 网络地址：240e:0:1:12::1/64。PC1 和 PC2 采用手动方式配置对应网段的 IPv6 地址。PC1 的地址为 240e:0:1:11::11/64，PC2 的地址为 240e:0:1:12::12/64。

实验内容：首先配置 AR1 路由器接口的 IPv6 单播地址，然后配置 PC1 和 PC2 的 IPv6 单播地址。最后利用 PING 命令测试网络的连通性。

实验步骤：

1. AR1 路由器 IPv6 相关配置

```
[AR1] ipv6                                    ##全局使能 IPv6
[AR1] interface g0/0/0
    ipv6 enable                               ##接口使能 IPv6
    Ipv6 address 240e:0:1:11::1 64            ##手动设置接口 IPv6 地址
  interface g0/0/1
    ipv6 enable
    Ipv6 address 240e:0:1:12::1 64
```

注意：由于接口链路本地地址是接口必需的 IPv6 地址，当手动定义接口 IPv6 地址后，接口自动生成接口链路本地地址。用户也可以通过执行 ipv6 address auto link-local 命令，显示生成接口的链路本地地址。

接口视图下，查看接口 IPv6 地址信息的命令：display this ipv6 interface。
系统视图下，查看接口 IPv6 地址信息的命令：display ipv6 interface。

2. 配置 PC1 和 PC2 的 IPv6 地址

PC1 和 PC2 采用手动方式配置对应网段的 IPv6 地址。PC1 的地址为 240E:0:1:11::11/64，PC2 的地址为 240E:0:1:12::12。具体配置如图 3-23 和图 3-24 所示。

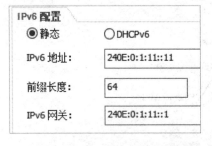

图 3-23　PC1 的 IPv6 地址

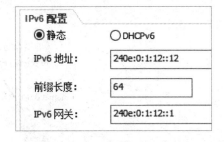

图 3-24　PC2 的 IPv6 地址

注意：华为 eNSP 虚拟仿真平台中的 PC 设备不支持无状态自动分配 IPv6 地址方式，但支持手动配置 IPv6 地址和 DHCPv6 方式分配 IPv6 地址。

3. 测试

通过以上配置后，在 PC1 中执行 ping 240e:0:1:12::12 命令，网络畅通，说明 IPv6 配置成功。

第 3 章　IPv6 地址结构

测试结果如图 3-25 所示。

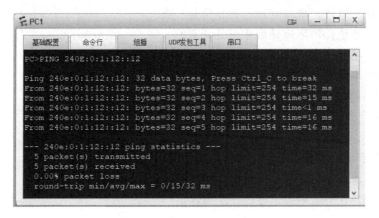

图 3-25　IPv6 地址手动配置测试

小　　结

　　IPv6 地址结构经历了 RFC1884（1995）、RFC2373（1998）、RFC3513（2003）、RFC4291（2006）。目前，IPv6 地址结构主要由 2006 年 2 月 IETF 发布的草案标准 RFC4291 文档《IPv6 地址结构》定义。本章内容结合 RFC4291 文档进行介绍，修订部分以修订对应的 RFC 文档内容为标准进行介绍。

　　本章主要介绍 IPv6 网络的地址结构、地址分类、IPv6 地址分配方法、网络节点需要使用的 IPv6 地址，以及节点 IPv6 地址的配置方法等。

　　IPv6 地址总长度为 128 位，通常，每 16 位二进制位分为一组，用 4 位十六进制数表示，共分为 8 组，每组十六进制数间用冒号":"分隔，如 2001:db8:0:0:8:800:200c:417b。

　　IPv6 地址有三种类型的地址，分别是单播地址（Unicast Address）、任播地址（Anycast Address）、多播地址（Multicast Address）。

　　IPv6 单播地址包括未指定地址、回环地址、嵌入 IPv4 地址的 IPv6 地址、全球单播地址、链路本地地址、唯一本地地址等。

　　IPv6 网络中，每个节点必须配备多个 IPv6 地址，主要包括接口全球单播地址、链路本地单播地址、回环地址，以及全部节点多播地址、节点请求多播地址等。路由器还包括全部路由器多播地址等。

习　　题

　　1．IPv6 地址有哪些表示格式？
　　2．IPv6 地址压缩表示格式有什么规则？
　　3．简述与 IPv6 地址有关的节点、网络接口、链路、站点等概念的含义。
　　4．IPv6 地址分为哪几种类型？

5. 简述 IPv6 单播地址接口标识符的生成方式。
6. 什么是未指定地址，未指定地址的作用是什么？
7. 什么是回环地址，回环地址的作用是什么？
8. IPv6 全球单播地址由哪几部分组成，其格式是怎样的？
9. 什么是链路本地地址，链路本地地址的作用是什么？
10. 什么是唯一本地地址，唯一本地地址的作用是什么？
11. 什么是节点请求多播地址，节点请求多播地址的作用是什么？
12. 主机节点所需 IPv6 地址有哪些？
13. 路由器节点所需 IPv6 地址有哪些？
14. 简述 IPv6 地址的整体分段使用情况。
15. 简述当前 IPv6 全球单播地址的分配情况。

第 4 章

IPv6 控制报文协议

ICMPv6（Internet Control Message Protocol for the IPv6，IPv6 控制报文协议）是 IPv6 的基础协议之一。ICMPv6 协议和 ICMPv4 协议一样，报文分为两种类型，一种是差错报文（Error Message），另一种是通告报文（Information Message）。但在实现功能上，不断实现了 IPv4 协议具备的差错报告和节点查询功能，还增加了一些其他重要功能，如邻居发现（ND）、安全邻居发现（SEND）、反向邻居发现（IND）、PMTU 发现、多播侦听者发现（MLD）、多播路由器发现（MRD）、移动 IPv6 支持等功能。本章主要介绍 ICMPv6 协议的报文基本格式以及差错报文和通告报文具体类型和具体格式，另外，还简要介绍了利用 ICMPv6 报文支持的其他重要功能。

4.1 ICMPv6 协议概述

IPv6 协议本身没有提供 IPv6 数据包在网络传输过程中的传输状态报告的功能，需要通过 ICMPv6 协议报告 IPv6 数据包在网络中传输的情况，ICMPv6 协议属于 IPv6 协议的一个组成部分，与 IPv6 协议一起工作。IPv6 网络中的每个节点都要实现 ICMPv6 的功能。若网络中的节点不能正确处理到来的 IPv6 数据包，则通过 ICMPv6 报文向源节点报告 IPv6 数据包在传输过程中出现的差错信息和通告信息，使网络中的节点可以知道网络中所传输的 IPv6 数据包的具体情况，以及当前网络状态的重要信息。

注意：源节点可以通过接收 ICMPv6 报文获取网络的状态和 IPv6 数据包传输的情况，但不能依靠所接收的 ICMPv6 报文解决任何网络中存在的问题。

4.1.1 ICMPv6 对 ICMPv4 协议的改进

IPv6 网络和 IPv4 网络的网络层协议的比较如图 4-1 所示。可以看到，IPv4 网络层协议包括 IPv4、ARP、RARP、ICMP 和 IGMP 协议等，而 IPv6 网络层协议只包括 IPv6 和 ICMPv6 协议。

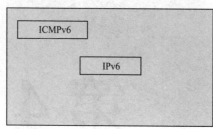
（a）IPv6的网络层

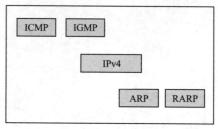
（b）IPv4的网络层

图 4-1　IPv6 与 IPv4 的网络层协议比较

ICMPv6 与 ICMPv4 相比，ICMPv6 协议不但具备 ICMPv4 传递差错报告和节点查询的功能，还新增了一些功能。具体改进如下：

（1）在 IPv6 网络中，将 IPv4 网络中的 Internet 组管理协议（IGMP）所实现的功能称为多播侦听发现 MLD 协议，并利用 ICMPv6 协议报文进行实现。

（2）在 IPv6 网络中，将 IPv4 网络中的地址解析协议（ARP）的功能作为邻居发现（ND）协议功能的一部分，并利用 ICMPv6 协议报文进行实现。

（3）在 IPv6 网络中引入了邻居发现（ND）协议，并利用 ICMPv6 报文进行实现。IPv6 网络的邻居发现协议是 IPv6 的一个基本组成部分，它实现了路由器发现、前缀发现、IPv6 地址解析、重复地址检测、重定向等功能。

（4）ICMPv6 协议还增加了支持移动 IPv6 功能。

视频
ICMPv6 报文类型

4.1.2　ICMPv6 报文类型

ICMPv6 报文结构与 ICMPv4 报文结构基本相同，ICMPv6 协议对报文的类型编码进行了重新定义。ICMPv6 报文类型见表 4-1。

表 4-1　ICMPv6 报文类型表

报文名称	类型编码	RFC	描　　述	功能协议
目的地不可达	1	RFC4443	不可达的主机、端口、协议	
数据包过大	2	RFC4443	需要分片	
超时	3	RFC4443	跳数用尽或重组超时	
参数问题	4	RFC4443	畸形数据包或者头部	
为私人实验保留	100、101	RFC4443	为实验保留	
为差错报文扩展保留	127	RFC4443	为更多的差错报文保留	
回送请求	128	RFC4443	Ping 请求	
回送应答	129	RFC4443	Ping 应答	
多播侦听查询	130	RFC2710	查询多播订阅者（v1、v2）	MLD
多播侦听报告	131	RFC2710	多播订阅者报告（v1）	MLD
多播侦听离开	132	RFC2710	多播取消订阅报文（v1）	MLD
路由器请求	133	RFC4861	IPv6 RS 和移动 IPv6 选项	ND
路由器通告	134	RFC4861	IPv6 RA 和移动 IPv6 选项	ND
邻居请求	135	RFC4861	IPv6 邻居发现请求	ND
邻居通告	136	RFC4861	IPv6 邻居发现通告	ND
重定向	137	RFC4861	使用另一个下一跳路由	ND

第 4 章 IPv6 控制报文协议

续表

报文名称	类型编码	RFC	描述	功能协议
...	...	...		
反向邻居发现请求	141	RFC3122	请求给定链路层地址的 IPv6 地址	IND
反向邻居发现通告	142	RFC3122	报告给定链路层地址的 IPv6 地址	IND
多播侦听报告（V2）	143	RFC3810	多播侦听报告（v2）	MLD
家乡代理地址发现请求	144	RFC6275	请求 MIPv6 的 HA 地址	移动 IPv6
家乡代理地址发现应答	145	RFC6275	应答 MIPv6 的 HA 地址	移动 IPv6
移动前缀请求	146	RFC6275	当离开时请求本地前缀	移动 IPv6
移动前缀通告	147	RFC6275	提供从 HA 到移动节点的前缀	移动 IPv6
认证路径请求	148	RFC3971	主机发送认证路径请求	SEND
认证路径通告	149	RFC3971	路由器发送认证路径通告	SEND
...	...	...		
多播路由器通告	151	RFC4286	提供多播路由器的地址	MRD
多播路由器请求	152	RFC4286	请求多播路由器的地址	MRD
多播路由器终止	153	RFC4286	多播路由器使用结束	MRD
FMIPv6 报文	154	RFC5568	MIPv6 快速切换报文	移动 IPv6
为私人实验保留	200、201	RFC4443	为实验保留	
为通告报文扩展保留	255	RFC4443	为更多的通告报文保留	

ICMPv6 报文分为两种类型：差错报文（Error Message）和通告报文（Informational Message）。ICMPv6 差错报文主要有四种，分别是目的不可达、数据包过大、参数问题、超时等。而通告报文又分为多种类型，包括查询报文、邻居发现（ND）报文、反向邻居发现（IND）报文、安全邻居发现（SEND）报文、多播侦听者发现（MLD）报文、多播路由器发现（MRD）报文、移动支持报文等。ICMPv6 报文的类型如图 4-2 所示。图中未列反向邻居发现（IND）报文和安全邻居发现（SEND）报文类型。

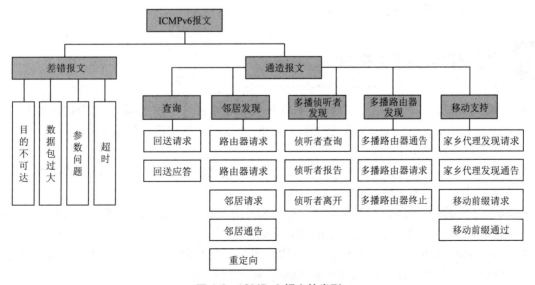

图 4-2　ICMPv6 报文的类型

ICMPv6 协议相比于 ICMPv4 报文，ICMPv6 差错报文保留了目的不可达、参数问题、超时报文，增加了数据包过大差错报文，删除了 ICMPv4 中的源点抑制差错报文（IPv4 网络也在 2012 年 5 月的 RFC6633 文档中弃用了源点抑制差错报文）。另外，ICMPv6 中将重定向报文由 IPv4 的差错报文类型修改为 IPv6 的通告报文类型，由邻居发现协议实现。

ICMPv6 协议相比于 ICMPv4 报文，ICMPv6 通告报文删除了一些不再使用的通告报文，也保留了一些通告报文。ICMPv6 协议不再支持的 ICMPv4 通告报文有：①时间戳请求与应答报文；②地址掩码请求与应答报文等。ICMPv6 协议保留支持的通告报文有：①回送请求和回送应答报文；② 路由器请求和路由器通告报文等。

4.1.3　ICMPv6 报文的处理规则

一般来说，对于传入的 ICMPv6 报文，通告报文将被操作系统自动处理，差错报文传递给用户进程或传输层协议。传入的 ICMPv6 报文的处理规则如下：

(1) 收到未知的 ICMPv6 差错报文必须传递给上层产生差错报文的进程。

(2) 收到未知的 ICMPv6 通告报文将被丢弃。

(3) ICMPv6 差错报文将会尽可能多地包含导致差错的原始（违规）IPv6 报文，最终的差错报文大小不能超过最小的 IPv6 MTU（1 280 B）。

(4) 在处理 ICMPv6 差错报文时，需要提取原始（违规）数据包中的上层协议类型，用于选择适当的上层进程；如不能根据差错报文恢复上层协议类型，则完成 IPv6 层处理后，丢弃差错报文。

(5) ICMPv6 差错报文不能因为收到以下内容的信息而发起：

① ICMPv6 出错信息；

② ICMPv6 重定向报文；

③ 目标地址为 IPv6 多播地址的分组；

④ 作为链路层多播发送的分组；

⑤ 作为链路层广播发送的分组；

⑥ 一个分组源地址不是唯一标识的单一节点。

(6) IPv6 节点必须限制它发送 ICMPv6 差错报文的速率。

4.2　ICMPv6 报文格式

每个 ICMPv6 报文的前面是一个 IPv6 基本报头和零个或多个扩展报头，ICMPv6 的协议类型号（即 IPv6 报文中的 Next Header 字段的值）为 58。ICMPv6 报文格式如图 4-3 所示。

报文中字段解释如下：

- Type（类型）：字段长度占 8 位，标识 ICMPv6 报文的类型，0～127 表示差错报文类型，128～255 表示通告报文类型。
- Code（代码）：字段长度占 8 位，通过不同的代码值区分某一给定类型报文中多个不同功用的报文，表示报文类型进一步的细分代码。
- Checksum（检验和）：字段长度占 16 位，用于存在 ICMPv6 报文的校验和。该字段用于对 ICMPv6 报文和部分 IPv6 报头中数据的正确性进行检验。

第 4 章　IPv6 控制报文协议

- ICMPv6 Data（报文数据）：字段长度可变，该部分内容和占用的位数依据报文类型变化。

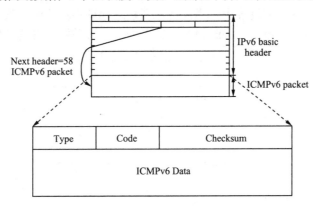

图 4-3　ICMPv6 报文格式

总体来说，ICMPv6 报文分为两大类，一类是差错报文类型，类型编号为 0～127，一类是通知报文类型，类型编号为 128～255。

ICMPv6 报文中的检验和计算使用的数据包含整个 ICMPv6 报文以及 IPv6 伪报头，而 IPv6 伪报头由源 IPv6 地址、目的 IPv6 地址、上层数据包长度、3 B 0 填充符、下一个报头等字段组成。IPv6 伪报头总长度 40 B。

 ## ICMPv6 差错报文

视频

ICMPv6 差错报文

ICMPv6 差错报文用于报告在转发 IPv6 数据包过程中出现的差错。ICMPv6 差错报文分为 4 种，分别是目的不可达、数据包过大、超时、参数问题，见表 4-2。

表 4-2　ICMPv6 差错报文的类型和代码字段

报文类型字段	报文类型字段含义	代码字段
1	目的不可达	● Code=0：没有到达目标设备的路由。 ● Code=1：与目标设备的通信被管理策略禁止。 ● Code=2：超出源地址范围。 ● Code=3：目的 IP 地址不可达。 ● Code=4：目的端口不可达。 ● Code=5：源地址流入流出策略失败。 ● Code=6：到目的地的无效路由
2	数据包过大	● Code=0：接收方忽略代码字段
3	超时	● Code=0：在传输中超越了跳数限制。 ● Code=1：分片重组超时
4	参数问题	● Code=0：IPv6 基本头或扩展头某个字段有差错。 ● Code=1：IPv6 基本头或扩展头的 Next Header 值不可识别。 ● Code=2：扩展头中出现未知的选项

1. 目的不可达差错报文（Destination Unreachable Message）

在 IPv6 节点转发 IPv6 报文过程中，当设备发现目的地址不可达时，就会向发送报文的源节点发送 ICMPv6 目的不可达差错报文，同时报文中会携带引起该差错报文的具体原因。目的不可达差错报文的 Type 字段值为 1。目的不可达报文的格式如图 4-4 所示。

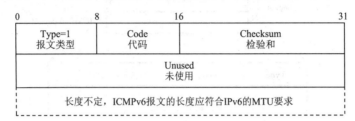

图 4-4　目的不可达差错报文格式

2. 数据包过大差错报文（Packet Too Big Message）

在 IPv6 节点转发 IPv6 报文过程中，发现报文超过出接口的链路 MTU 时，则向发送报文的源节点发送 ICMPv6 数据包过大（Packet Too Big）差错报文，其中携带出接口的链路 MTU 值。数据包过大（Packet Too Big）差错报文的格式如图 4-5 所示。

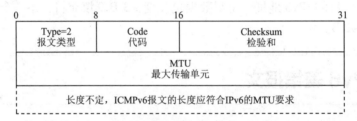

图 4-5　数据包过大差错报文格式

数据包过大差错报文的 Type 字段值为 2，Code 字段值为 0。重要的信息是 MTU 字段，它包含着下一跳链路的 MTU 大小，告诉发送端节点网络可以接收的最大报文长度。收到分组过大的主机必须通知上层进程。数据包过大差错报文是 Path MTU 发现机制的基础。

3. 超时差错报文（Time Exceeded Message）

在 IPv6 报文收发过程中，当路由器转发一个报文后，通常会把 IPv6 报文的跳数限制（Hop Limit）字段值减 1。当设备收到跳数限制字段值等于 0 的数据包，或者当设备将跳数限制字段值减为 0 时，会向发送报文的源节点发送 ICMPv6 超时差错报文。对于分段重组报文的操作，如果超过定时时间，也会产生一个 ICMPv6 超时差错报文。超时差错报文的 Type 字段值为 3。超时差错报文的格式如图 4-6 所示。

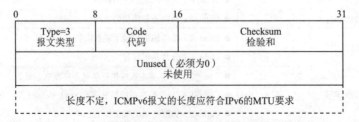

图 4-6　超时差错报文格式

传输中超出跳数限制这种类型的差错报文通常用于实现路由器跟踪功能，路由器跟踪功能有

第 4 章 IPv6 控制报文协议

助于确定一个数据包在网络中经过的路径。

4. 参数问题差错报文（Parameter Problem Message）

当目的节点收到一个 IPv6 报文时，会对报文进行有效性检查，如果发现问题会向报文的源节点回送一个 ICMPv6 参数问题差错报文。比如一个 IPv6 报头有错误，或者扩展报头出现问题，而无法完成分组传输，目的节点或路由器就会丢弃该报文，并向源节点回送一个 ICMPv6 参数问题差错报文，参数问题报文包含错误问题类型和错误位置。参数差错报文的 Type 字段值为 4。参数问题差错报文的格式如图 4-7 所示。

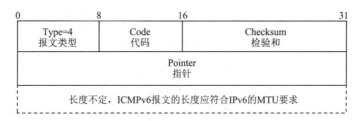

图 4-7　参数问题差错报文格式

指针字段指出错误发生的位置，以字节为单位，指出从报文报头开始的偏移量。

4.4　ICMPv6 查询功能

ICMPv6 和 ICMPv4 相比，是一个完全不同的协议，它的报文编号和报文类型发生了重大变化，功能也增加了许多。ICMPv6 通告报文不但提供了查询功能，还提供了邻居发现（ND）、多播侦听者发现（MLD）、多播路由器发现（MRD）、移动 IPv6 支持等功能。

这里将 ICMPv6 支持的回送请求报文（Echo Request）和回送应答报文（Echo Reply）称为查询功能报文。回送请求报文和回送应答报文就是通常使用的 Ping 命令报文，它通过一种简单的请求应答的查询机制来协助判断和处理网络的可达性问题。ICMPv6 查询报文包括两类，分别是回送请求（type=128）、回送应答（type=129）。

视频 ●
ICMPv6 通告
报文功能

1. 回送请求报文（Echo Request Message）

回送请求报文用于发送到目标节点，以使目标节点立即发回一个回送应答报文。回送请求的报文格式如图 4-8 所示。

图 4-8　ICMPv6 回送请求报文格式

其中，回送请求报文的 Type 字段值为 128，Code 字段的值为 0，标识符和序列号字段用于匹配请求和应用，即用于将收到的回送应答报文与发送的回送请求报文进行匹配。

标识符和序列号由发送方主机设置。标识符可以使用当前进程的进程编号 PID 进行填充，序列号一般从 0 开始，随着发送报文的增加依次递增 1。当发送方主机接收到回送应答报文后，依据标识符和序列号进行响应匹配。

2. 回送应答报文（Echo Reply Message）

回送应答报文：当收到一个回送请求报文时，ICMPv6 会用回送应答报文响应。回送请求的报文格式如图 4-9 所示。

```
0            8           16                           31
┌────────────┬───────────┬─────────────────────────────┐
│ Type=129   │ Code=0    │ Checksum                    │
│ 报文类型   │ 代码      │ 检验和                      │
├────────────┴───────────┼─────────────────────────────┤
│ Identifier             │ Sequence Number             │
│ 标识符                 │ 序列号                      │
├────────────────────────┴─────────────────────────────┤
│                    Date                              │
│                数据（长度不定）                      │
└──────────────────────────────────────────────────────┘
```

图 4-9　ICMPv6 回送应答报文格式

其中，回送应答报文的 Type 字段的值为 129，Code 字段的值为 0。标志符和序列号字段的值被指定为与回送请求报文中的相应字段一样的值。

IPv6 网络中，每个节点必须实现一个 ICMPv6 回送应答器的功能，用于接收回送请求并发起相应的回送请求的应答。出于网络连通性判断的目的，每个节点还应该实现一个应用层接口，用于发起回送请求和接收回送应答。

因响应"回送请求"报文而发送的"回送应答"报文的源地址必须与该"回送请求"报文的目的地址相同。对于发送到 IPv6 多播或任播地址的"回送请求"报文，也应该发送"回送应答"报文以回送请求，这种情况下，"回送应答"报文的源地址必须是属于接收"回送请求"报文的接口的单播地址。另外，在"回送请求"报文中接收到的数据必须在"回送应答"报文中完整返回且未做修改。

在上层，"回送应答"报文必须传递给发起"回送请求"报文的进程。要注意"回送应答"报文可以传递给没有发起"回送请求"报文的进程，还请注意，"回送请求"和"回送应答"中可以放入的数据量没有限制。

4.5　IPv6 邻居发现

IPv6 网络的邻居发现协议（Neighbor Discovery Protocol，NDP）是 IPv6 协议体系中一个重要的基础协议。它替代了 IPv4 的 ARP(Address Resolution Protocol)协议和 ICMPv4 路由器发现(Router Discovery) 等。IPv6 网络的邻居发现协议用于解决节点与同一链路上的节点间互动有关的一系列问题。具有路由器发现、前缀发现、参数发现、地址解析、下一跳确定、邻居不可达检测、地址自动配置、重复地址检测、重定向等功能。

IPv6 网络的邻居发现协议是通过 2007 年的草案标准 RFC4861 文档定义的，它是利用五类不同的 ICMPv6 报文实现的，分别是：

- 路由器请求：type=133
- 路由器通告：type=134
- 邻居请求：type=135

- 邻居通告：type=136
- 重定向：type=137

这里仅对邻居发现协议进行简要说明。第 5 章将详细介绍邻居发现协议。

4.6 IPv6 多播侦听者发现

出现于 IPv4 时代的多播技术，有效解决了单点发送、多点接收的问题，实现了网络中点到多点的高效数据传送，能够大量节约网络带宽、降低网络负载。在 IPv6 网络中，多播技术的应用得到了进一步的丰富和加强。

4.6.1 IPv6 多播侦听者发现概述

多播侦听者发现（Multicast Listener Discovery，MLD）协议可以理解为互联网组管理协议 IGMP 的 IPv6 版本，两者的协议行为相同，区别仅仅在于报文格式不同。

多播侦听者发现协议（MLD）是负责 IPv6 多播成员管理的协议，用来在 IPv6 成员主机和与其直接相邻的多播路由器之间建立和维护多播组成员关系。MLD 通过在成员主机和多播路由器之间交互 MLD 报文实现组成员管理功能。

多播侦听者发现协议（MLD）是 ICMPv6 的一个子协议，即 MLD 报文封装在 IPv6 报文中，是 IPv6 报文中的下一个报头（Next Header）值为 58 的数据包。现在有两种版本，MLDv1 和 MLDv2。

MLDv1 由 RFC2710 文档定义，MLDv1 有三类报文类型：多播侦听者查询报文（类型值为 130）、多播侦听者报告报文（类型值为 131）和多播侦听者离开报文（类型值为 132）。MLDv1 的工作机制源自 IGMPv2，基于查询和响应机制完成对 IPv6 多播成员的管理。

MLDv2 由 2004 年 6 月发布的 RFC3810 文档定义，MLDv2 有两类报文类型：多播侦听者查询报文（类型值为 130）和多播侦听者报告报文（类型值为 143）。没有定义专门的多播侦听者离开报文，侦听者离开通过特定类型的侦听者报告报文传达。MLDv2 工作机制源自 IGMPv3，MLDv2 在 MLDv1 的基础上，增加的主要功能是成员主机可以指定接收或不接收某些多播源的报文。

MLD 两个版本在演进过程中对协议报文的处理是向前兼容的，即运行 MLDv2 的多播路由器可以识别 MLDv1 的协议报文。所有 MLD 版本都支持任意源多播（Any-Source Multicast，ASM）模型。MLDv2 可以直接应用于特定源多播（Source-Specific Multicast，SSM）模型，而 MLDv1 则需要 MLD SSM Mapping 技术的支持才可以应用于 SSM 模型。

注意：IPv6 路由器使用多播侦听者发现协议发现多播侦听者，IPv6 网络中的多播路由器为查询者，而希望接收数据的 IPv6 节点为多播侦听者，另外，多播路由器可能既是查询者，也可能是一个或多个多播地址的侦听者。

4.6.2 MLDv2 报文

这里结合 RFC3810 文档介绍 MLDv2 报文。MLDv2 报文包含两大类，分别是多播侦听者查询（type=130）、多播侦听者报告（type=143）。

1. 多播侦听者查询报文 v2

报文类型 type=130，代码 Code=0。多播侦听者查询报文由处于查询状态的多播路由器发送，以查询相邻接口的多播侦听状态。多播侦听者查询报文的格式如图 4-10 所示。

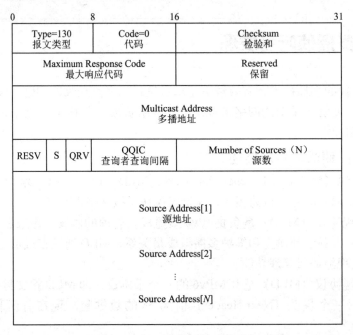

图 4-10　多播侦听者报文格式

多播侦听者查询报文的格式中，"最大响应代码"字段指定发送响应报告报文之前允许的最长时间，允许的实际时间以毫秒为单位表示，又称"最大响应延迟"。

多播侦听者查询报文分为三种类型，分别为常规多播组查询、特定多播组查询、特定多播组和多播源查询（注意：MLDv1 中包含前两种查询）。这些查询用于构建和刷新链路上所有多播路由器的多播地址侦听者状态。

- 常规多播组查询（General Query），由查询状态的多播路由器定期发送，以了解哪个多播组在附加链路上有侦听器。多播组和源地址数都设置为 0。
- 特定多播组查询（Multicast Address Specific Query），多播路由器在响应多播侦听者状态变化报告时发送特定多播地址查询，以了解特定多播组是否在链路上有任何侦听器。在特定多播组查询中，多播地址字段包含被查询的多播地址，而源地址数设为 0。
- 特定多播组和多播源查询（Multicast address and Source Specific Query），多播路由器在响应多播侦听者状态变化报告时发送特定多播组和多播源查询，以了解特定多播地址指定列表中的特定源是否在链路上有任何侦听器。在特定多播组和多播源查询中，多播地址字段包含被查询的多播地址，而源地址字段设置为被查询的源地址。

关于查询报文的源地址和目标地址，需要注意，特定多播组查询、特定多播组与多播源查询仅在响应多播侦听者状态变化报告时发送。MLDv2 的查询报文必须与有效的 IPv6 链路本地源地址一起发送，即查询报文的源地址为 IPv6 链路本地地址。MLDv2 中常规多播组查询的目的地址为链路范围的所有节点多播地址（ff02::1）；特定多播组查询、特定多播组和多播源查询目的地址是特定的多播地址。

第 4 章 IPv6 控制报文协议

查询报文中，源数（N）字段指定查询报文中多播组对应存在多少个源地址。此数字在常规多播组查询或特定多播组查询中为 0，在特定多播组和多播源查询中为非零。该数量受传输查询链路的 MTU 限制。例如，在 MTU 为 1 500 B 的以太网链路上，IPv6 报头（40 B）和包含路由器警示选项的逐跳扩展报头（8 B）共消耗 48 B；源地址（N）字段之前的 MLD 字段消耗 28 B；因此，源地址还有 1 424 B，这将源地址的数量限制为 89（1424/16）个。

2. 多播侦听者报告报文 v2

MLDv2 的多播侦听者报告报文类型 Type 值为 143，报告报文格式如图 4-11 所示。MLDv2 的多播侦听者报告报文由 IPv6 的多播侦听者发送，用于向相邻路由器报告其接口的当前多播侦听状态或多播侦听状态的变化。

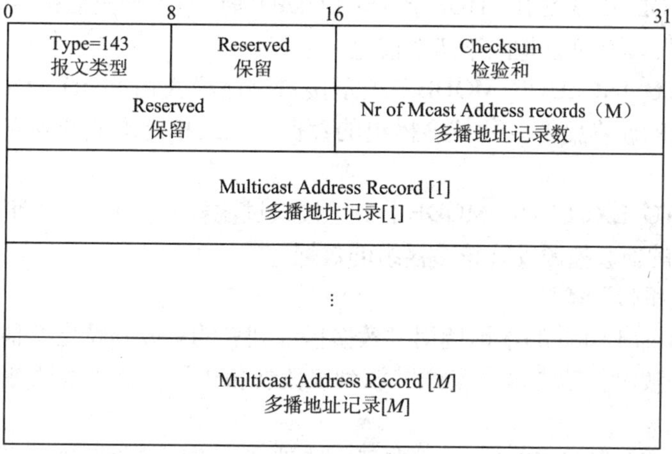

0	8	16	31
Type=143 报文类型	Reserved 保留	Checksum 检验和	
Reserved 保留		Nr of Mcast Address records（M） 多播地址记录数	
Multicast Address Record [1] 多播地址记录[1]			
⋮			
Multicast Address Record [M] 多播地址记录[M]			

图 4-11 版本 2 多播侦听者报告报文格式

多播侦听者报告报文中可能包含多个多播地址记录，每个多播地址记录是一个字段块，其中包含有关发送报告的侦听者信息。每个多播地址记录的内部格式如图 4-12 所示。

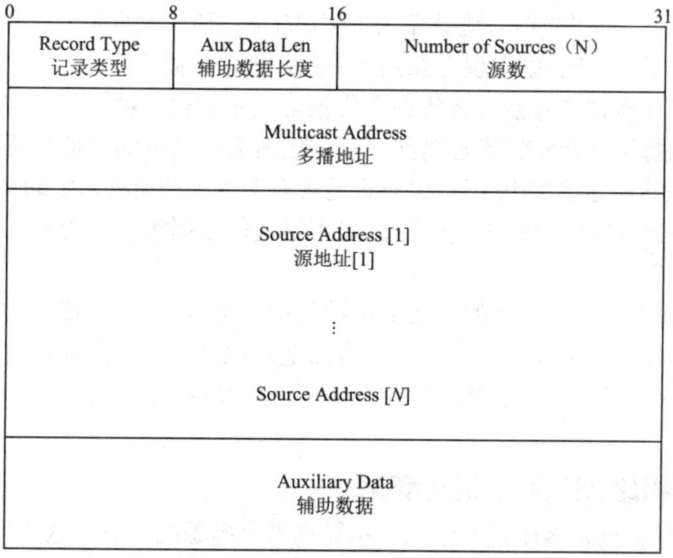

0	8	16	31
Record Type 记录类型	Aux Data Len 辅助数据长度	Number of Sources（N） 源数	
Multicast Address 多播地址			
Source Address [1] 源地址[1]			
⋮			
Source Address [N] 源地址[N]			
Auxiliary Data 辅助数据			

图 4-12 多播地址记录内部格式

MLDv2 的多播侦听者报告报文的多播地址记录，可以包含如下三种多播地址记录类型。

1)"当前状态报告"类型

节点发送"当前状态报告"以响应接口上接收到的查询。通告自己目前的状态。"当前状态报告"的记录类型字段可以是以下两个值之一：

(1) MODE_IS_INCLUDE：表示接收源地址列表包含的源发往该多播组的多播数据。如果指定源地址列表为空，该报文无效。

(2) MODE_IS_EXCLUDE：表示不接收源地址列表包含的源发往该多播组的多播数据。

2)"过滤模式改变报告"类型

每当 IPv6 Multicast Listen 的本地调用导致特定多播地址的接口状态的过滤模式改变（即从 INCLUDE 到 EXCLUDE，或从 EXCLUDE 到 INCLUDE）时，节点就会发送"过滤模式改变报告"。"过滤模式改变报告"类型可以是以下两个值之一：

(1) CHANGE_TO_INCLUDE_MODE：表示接口过滤模式由 EXCLUDE 转换到 INCLUDE。接收源地址列表包含的新多播源发往该多播组的数据。如果指定源地址列表为空，主机将离开多播组。

(2) CHANGE_TO_EXCLUDE_MODE：表示接口过滤模式由 INCLUDE 转换到 EXCLUDE。拒绝源地址列表包含的新多播源发往该多播组的数据。

3)"源列表改变报告"类型

每当 IPv6 Multicast Listen 的本地调用导致多播源列表的更改与特定多播组地址的接口状态的过滤模式的更改不一致时，节点就会发送"源列表改变报告"。"源列表改变报告"类型可以是以下两个值之一：

(1) ALLOW_NEW_SOURCES：表示在现有基础上，需要接收源地址列表包含的多播源发往该多播组的多播数据。如果当前对应关系为 INCLUDE，则向现有源列表中添加这些多播源；如果当前对应关系为 EXCLUDE，则从现有阻塞源列表中删除这些多播源。

(2) BLOCK_OLD_SOURCES：表示在现有的基础上，不再接收源地址列表包含的多播源发往该多播组的多播数据。如果当前对应关系为 INCLUDE，则从现有源列表中删除这些多播源；如果当前对应关系为 EXCLUDE，则向现有源列表中添加这些多播源。

如果链路上的节点通过多播侦听者状态变化报告表示希望不再侦听特定的多播地址，则查询者必须在删除这个多播侦听者侦听状态之前，查询该多播组地址的其他侦听器，并停止相应的通信量。因此，查询者发送特定多播组查询，以验证是否有节点仍在侦听指定的多播组地址。类似的，查询者发送特定多播组和特定源查询，以验证对于指定的多播组，是否有节点仍在侦听特定的多播源。

MLDv2 的多播侦听者报告报文的多播地址记录中，源数（N）字段指定多播组地址记录中存在多少个源地址。辅助数据字段用来存放与此多播地址记录有关的附件信息，RFC3810 文档定义的 MLDv2 协议没有定义任何辅助数据。因此必须将 Aux Date Len 字段设置为 0，表示没有任何辅助数据。

4.6.3 MLDv2 相比 MLDv1 报文变化

MLDv1 报文中只能携带多播组的信息，不能携带多播源的信息，这样运行 MLDv1 的成员主机在加入多播组时无法选择加入哪个指定多播源的多播组。MLDv2 解决了这个问题，运行 MLDv2

的成员主机不仅能够选择多播组，还能够根据需要选择接收哪些多播源的数据。同时，与 MLDv1 的成员报告只能携带一个多播组信息相比，MLDv2 报文可以携带多个多播组信息，这就大大减少了成员主机与查询器之间交互的报文数量。MLDv2 与 MLDv1 相比，在报文结构和类型方面有一定的变化，以适应功能的变化。

（1）MLDv2 报文包含两大类：多播侦听者查询报文和多播侦听者报告报文。MLDv2 没有定义专门的多播侦听者离开报文，多播侦听者离开通过特定类型的报告报文来传达。

（2）多播侦听者查询报文中不仅包含常规多播组查询报文和特定多播组查询报文，还新增了特定多播组和多播源查询报文。该报文由查询器向共享网段内特定多播组成员发送，用于查询该多播组成员是否愿意接收特定源发送的数据。特定多播组和多播源查询通过在报文中携带一个或多个多播源地址达到这一目的。

（3）多播侦听者报告报文不仅包含主机想要加入的多播组，而且包含主机想要接收来自哪些多播源的数据。MLDv2 增加了针对多播源的过滤模式（INCLUDE/EXCLUDE），将多播组与源列表之间的对应关系简单地表示为（G，INCLUDE，(S1，S2…)），表示只接收来自指定多播源 S1，S2…发往多播组 G 的数据；或（G，EXCLUDE，(S1，S2…)），表示接收除了多播源 S1，S2…之外的多播源发送给多播组 G 的数据。当多播组与多播源列表的对应关系发生了变化，MLDv2 报告报文会将该关系变化存放于多播地址记录（Multicast Address Record）字段，发送给 MLD 查询器。

4.6.4　MLDv2 工作机制

MLDv1 定义的查询器选举机制、多播组成员查询和响应机制、多播组成员加入机制和多播组成员离开机制。MLDv2 在支持 MLDv1 工作机制的同时，还增加了主机对多播源的选择能力机制，包括特定多播组和多播源加入机制、特定多播组和多播源查询机制。

（1）查询器选举机制：当一个网段内有多台 IPv6 多播路由器时，由于它们都可以接收到主机发送的多播侦听者报告报文，因此只需要选取其中一台多播路由器发送查询报文就足够了，该多播路由器称为 MLD 查询器（Querier）。

（2）多播组成员查询和响应机制：通过多播组成员查询和响应，MLD 查询器可以了解到该网段内哪些多播组存在成员。

（3）多播组成员加入机制：共享网段内有新成员需要加入多播组时，会主动向 MLD 查询器发送报告报文，而不必等待多播侦听者查询报文的到来。

（4）多播组成员离开机制：通过多播组成员离开，MLD 查询器可以及时了解到网段内哪些多播组已不存在成员，从而及时更新组成员关系，减少网络中冗余的多播流量。

（5）特定多播组和多播源加入机制：MLDv2 的成员报告报文的目的地址为 ff02::16（表示本地网段内所有使能 MLDv2 的路由器）。通过在报告报文中携带多播地址记录，主机在加入多播组的同时，能够明确要求接收或不接收特定多播源发出的多播数据。

（6）特定多播组和多播源查询机制：当接收到多播组成员发送的改变多播组与多播源列表的对应关系的报告时（比如 CHANGE_TO_INCLUDE_MODE、CHANGE_TO_EXCLUDE_MODE），MLD 查询器会发送特定多播组和多播源查询报文。如果多播组成员希望接收其中任意一个多播源的多播数据，将反馈报告报文。MLD 查询器根据反馈的多播组成员报告更新该组对应的多播源列表。

4.7 IPv6 多播路由器发现

多播侦听者发现（MLD）中，侦听需要能够识别多播路由器的位置，但侦听并不是标准化的方法，有多种机制可用于发现识别多播路由器。多播路由器发现（Multicast Router Discovery，MRD）就是一种发现识别多播路由器的通用机制，该机制不依赖于任何特定多播路由协议，在 IETF 建议标准 RFC4286 文档中定义。多播路由器发现（MRD）由三条新的 ICMPv6 报文组成，分别是多播路由器通告（type=151）、多播路由器请求（type=152）、多播路由器终结（type=153）。

多播路由器在启用多播转发的所有接口上定期发送多播路由器通告报文，以通告其已经开启 IPv6 多播转发功能；当设备（如交换机）希望在直接连接的链路上发现多播路由器时，设备就会发送多播路由器请求报文，以便路由器发送多播路由器通告报文；多播路由器在接口上终止多播路由功能，通过发送多播路由器终结报文以通告其已经关闭了接口上的 IPv6 多播转发功能。所有 MRD 报文都是以 IPv6 跳数限制为 1 发送的。

多播路由器发现（MRD）报文可用于确定连接到交换机的哪些节点启用了多播路由。通过 MRD 报文，第二层交换机可以确定向何处发送多播源数据和多播组成员身份信息。多播源数据和多播组成员报告必须由一个网段上的所有多播路由器接收。

（1）多播路由器通告报文：报文类型 type=151。在启用了多播转发的路由器接口上，多播路由器通告报文会定期主动发送。它们还被发送以响应多播路由器请求报文。多播路由器通告报文是作为 MLD 协议(对于 IPv6)报文发送到所有侦听者多播地址。多播路由器通告报文格式如图 4-13 所示。

0	8	16	31
Type=151 报文类型	Ad. Interval 通告间隔	Checksum 检验和	
Query Interval 查询间隔		Robustness Variable 健壮性变量	

图 4-13　多播路由器通告报文格式

（2）多播路由器请求报文：报文类型 type=152。多播路由器请求报文用于请求来自网段上的多播路由器通告报文。当设备希望发现多播路由器时，将发送这些报文。路由器在启用了多播转发和 MRD 的接口上接收到请求后，将使用多播路由器通告报文进行响应。多播路由器请求报文格式如图 4-14 所示。

0	16	31
Type=152 报文类型	reserved 保留	Checksum 检验和

图 4-14　多播路由器请求报文格式

（3）多播路由器终止报文：报文类型 type=153。多播路由器终止报文用于加快通知路由器多播转发功能状态的变化。但多播路由器在接口上禁用多播转发时，多播路由器发送终止报文。多播路由器终止报文格式如图 4-15 所示。

第 4 章　IPv6 控制报文协议

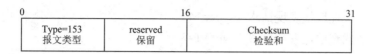

图 4-15　多播路由器终止报文格式

4.8　IPv6 的移动性支持

　　IPv6 作为下一代互联网协议，在设计之初就支持网络节点的移动性。移动 IPv6 由 IETF 的建议标准 RFC6275 文档定义，移动 IPv6 设计的目的是当移动节点由一个网络切换到另一个网络时，移动节点在不改变 IPv6 地址的情况下，保持与通信节点的网络连接而不中断。移动 IPv6 涉及三个实体，分别是移动节点（Mobile Node）、通信节点（Corespondent Node）和家乡代理（Home Agent）。

　　在移动 IPv6 中，移动节点同时使用了两个不同的 IPv6 地址来区分身份标识和位置标识。当移动节点位于本地链路时，只使用其家乡地址（Home Address），与普通 IPv6 通信一样；当移动节点移动到外地网络时，就使用家乡地址标识其身份，使用转交地址（Care-of Address）标识其当前所在位置。

　　移动 IPv6 协议规范在建议标准 RFC6275 文档中定义。为了在 IPv6 中支持移动性，RFC6275 文档中，不仅定义了支持移动 IPv6 的新的扩展报头（下一个报头 Next Header 值为 135），还定义了支持移动 IPv6 的新的目的选项扩展报头（下一个报头 Next Header 值为 60）和新的路由扩展报头（下一个报头 Next Header 值为 43）。

　　新的扩展报头是移动扩展报头，移动扩展报头是移动节点、通信节点和家乡代理在绑定创建管理过程中，所有报文都要使用的扩展报头，在前一个报头的下一个报头字段值为 135。移动 IPv6 在绑定管理过程使用的报文包括：绑定更新请求报文、家乡测试初始化报文、转交测试初始化报文、家乡测试报文、转交测试报文、绑定更新报文、绑定确认报文、绑定错误报文。

　　新的目的选项扩展报头为家乡地址选项扩展报头，在前一个报头的下一个报头字段值为 60。用于移动节点在离开家乡的网络链路上发送数据包中，告知接收方移动节点的家乡地址。

　　新的路由扩展报头为类型 2 路由扩展报头（RH2），在前一个报头的下一个报头字段值为 43。用于当通信节点将数据包直接发送到移动节点的转交地址时，将移动节点的家乡地址放入类型 2 路由报头中，当数据包到达移动节点时，移动节点从路由首部中取出家乡地址，替换掉 IPv6 首部中的目的地址。

　　注意：移动扩展报头不能与类型 2 路由报头（RH2）一起传送。移动扩展报头也不能与家乡地址选项扩展报头一起使用。

　　另外，移动 IPv6 引入了一些新的 ICMPv6 通告报文，用于支持家乡代理地址的自动发现及移动节点获取家乡链路的前缀信息。具体来说，ICMPv6 中定义了 4 种通告报文来支持移动 IPv6 技术。其中 ICMPv6 家乡代理地址发现请求报文和 ICMPv6 家乡代理地址发现应答报文提供对家乡代理地址发现机制的支持；ICMPv6 移动前缀请求和 ICMPv6 移动前缀应答报文提供对移动节点离开家乡时获取家乡链路的前缀配置信息的支持。

- ICMPv6 家乡代理地址发现请求：type=144
- ICMPv6 家乡代理地址发现应答：type=145
- ICMPv6 移动前缀请求：type=146
- ICMPv6 移动前缀应答：type=147

4.9 IPv6 PMTU 发现原理与实践

扫一扫
IPv6 PMTU 发现原理与实践

在 IPv4 网络中，如果 IP 报文过大，必须要分片进行发送，所以在每个节点发送 IP 报文之前，网络设备都会先根据发送接口的最大传输单元 MTU（Maximum Transmission Unit）对 IP 报文进行分片，然后进行传输。

在 IPv6 网络中，当一个 IPv6 节点有大量数据要发送到另一个节点时，数据以一系列 IPv6 数据包的形式传输。这些数据包的大小可以小于或等于路径最大传输单元 PMTU，或者可以是更大的数据包被分成一系列片段，每个片段的大小小于或等于 PMTU。通常，数据包最好具有最大的大小且能够在不需要 IPv6 分段的情况下成功地穿过从源节点到目的节点的路径。这个数据包的大小称为路径最大传输单元（PMTU），它等于路径中所有链路的最小链路（MTU）。互联网标准 RFC8201 文档定义了一种标准机制，用于节点发现任意路径的 PMTU。

IPv6 节点应该实现 PMTU 发现，以便发现并利用"PMTU 等于 IPv6 最小链路（MTU）"的路径。注意，最小的 IPv6 实现（如引导 ROM 中）可以省略 PMTU 发现的实现。未实现 PMTU 发现的节点必须使用 IPv6 协议标准 RFC8200 文档中定义的 IPv6 最小链路（MTU）（1 280 B）作为最大数据包的大小。

需要注意的是，大多数路径的 PMTU 都大于 IPv6 最小链路（1 280 B），如果直接采用 IPv6 最小链路作为 PMTU 会浪费网络资源。另外，PMTU 发现机制采用 ICMPv6 报文实现，如果 ICMPv6 报文被阻止或未传输，则实现 PMTU 发现并发送大于 IPv6 最小链路（MTU）数据包的节点容易出现连接问题。例如，这会导致 TCP 三次握手正确完成，但在传输数据时连接挂起，这种状态称为黑洞连接。

4.9.1 IPv6 网络 PMTU 发现原理

ICMPv6 的 Packet Too Big（数据包过大）差错报文是 Path MTU 发现机制的基础。如图 4-16 所示，首先源节点假设 PMTU 就是其出接口的 MTU，发出一个试探性的报文，当转发路径上存在一个小于当前假设的 PMTU 时，转发设备就会丢弃该试探性报文，同时会向源节点发送 Packet Too Big 报文，并且携带自己的 MTU 值，此后源节点将 PMTU 的假设值更改为新收到的 MTU 值继续发送报文。如此反复，直至报文到达目的地之后，源节点就能知道到达目的地的 PMTU 了。

图 4-16 中，整条传输路径需要通过 4 条链路，每条链路的 MTU 分别是 1 500、1 500、1 400、1 300，当源节点发送一个分片报文时，首先按照 PMTU 为 1 500 进行分片并发送分片报文，当到达 MTU 为 1 400 的出接口时，设备返回 Packet Too Big 差错报文，同时携带 MTU 值为 1 400 的信息。源节点接收到之后会将报文重新按照 PMTU 为 1 400 进行分片并再次发送一个分片报文，当分片报文到达 MTU 值为 1 300 的出接口时，同样返回 Packet Too Big 差错报文，携带 MTU 值为 1 300 的信息。之后源节点重新按照 PMTU 为 1 300 进行分片并发送分片报文，最终到达目的地，

这样就找到了该路径的 PMTU。

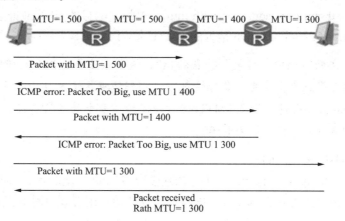

图 4-16　PMTU 发现机制

由于 IPv6 要求链路层所支持的最小 MTU 为 1 280 B，所以 PMTU 的值必须大于 1 280 B。建议用 1 500 B 作为链路的初始 PMTU 值。

4.9.2　IPv6 网络 PMTU 调整配置

网络设备作为源节点向目的节点发送报文时，可以通过接口的 MTU 值动态协商 PMTU，也可根据需要，手工配置到指定目的节点的 PMTU。

一般情况下，网络设备根据接口的 IPv6 MTU 值动态协商 PMTU。采用动态协商 PMTU 时，用户可以配置动态 PMTU 的老化时间，通过配置新的 PMTU 老化时间，当 PMTU 老化时间超时后，动态确定的 PMTU 值将会被删除，源节点会重新动态协商确定发送报文的 PMTU。默认情况下，动态 PMTU 项的老化时间是 10 min。

特殊情况下，为了保护网络设备的安全，避免受到超长报文的攻击时，可以手工配置到指定目的节点的 PMTU，以控制设备到目的节点可转发报文的最大长度。

注意：配置设备到指定目的节点的 PMTU 时，中间途径的所有设备接口的 IPv6 MTU 值不能小于需要配置的 PMTU 值，否则会造成报文丢弃。也就是说，配置设备到指定目的网络节点的 PMTU 时，配置的 PMTU 必须是路径中最小的 PMTU 值。

1. 配置接口的 IPv6 MTU 值

在接口视图下执行命令 ipv6 mtu mtu，可以配置接口上发送 IPv6 报文的 MTU 值。默认情况下，接口的 IPv6 的 MTU 值为 1 500 B。动态 PMTU 值是根据接口的 IPv6 MTU 值协商出来的。

更改接口的 MTU 值后，需要在接口视图下执行命令 shutdown 和 undo shutdown，或者在接口视图下执行命令 restart，重启接口使配置生效。

注意：Dialer、GE、XGE 和 Eth 接口的 MTU 取值范围是 1 280～1 610，Eth 和 GE 子接口、XGE 子接口的 MTU 取值范围是 1 280～1 606，PTM 模式下的 G.SHDSL 和 VDSL 接口的 MTU 取值范围是 1 280～1 576，PON、Async、Serial、POS、Cellular、Tunnel、VLANIF 和 Eth-Trunk 等接口的 MTU 取值范围是 1 280～1 500，单位是 B。默认值为 1 500 B。

2. 配置静态 PMTU

执行命令 ipv6 pathmtu ipv6-address [path-mtu],对指定的目的 IPv6 地址配置 PMTU 值。如果不选择参数 path-mtu,则指定目的 IPv6 地址的 PMTU 值为 1 500 B。

注意:在转发报文的路径中,当某一节点的 MTU 值小于设置的 PMTU 值时,报文到达该节点时被丢弃。所以除非会受到安全攻击,其他情况下,推荐根据系统本身具有的功能动态学习 PMTU 值,不使用 ipv6 pathmtu 命令静态设置 PMTU 值,即保持该命令的默认情况。path-mtu 的取值范围是 1 280~10 000,单位是 B。默认值为 1 500 B。

3. 配置动态 PMTU 老化时间

执行命令 ipv6 pathmtu age age-time,配置动态 PMTU 的老化时间。age-time 的取值范围是 10 ~ 100,单位是 min。默认值是 10 min。推荐使用默认值。配置老化时间以便重新协商发送报文的 PMTU。

4. 检查 PMTU 配置结果

执行命令 display ipv6 pathmtu { ipv6-address | all | dynamic | static }。查看 PMTU 项信息。all 代表所有 PMTU 项、dynamic 代表动态 PMTU 项、static 代表静态 PMTU 项、IPv6-address 代表指定目的 IPv6 地址 PMTU 项信息。

执行命令 display ipv6 interface [interface-type interface-number | brief],查看接口的 IPv6 信息。

4.9.3 IPv6 PMTU 配置实践

IPv6 网络节点为发送数据应当实现 PMTU 发现,否则以系统默认的最小路径最大传输单元(1 280 B)作为最大数据包大小进行数据发送。这里通过实验示例,演示手动修改接口和链路的 PMTU 值,查看实际传输数据的数据包大小。

实验名称: IPv6 PMTU 配置实践

实验目的: 通过修改接口 MTU 和配置链路的静态 PMTU 值,查看实际传输数据的数据包大小,学习掌握 PMTU 发现的作用。

实验拓扑: 实验拓扑如图 4-17 所示。其中 AR2-PC1 和 AR3-PC2 采用路由器模拟主机。

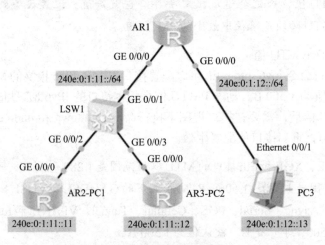

图 4-17 PMTU 配置示例

第 4 章　IPv6 控制报文协议

实验内容：

（1）将 AR2-PC1 的 G0/0/0 接口 MTU 设置为 1 450 B。将 AR1 的 G0/0/1 接口 MTU 设置为 1 400 B。通过 Ping 命令并使用 -s 参数指定数据长度来分析（AR2-PC1/AR1/PC3）路径的路径最大传输单元 PMTU 值。

（2）在 AR3-PC2 中设置（AR2-PC1/AR1/PC3）路径的静态 PMTU 为 1 350 B。通过 Ping 命令并使用 -s 参数指定数据长度来分析（AR3-PC2/AR1/PC3）的 PMTU 值。

实验步骤：

1. 初始配置（手动配置各设备接口 IPv6 地址）

将 AR1 的 G0/0/0 接口配置 IPv6 地址 240e:0:1:11::1/64，G0/0/1 接口配置 IPv6 地址 240e:0:1:12::1/64。将 AR2-PC1 的 G0/0/0 接口地址设置为 240e:0:1:11::11/64。将 AR3-PC2 的接口 IPv6 地址设置为 240e:0:1:11::12/64。将 PC3 的接口 IPv6 地址设置为 240e:0:1:12::13/64。具体配置如下：

1）配置 AR1 路由器接口 IPv6 地址

```
<huawei>system-view
[huawei]sysname AR1
[AR1]IPv6                                    ## 全局使能 IPv6
[AR1]Int g0/0/0
    IPv6 enable                              ## 接口使能 IPv6
    ipv6 address 240e:0:1:11::1/64           ## 手动配置接口 IPv6 地址
[AR1]Int g0/0/1
    IPv6 enable
    ipv6 address 240e:0:1:12::1/64
```

2）配置 AR2-PC1 路由器接口 IPv6 地址

```
<huawei>system-view
[huawei]sysname AR2-PC1
[AR2-PC1]IPv6                                ## 全局使能 IPv6
[AR2-PC1]Int g0/0/0
    IPv6 enable                              ## 接口使能 IPv6
    ipv6 address 240e:0:1:11::11/64          ## 手动配置接口 IPv6 地址
    Quit
[AR2-PC1]ipv6 route-static :: 0 240E:0:1:11::1   ## 配置缺省路由
```

注意： AR2-PC1 用于模拟主机，因此需要配置缺省路由。AR 路由器中，可以使用以下命令配置 IPv6 缺省路由：

```
ipv6 route-static :: 0 nexthop-ipv6-address
```

因此为 AR2-PC1 配置缺省路由的命令为：

```
ipv6 route-static :: 0 240E:0:1:11::1
```

其中（:: 0）表示任意网络。本条缺省路由表示，如果报文的目的地址不能与路由表的任何目的地址匹配，那么该报文将通过下一跳 IPv6 地址 240E:0:1:11::1 进行转发。

3）配置 AR3-PC2 路由器接口 IPv6 地址

```
<huawei>system-view
[huawei]sysname AR3-PC2
[AR3-PC2]IPv6                                           ## 全局使能 IPv6
[AR3-PC2]Int g0/0/0
    IPv6 enable                                         ## 接口使能 IPv6
    ipv6 address 240e:0:1:11::12/64                     ## 手动配置接口 IPv6 地址
    Quit
[AR3-PC2] ipv6 route-static :: 0 240e:0:1:11::1         ## 配置缺省路由
```

4）配置 PC3 的 IPv6 地址

PC3 采用手动方式配置 IPv6 地址。PC3 的地址配置为 240e:0:1:12::13。

2. 查看 AR2-PC1 的接口初始 MTU 值

在 AR2-PC1 中执行 display ipv6 interface g0/0/0 命令，显示结果如图 4-18 所示。

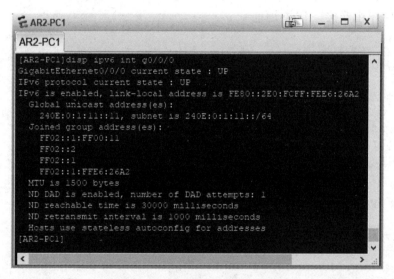

图 4-18 AR2-PC1 接口 MTU 值

可以看到，AR2-PC1 的 G0/0/0 接口 MTU 为 1 500 B。

3. 配置 AR2-PC1 和 AR1 接口 IPv6 的 MTU 值

1）配置 AR2-PC1 接口 MTU 值

```
[AR2-PC1]interface g0/0/0
    ipv6 mtu 1450                                       ## 配置 G0/0/0 接口的 MTU 为 1 450
```

2）配置 AR1 接口 MTU 值

```
[AR1]interface g0/0/1
    ipv6 mtu 1400                                       ## 配置 G0/0/0 接口的 MTU 为 1 400
```

4. 查看 AR2-PC1 接口 IPv6 的 MTU 值

在 AR2-PC1 中执行 display ipv6 interface g0/0/0 命令，显示结果如图 4-19 所示。

第 4 章　IPv6 控制报文协议

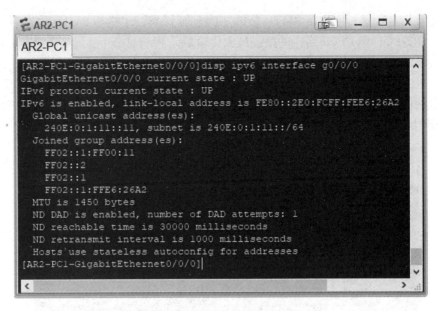

图 4-19　修改后 AR2-PC1 接口 MTU 值

可以看到，AR2-PC1 的 G0/0/0 接口 MTU 已经修改为 1 450 B。

5. 配置 AR3-PC2 到 PC3 链路静态 PMTU 值

配置 AR3-PC2 到 PC3 链路静态 PMTU 值为 1 350 B。

```
[AR3-PC2]ipv6 pathmtu 240e:0:1:12::13 1350     ###配置静态PMTU为1350
```

6. 查看 AR3-PC2 到 PC3 链路的 PMTU 值

在 AR3-PC2 中执行 display ipv6 pathmtu all 命令，查看所有 PMTU 项信息，显示结果如图 4-20 所示。

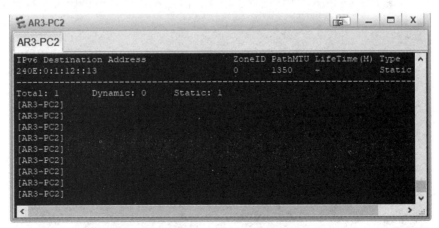

图 4-20　显示 AR3-PC2 到 PC3 链路的 PMTU 值

可以看到，AR3-PC2 到 PC3 链路的 PMTU 值设置为 1 350 B。

7. 分析路径最大传输单元 PMTU

PMTU 的值是指网络层数据包的整体长度，包括 IPv6 网络层的首部封装 40 B，以及 ICMPv6 首部封装 8 B。而 Ping 命令 -s 参数指定数据长度是 ICMPv6 协议携带的数据长度。因此，Ping 命

令中使用 -s 参数指定数据长度应在 PMTU 值的基础上加上 48，才能与 PMTU 值对应。

1) 分析 AR2-PC1/AR1/PC3 路径的路径最大传输单元 PMTU

根据本实验配置，AR2-PC1 的 G0/0/0 接口 MTU 设置为 1 450 B，AR1 的 G0/0/1 接口 MTU 设置为 1 400 B。因此，AR2-PC1/AR1/PC3 路径的 PMTU 应为 1 400 B。利用 Ping 命令进行测试，如果指定 -s 参数的值小于 1 352，则能够 Ping 通，如果指定 -s 参数的值大于 1 352，则不能够 Ping 通。

在 AR2-PC1 中执行 ping ipv6 -s 1352 240e:0:1:12::13 命令。显示结果如图 4-21 所示。

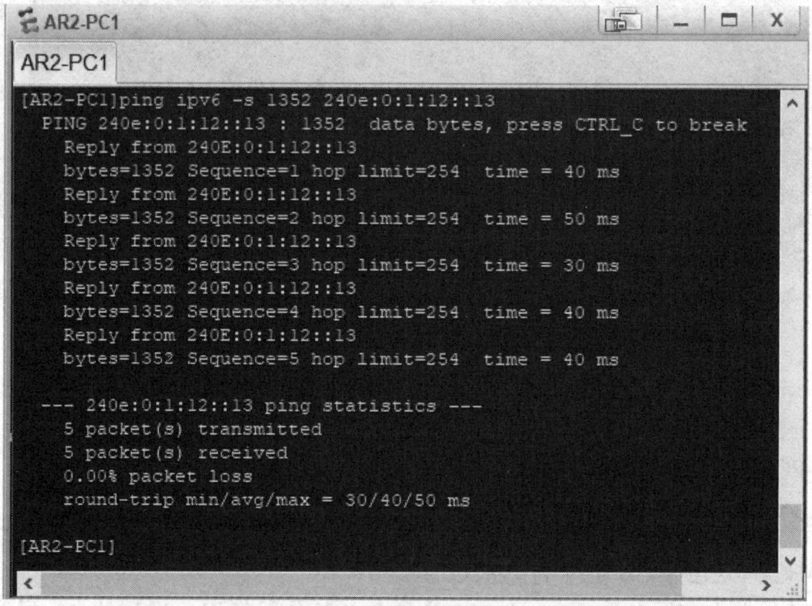

图 4-21 实验中采用数据长度 1 352 B 的 Ping 测试结果

在 AR2-PC1 中执行 ping ipv6 -s 1353 240e:0:1:12::13 命令。显示结果如图 4-22 所示。

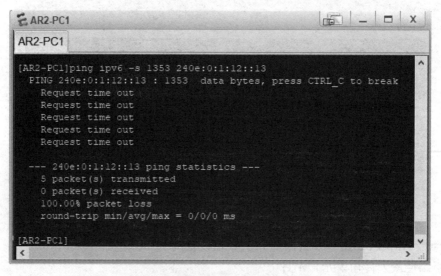

图 4-22 实验中采用数据长度 1 353 B 的 Ping 测试结果

第 4 章 IPv6 控制报文协议

2）分析 AR3-PC2/AR1/PC3 路径的路径最大传输单元 PMTU

根据本实验配置，AR3-PC2 路径的静态 PMTU 为 1 350 B。AR1 的 G0/0/1 接口 MTU 设置为 1 400 B。因此，AR2-PC1/AR1/PC3 路径的 PMTU 应为 1 350 B。利用 Ping 命令进行测试，如果指定 -s 参数的值小于 1 302，则能够 Ping 通，如果指定 -s 参数的值大于 1 302，则不能够 Ping 通。读者可参照上面测试方法自行测试。

特别强调，静态 PMTU 值不能大于路径中各设备接口的 MTU 值，否则，传输数据将被丢弃而导致网络不能畅通。因此建议不要设置路径静态 PMTU 值，而采用默认 PMTU 值。

4.10 配置 ICMPv6 报文控制

如果网络中短时间内发送的 ICMPv6 差错报文过多，可能导致网络拥塞。为了避免这种情况，用户可以控制在指定时间内发送 ICMPv6 差错报文的最大个数，目前采用令牌桶算法来实现。

用户可以设置令牌桶的容量，即令牌桶中可以容纳的令牌数；同时可以设置令牌桶的速率限制间隔时间，即每隔多长时间向令牌桶内投放固定数量的令牌，直至令牌桶满。一个令牌表示允许发送一个 ICMPv6 差错报文，每当发送一个 ICMPv6 差错报文，则令牌桶中减少一个令牌。如果令牌数量变为 0，则后续的 ICMPv6 差错报文将不能被发送出去，直到按照所设置的速率限制间隔时间将新的令牌放入令牌桶中。

如果出现 ICMPv6 差错报文发送过多导致网络拥塞或有恶意攻击者利用 ICMPv6 差错报文进行网络攻击的情况，用户可以去使能系统 ICMPv6 差错报文、主机不可达报文、端口不可达报文的功能。以下命令在路由器系统视图下执行。

（1）限制 ICMPv6 差错报文的发送速率，执行命令：

```
ipv6 icmp-error { bucket bucket-size | ratelimit interval }
```

默认情况下，令牌桶可容纳的令牌数是 10 个，速率限制间隔时间是 100 ms。

（2）使能 ICMPv6 超大差错报文接口接收抑制功能。执行命令：

```
ipv6 icmp too-big-rate-limit
```

默认情况下，系统未使能 ICMPv6 超大报文接收抑制功能。

（3）去使能系统接收 ICMPv6 报文的功能。执行命令：

```
undo ipv6 icmp { icmpv6-type icmpv6-code | icmpv6-name | all } receive
```

默认情况下，系统使能接收 ICMPv6 报文的功能。

（4）去使能系统发送 ICMPv6 报文的功能。执行命令：

```
undo ipv6 icmp { icmpv6-type icmpv6-code | icmpv6-name | all } send
```

默认情况下，系统使能发送 ICMPv6 报文的功能。

（5）去使能系统发送 ICMPv6 重定向报文的功能。执行命令：

```
undo ipv6 icmp redirect send
```

默认情况下，系统使能发送 ICMPv6 重定向报文的功能。

(6) 去使能接收 ICMPv6 端口不可达报文的功能。执行命令：

```
undo ipv6 icmp port-unreachable receive
```

(7) 去使能接收 ICMPv6 超时报文的功能。执行命令：

```
undo ipv6 icmp hop-limit-exceeded receive
```

在华为 AR 路由器中，执行 display icmpv6 statistics 命令，可以查看 ICMPv6 流量统计信息。下面在"路径 MTU 配置实践"中的路由器 AR1 上执行 display icmpv6 statistics 命令，显示结果如图 4-23 所示。可以看到，执行 display icmpv6 statistics 命令分别显示了 AR1 发送和接收 ICMPv6 数据包的统计信息。

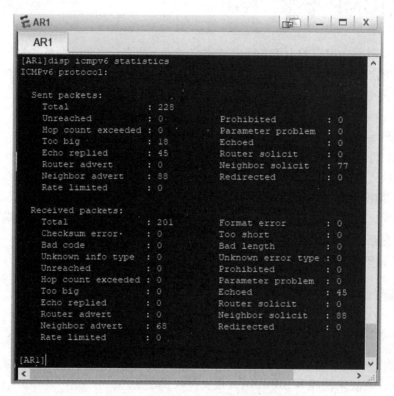

图 4-23　查看 ICMPv6 流量统计信息

小　结

IPv6 控制报文协议 ICMPv6 由 IETF 公布的 RFC4443 互联网标准文档《Internet 协议版本 6（IPv6）规范的 Internet 控制报文协议（ICMPv6）》定义，经历了 RFC1885、RFC2463、RFC4443。本章内容结合 RFC4443 文档进行介绍。

本章主要介绍 ICMPv6 协议的报文基本格式，以及差错报文和通告报文具体类型和具体格式，另外，还简单介绍了利用 ICMPv6 报文支持的其他重要功能。

ICMPv6 协议报文的基本格式由类型（Type）、代码（Code）、检验和（Checksum），以及报文

第 4 章　IPv6 控制报文协议

正文 ICMPv6 Date 组成。ICMPv6 的协议类型号（即 IPv6 报文中 Next Header 字段的值）为 58。ICMPv6 报文分为两大类，一类是差错报文类型，类型编号为 0～127，一类是通告报文类型，类型编号为 128～255。

ICMPv6 差错报文用于报告在转发 IPv6 数据包过程中出现的差错。ICMPv6 差错报文可以分为 4 种，分别是目的不可达、数据包过大、超时、参数问题。

ICMPv6 通告报文不但提供了节点查询功能，还提供了邻居发现（ND）、多播侦听者发现（MLD）、多播路由器发现（MRD）、移动 IPv6 支持等功能。

习　题

1. ICMPv6 与 ICMPv4 相比，有哪些改进或增加功能？
2. ICMPv6 报文有哪些类型？
3. 简述 ICMPv6 报文的处理规则。
4. 简述 ICMPv6 报文的一般格式。
5. 简述 IPv6 网络的 PMTU 发现原理。
6. 简述 IPv6 邻居发现协议 NDP 由哪些 ICMPv6 报文支持？

第 5 章

IPv6 邻居发现协议

IPv6 网络中邻居发现协议（Neighbor Discovery Protocol，NDP）替代了 IPv4 的 ARP（Address Resolution Protocol）和 ICMPv4 路由器发现（Router Discovery）等功能，IPv6 邻居发现协议（NDP）是 IPv6 协议体系中一个重要的基础协议。本章主要介绍 IPv6 邻居发现协议，以及邻居发现协议实现地址解析与邻居不可达检测、路由器发现和前缀发现、重定向、地址自动配置与重复地址检测等功能。

5.1 IPv6 邻居发现协议概述

IPv6 邻居发现协议（NDP）由 IETF 草案标准 RFC4861 *Neighbor Discovery for IP version 6 (IPv6)* 文档定义，是解决连接到同一链路的网络节点之间的有关交互问题的协议。比如，网络节点使用 IPv6 邻居发现协议可以确定相连链路上邻居的链路层地址，可以使用邻居发现协议寻找进行包转发的邻居路由器，也可以主动跟踪哪些邻居是可达的哪些邻居是不可达的，并检测改变的链路层地址，等等。

IPv6 的邻居发现协议与 IPv4 的 ARP、ICMPv4 路由器发现和 ICMPv4 重定向功能相对应，但 IPv4 中没有相应的邻居不可达检测机制。

具体来说，IPv6 的邻居发现机制具有以下功能：下一跳确定、路由器发现、前缀发现、地址解析、邻居不可达检测、重定向、地址自动配置、重复地址检测等。

IPv6 邻居发现协议的各种功能是通过交换邻居发现报文实现的。利用 IPv6 邻居发现协议还能够实现 IPv6 无状态地址自动配置。IPv6 无状态地址自动配置需要利用邻居发现协议的前缀发现以重复地址检测等功能。IPv6 无状态地址自动配置过程包括生成链路本地地址、通过无状态地址自动分配生成全局地址，以及验证链路上地址的唯一性的重复地址检测等，由 IETF 草案标准 RFC4862 文档定义。

第 5 章 IPv6 邻居发现协议

5.2 IPv6 邻居发现报文与选项

IPv6 邻居发现报文采用 ICMPv6 报文的格式。ICMPv6 报文中类型字段取值为 133、134、135、136、137 的五个报文用于标识邻居发现报文，分别是路由器请求报文、路由器通告报文、邻居请求报文、邻居通告报文、重定向报文。由 IETF 草案标准 RFC4861 文档定义。

IPv6 邻居发现报文由邻居发现报文首部和选项两部分组成。下面首先介绍五种邻居发现报文的格式及功能，然后介绍邻居发现报文的选择格式及选项类型。

5.2.1 邻居发现协议报文

邻居发现协议由 5 条 ICMPv6 报文组成。分别是一对路由器请求/通告报文，一对邻居请求/通告报文，一个重定向报文。下面介绍邻居发现协议报文格式。

1. 路由器请求报文（Router Solicitation，RS）

当主机接口开始工作时，主机立即发送路由器请求报文，要求路由器发送路由器通告报文，而不必等待下一个预定时间。报文格式如图 5-1 所示。

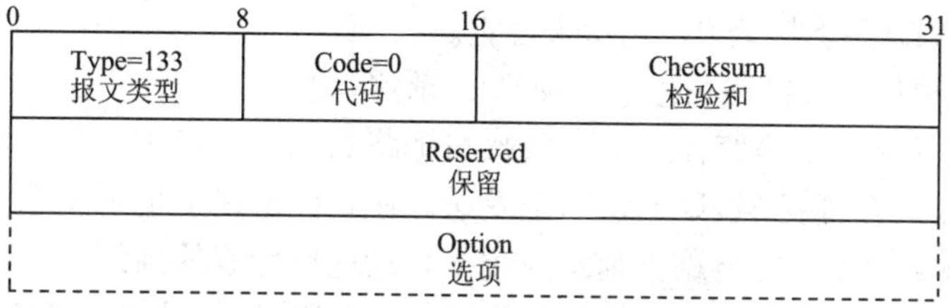

0	8	16	31
Type=133 报文类型	Code=0 代码	Checksum 检验和	
Reserved 保留			
Option 选项			

图 5-1 ICMPv6 路由器请求报文格式

路由器请求报文的报文类型 type=133，代码 Code=0。保留 Reserved 字段未使用，发送方必须初始化为 0，同时接收方必须忽略。选项字段为源链路层地址选项。

路由器请求报文是报文类型为 133 的 ICMP 报文，采用 IPv6 封装，IPv6 报头的源地址采用分配给主机发送接口的 IPv6 地址，当发送接口没有分配 IPv6 地址时，可以使用未指定 IPv6 地址 ::/128。目的地址使用链路范围所有路由器多播地址 FF02::2。

2. 路由器通告报文（Router Advertisement，RA）

路由器周期性地通告路由器的存在以及配置的网络参数，或者对路由器请求作出响应，来通告路由器的可用性。报文格式如图 5-2 所示。

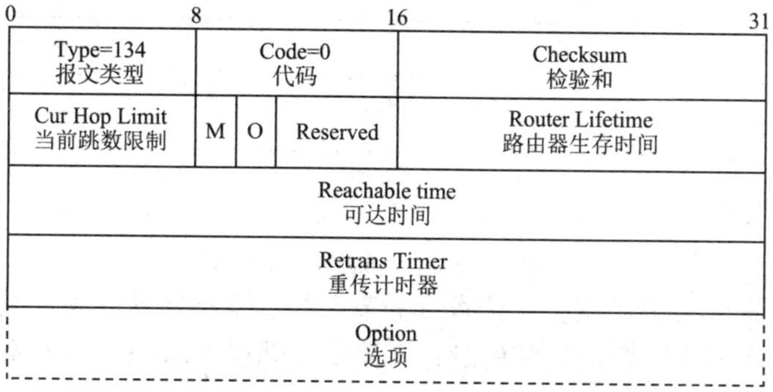

0	8	16	31
Type=134 报文类型	Code=0 代码	Checksum 检验和	
Cur Hop Limit 当前跳数限制	M O	Reserved	Router Lifetime 路由器生存时间
Reachable time 可达时间			
Retrans Timer 重传计时器			
Option 选项			

图 5-2 ICMPv6 路由器通告报文格式

路由器通告还允许路由器通知主机如何执行地址配置，例如，路由器能指示主机是使用有状态地址配置，还是使用无状态地址配置。

路由器通告报文的报文类型 type=134，代码 Code=0。其中：

当前跳数限制：8 位无符号整数。用来把一条链路上所有节点配置为默认的跳数限制。如果该字段值为 0，则意味着该路由器没有指定这个值。在这种情况下，使用源主机的默认跳数限制值。

M 标志：1 位"管理地址配置"标志位，当 M 标志位置 1 时，可以采用有状态地址自动配置方式（DHCPv6）设置 IPv6 地址。

O 标志：1 位"其他配置"标志位，当 O 标志位置 1 时，IPv6 网络相关的其他网络参数比如 DNS 服务器信息，采用 DHCPv6 获取。如果 M 和 O 标志均未设置，则表示不通过 DHCPv6 获取信息。

保留：未使用，发送方必须初始化为 0，同时接收方必须忽略。

路由器生存时间：16 位无符号数，路由器生存时间与缺省路由器有关，以秒为单位。设置为 0 表示不是缺省路由器，设置为其他值，表示路由器作为缺省路由器的生存时间。

可达时间：32 位无符号整数，以秒为单位。节点在收到可达确认后，认为邻居可达的时间。用于邻居不可达检测算法。值为 0，表示未规定。

重传定时器：32 位无符号整数，以秒为单位。重传邻居请求报文之间的时间间隔。用于地址解析和邻居不可达检测算法。值为 0，表示未规定。

选项：可能的选项包括源链路层地址、MTU、前缀信息。

- 源链路层地址选项：发送路由器通告的接口链路层地址。仅用于具有地址的链路层。
- MTU 选项：在具有可变 MTU 的链路上发送，在其他链路上也可发送。
- 前缀信息选项：用于指定链路上前缀或用于自动地址配置的前缀。

路由器通告报文是报文类型为 134 的 ICMP 报文，采用 IPv6 封装，IPv6 报头的源地址必须是分配给报文发送接口的链路本地地址。目的地址是发送路由器请求的源地址或链路范围所有节点多播地址 FF02::1。

3. 邻居请求报文（Neighbor Solicitation，NS）

发送节点发送邻居请求报文来确定邻居的链路层地址，或者验证邻居通告缓存的链路层地址仍然可达，邻居请求也可用于重复地址检测。邻居请求报文的格式如图 5-3 所示。

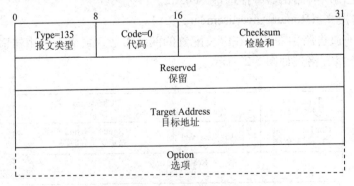

图 5-3　ICMPv6 邻居请求报文格式

发送节点通过发送邻居请求报文，请求目标节点的链路层地址，同时也提供自己的链路层地址给目标节点。当发送节点需要地址解析时，多播发送邻居请求报文，多播目的地址为目标节点的请求节点多播地址；当发送节点需要进行重复地址检测时，多播发送邻居请求报文，多播目的地址为节点自身的请求节点多播地址；当发送节点搜索以便验证邻居可达性时，单播发送邻居请求报文，目的地址是需要验证的节点单播地址。

邻居请求报文的报文类型 type=135，代码 Code=0。其中：

保留：未使用，发送方必须初始化为 0，同时接收方必须忽略。

目标地址（Target Address）：是所请求的目的地址（Destination Address），它不能是多播地址。

选项：可能的选项字段为源链路层地址。

邻居请求报文是报文类型为 135 的 ICMP 报文，采用 IPv6 封装，IPv6 报头的源地址必须是接口所分配的地址。目的地址是相应的请求节点多播地址或者目标地址。

4. 邻居通告报文（Neighbor Advertisement，NA）

邻居通告报文用于对邻居请求的响应，节点也可以发送非请求的邻居通告来指示链路层地址的变化。与邻居请求报文配合实现地址解析、邻居不可达检测、重复地址检测功能。邻居通告报文的格式如图 5-4 所示。

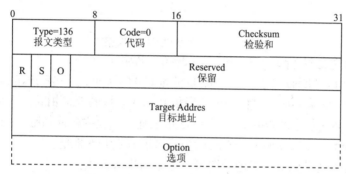

图 5-4　ICMPv6 邻居通告报文格式

邻居通告报文的报文类型 type=136，代码 Code=0。其中：

R 标志：路由器（Router）标志位。设置为 1 时，R 位表示发送方为路由器。

S 标志：请求（Solicited）标志位。设置为 1 时，S 位表示从目的地址发送的通告报文。作为邻居请求的响应。在多播通告或非请求单播通告中不能设置为 1。

O 标志：覆盖（Override）标志。设置为 1 时，O 位表示通告应当替换已存在的缓存表项，更新缓存的链路层地址。当未设置 O 位时，通告不能更新缓存的链路层地址，但会更新一条不存链路层地址的现有邻居缓存记录。

保留：29 位未使用字段。发送方必须初始化为 0，同时接收方必须忽略。

目标地址（Target Address）：对于请求的邻居通告，目标地址值是邻居请求报文中的目标地址（Target Address）字段值。对于未经请求的通告，是链路层地址已经更改接口的 IPv6 地址。目标地址不能是多播地址。

选项：可能的选项是目标链路层地址选项，即通告信息的发送者。

邻居通告报文是报文类型为 136 的 ICMP 报文，采用 IPv6 封装，IPv6 报头的源地址必须是发送接口所分配的地址。目的地址是邻居请求报文中的源地址或者链路范围全部节点多播地址 ff02::1。

5. 重定向报文（Redirect）

路由器发送重定向报文用于通知主机到达目的地路径上最好的下一跳。主机可被重定向到更好的下一跳路由器，或者将主机通告发送给目的节点分组不需要路由器转发，因为目的节点就是邻居节点。重定向报文的格式如图 5-5 所示。

```
0                8               16                              31
┌────────────────┬────────────────┬───────────────────────────────┐
│ Type=137       │ Code=0         │ Checksum                      │
│ 报文类型       │ 代码           │ 检验和                        │
├────────────────┴────────────────┴───────────────────────────────┤
│                         Reserved                                │
│                         保留                                    │
├─────────────────────────────────────────────────────────────────┤
│                      Target Address                             │
│                       目标地址                                  │
├─────────────────────────────────────────────────────────────────┤
│                   Destination Address                           │
│                       目的地址                                  │
├─────────────────────────────────────────────────────────────────┤
│                         Option                                  │
│                         选项                                    │
└─────────────────────────────────────────────────────────────────┘
```

图 5-5　ICMPv6 重定向报文格式

重定向报文的报文类型 type=137，代码 Code=0。其中：

目标地址（Target Address）：到达 ICMP 目的地址的更好的下一跳 IPv6 地址。如果目标地址是通信的终点，则目标就是邻居，目标地址字段值和 ICMP 目的地址相同。否则目标是更好的下一跳路由器，目标地址必须是路由器的 IPv6 本地链路地址，以便主机能够唯一识别路由器。

目的地址（Destination Address）：重定向到目标的目的 IPv6 地址。

选项：可能的选项是目标链路层地址选项、重定向报头选项。

重定向报文是报文类型为 137 的 ICMP 报文，采用 IPv6 封装，IPv6 报头的源地址必须是发送接口的本地链路 IPv6 地址。目的地址是触发重定向的数据包中的源地址。

注意：目的地址（Destination Address）和目标地址（Target Address）的区别是，本书中目的地址是指 IPv6 协议封装中 IPv6 数据包的传送目的地的地址字段。目标地址是指邻居请求的目标节点的 IPv6 地址，是 ICMP 报文中的参数。

5.2.2　邻居发现协议选项

邻居发现报文可以包含 0 个或多个选项，一些选项可能会在同一报文中多次出现。选项不必依赖任何其他选项。选项的语义应该仅依赖邻居发现数据包固定部分的信息以及包含在选项中的信息。

1. 选项格式

邻居发现协议选项格式为：类型 - 长度 - 值(Type-Length-Value)。所有选项的格式如图 5-6 所示。

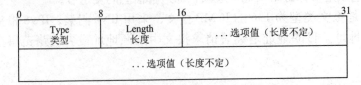

图 5-6　邻居发现协议选项格式

类型（Type）：选项类型字段长度为8位，用于指出紧随其后的是什么类型的选项，RFC4861文档定义了五种选项类型，见表5-1。

表5-1 选项类型定义

选型名称	类 型	备 注
源链路层地址	1	
目的链路层地址	2	
前缀信息	3	
重定向首部	4	
MTU	5	

长度字段（Length）：长度字段的长度为8位，用于指出选项（包括类型和长度字段）的长度，以8 B为单位，0值无效。节点必须自动丢弃包含长度为0的选项的数据包。

2. 源/目标链路层地址选项

源/目标链路层地址格式如图5-7所示。

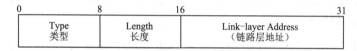

图5-7 源/目的链路层地址格式

类型字段：①类型字段值为1，标识源（发送方）链路层地址；②类型字段值为2，标识目的链路层地址。

长度字段：选项的长度，包括类型和长度字段，以8 B为单位。比如，IEEE 802的地址长度为1。

链路层地址：长度可变的链路层地址。源链路层地址选项（Source Link-layer Address）包含发送方链路层地址。可用于邻居请求报文、路由器请求报文、路由器通告报文。目标链路层地址选项（Target Link-layer Address）包含目标链路层地址。可用于邻居通告报文和重定向报文。这些选项对于其他邻居发现报文必须忽略。

3. 前缀信息选项

前缀信息选项格式如图5-8所示。

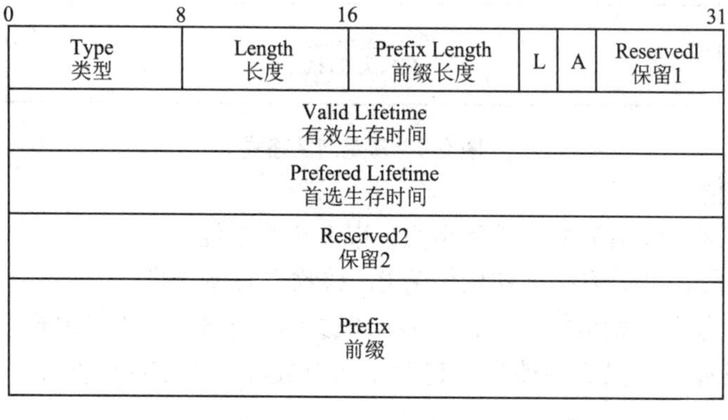

图5-8 前缀信息选项格式

类型：类型字段值为3。

长度:长度字段值为4。

前缀长度:8位无符号整数。前缀中有效的前导位数,取值范围为0～128。

在连接标志L(on-Link):1位,当设置为1时,表示前缀用于"在连接"(on-link)状态的确定;当设置为0时,通告对前缀的"在连接"(on-link)和"非连接"(off-link)状态属性不作声明。

自动地址配置标志A(Autonomous):1位,该位设置为1时,表示此前缀用于无状态自动地址配置。

保留1:6位,未使用字段,发送方必须初始化为0,接收方必须忽略。

有效生存时间:32位无符号整数,以秒计算,前缀用于"在连接"(on-link)状态确定的有效时间长度。全1表示无穷大。

首选生存时间:32位无符号整数,以秒计算,通过无状态自动地址配置从前缀产生的地址保持首选的时间长度。全1表示无穷大。

保留2:未使用字段。发送方必须初始化为0,接收方必须忽略。

前缀:IPv6地址或IPv6地址前缀。前缀长度字段包含了前缀的有效位数目。

前缀信息选项向主机提供"在连接"(on-link)前缀和自动地址配置前缀。它出现在路由器通告数据包中,必须被其他报文忽略。

注意:"在连接"(on-link)是针对分配给特定链路上接口的IPv6地址,如果满足以下条件,则节点认为地址的状态是"在连接"。①该地址被节点一个链路前缀覆盖;②邻居路由器指定该地址为节点重定向报文的目标;③节点接收该地址的邻居通告报文;④节点接收来自该地址的任何邻居发现报文。"在连接"和"非连接"可以理解为分配给邻居节点接口的IPv6地址的状态。

4. 重定向头选项

重定向头格式如图5-9所示。

图5-9 重定向头格式

类型:类型字段值为4。

长度:选项的长度,包括类型和长度字段,以8B为单位。

保留:未使用字段,发送方必须初始化为0,接收方必须忽略。

IP报头+数据:裁剪原始数据包,使重定向报文的大小不超过1 280 B。

重定向头选项在重定向报文中使用,包含了所有或部分重定向的数据。这个选项必须被其他邻居发现报文忽略。

5. MTU选项

MTU选项格式如图5-10所示。

图 5-10　MTU 选项格式

类型：类型字段值为 5。

长度：长度字段值为 1。

保留：未使用字段，发送方必须初始化为 0，接收方必须忽略。

MTU：32 位无符号整数。链路的推荐 MTU 值。

MTU 选项用于路由器通告报文中，当不知道链路的 MTU 时，保证链路上所有节点使用相同的 MTU 值。这个选项必须被其他邻居发现报文忽略。

在异构互联的网络中，不同网段所能够支持的 MTU 可能不同。如果网络节点没有产生 Packet Too Big 的 ICMP 报文，则网络节点就无法使用 PMTU 发现动态确定每个邻居上合适的 MTU 值。在这种情况下，可以将路由器配置为使用 MTU 选项指定 MTU 值。

5.3　邻居交互的相关信息

在 IPv6 网络中，一个节点在与邻居节点通过邻居发现协议交换信息的过程中，节点需要为每个接口维护的信息需要采用一定的数据结构进行记录。另外，路由器设备和主机设备还定义了一些接口参数，需要进行维护。

5.3.1　邻居交互的数据结构

IPv6 节点在与邻居节点通过邻居发现协议交换信息的过程中需要为每个接口维护的信息的数据结构包括邻居缓存、目的缓存、前缀列表、缺省路由器列表。

邻居缓存：一组有关最近收到的数据流的邻居表项。表项以邻居的在线单播 IPv6 地址为关键字，包含链路层地址、支持邻居是路由器还是主机的标志位、指向任何排队等待完成地址解析数据表的指针等。一个邻居缓存表项还包含邻居不可达检测算法所使用的信息，包含可达性状态、探测无应答的次数，以及下一次邻居不可达检测发生的时间等。

邻居缓存包含有邻居不可达检测算法维护的信息。邻居可达性状态是最关键的信息，它有 5 个取值，分别是：不完全（Incomplete）、可达（Reachable）、失效（Stale）、延迟（Delay）和探测（Probe）。为了防止重复性的邻居不可达检测，路由器的邻居缓存表项可以由使用该路由器的所有目的缓存表项共享。

目的缓存：一组有关最近收到数据流的目的节点表项。目的缓存包含"在连接"（on-link）和"非连接"（off-link）的目的 IPv6 地址。目的缓存把目的 IPv6 地址映射到下一跳邻居的 IPv6 地址。另外，还可能包含传输协议维护的路径 MTU（PMTU）和往返计时器。

前缀列表：规定一组"在连接"（on-link）地址的前缀组成的列表。前缀列表表项产生于路由器通告接收到的信息。每个表项都有一个失效计时器。

缺省路由器列表：接收数据包的路由器列表。路由器列表的表项指向邻居缓存中相应的表项。

缺省路由器的选择算法是选择那些已知可达的路由器，而不选择可达性不确定的路由器。每个表项还有一个相关的失效计时器。

上述邻居关系相关的数据结构，节点采用不同的机制清除无效信息。对于邻居缓存和目的缓存，不需要周期性地清除，邻居不可达检测算法可以确保快速清除过时的信息。节点应保留默认路由列表和前缀列表表项，直到生存期结束。如果存储空间小，节点可以预先对表项进行垃圾回收。

5.3.2 路由器配置变量

对于路由器多播接口，还维护着一些邻居发现相关的变量，这些变量必须允许系统管理员进行配置。路由器每个多播接口包括以下变量。

IsRouter：该变量用来表示该接口启用路由功能。默认值为 FALSE。

AdvSendAdvertisements：该变量用来指出路由是否周期性地发送路由器通告报文和响应路由器请求报文。默认值为 FALSE。设置为 FALSE 意味着除非系统管理员有意配置，否则节点不会作为路由器发送路由器通告报文。

MaxRtrAdvInterval：接口发送非请求多播路由器通告报文的最大时间间隔，不能小于 4 s，也不能大于 1 800 s。默认值为 600 s。

MinRtrAdvInterval：接口发送非请求多播路由器通告报文的最小时间间隔，不能小于 3 s，也不能大于 0.75 × MaxRtrAdvInterval 秒。默认值为 0.33 × MaxRtrAdvInterval 秒。

AdvManagerFlag：路由器通告报文中的"管理地址配置"标志位，默认值为 FALSE。设置为 TRUE 时，标识采用有状态地址配置（DHCPv6）方式。

AdvOtherConfigFlag：路由器通告报文中的"其他状态配置"标志位，默认值为 FALSE。设置为 TRUE 时，则 IPv6 地址采用无状态地址自动配置，地址相关的其他信息，如 DNS 信息采用 DHCPv6 获取。

AdvLinkMTU：路由器发送的 MTU 选项值，值为 0 表示不发送 MTU。默认值为 0。

AdvReachableTime：路由器通告报文中"可达时间"字段的值。值为 0 表示未指定，值不能超过 1 h。默认值为 0。

AdvRetransTimer：路由器通告报文中的"重传定时器"字段值，值为 0 表示未指定。默认值为 0。

AdvCurHopLimit：路由器通告报文中的"当前跳数限制"字段的默认值，设置成互联网当前的最大跳数。值为 0 表示未指定。

AdvDefaultLifetime：路由器通告报文中"路由器生成时间"字段的默认值，以秒为单位，必须设置为 0 值或介于 MaxRtrAdvInterval ~ 9 000 s 的值。值为 0 表示这个路由不能用作缺省路由器。

AdvPrefixList：路由器通告报文中"前缀信息"选项的前缀列表。默认值，路由器通过路由协议通告某个接口"在连接"(on-link) 的所有前缀。本地链路前缀不应该包含在通告前缀列表中。

5.3.3 主机配置变量

主机除了定义的数据结构外，还维护某些与邻居发现有关的变量。这些变量具有默认值，从路由器通告报文中收到的变量值优于变量的默认值。当链路上没有路由器时或收到的路由器通告中值为指定时，便使用默认值。对于主机的每个接口，有以下变量。

LinkMTU：链路的 MTU。默认值由具体网络链路层工作标准定义。

CurHopLimit：发送 IPv6 数据包时所使用的跳数限制默认值。

BaseReachableTime：用于计算随机可达时间的基准值，默认值为 30 000 ms。

ReachableTime：在收到可达性确认后，邻居在这段时间内被认为是可达的。此值应该为 MIN_RANDOM_FACTOR（0.5）和 MAX_RANDOM_FACTOR（1.5）之间均匀分布的随机值乘以 BaseReachableTime 毫秒（30 000 ms）。即使没有收到路由器通告，至少每几小时也应计算新的随机值。

Retranstimer：当地址解析和邻居不可达检测时，重传邻居请求报文到邻居的时间间隔。默认值 1 000 ms。

5.4 数据发送与下一跳确定

5.4.1 数据发送

当向目的地发送数据包时，首先需要进行数据转发的下一跳确定；然后进行地址解析；最后在接口排队发送数据包。在每次单播发送数据包并访问邻居缓存表项时，还可能需要进行邻居不可达检测。

出于效率的考虑，并不是对每个发送的数据包都执行下一跳确定，而是把下一跳确定计算的结果存放在目的缓存中。当发送节点有待发送数据包时，它首先检测目的缓存，如果不存在目的地表项，则激活下一跳确定，并创建一条目的缓存表项；如果存在目的地表项，则可以直接获取下一跳节点的 IPv6 地址。

如果知道了下一跳节点的 IPv6 地址，发送方就检测邻居缓存中有关下一跳节点（邻居）的链路层信息。如果邻居缓存中没有相关邻居表项存在，发送方就创建一条邻居表项，并设置其状态为"不完全"（Incomplete），同时启动地址解析，地址解析完成后获取下一跳节点的链路层信息。

对于具有多播功能的接口来说，地址解析的过程是多播发送一个邻居请求报文，等待一个邻居通告报文的过程。当收到一个邻居通告报文时，链路层地址就被记录到邻居缓存中。

最后对数据包进行排队发送。在每次单播发送数据包并访问邻居缓存表项时，发送方都会根据邻居不可达性检测的算法检查邻居可达性相关信息。这种不可达性检测可能会导致发送方单播发送邻居请求，以验证邻居是否仍然可到达。

5.4.2 下一跳确定

当向目的地发送数据包时，节点首先利用目的缓存、前缀列表和缺省路由器列表中的综合信息确定适当的下一跳 IPv6 地址，这个操作称为"下一跳确定"。

对给定的单播目的 IPv6 地址，进行下一跳确定的操作步骤如下：

发送方用最长前缀匹配法与该节点前缀列表进行匹配,以确定该数据包的目的 IPv6 地址是"在连接"（on-link）还是"非连接"（off-link）。如果目的 IPv6 地址是"在连接"（on-link），则下一跳 IPv6 地址与数据包的目的 IPv6 地址相同，否则发送方从缺省路由器列表中选定一个路由器作为下一跳。从缺省路由器列表选择一个路由器作为下一跳的过程也是主机"选择缺省路由器"的行为。

5.5 地址解析与邻居不可达检测

地址解析与邻居不可达检测

节点通过发送邻居请求报文，请求目标节点的链路层地址，同时也提供自己的链路层地址给目标节点。邻居通告报文用于对邻居请求的响应，节点也可以发送非请求的邻居通告指示链路层地址的变化。邻居请求报文与邻居通告报文配合，可以实现地址解析、邻居不可达检测、重复地址检测等功能。下面介绍如何利用邻居请求和邻居通告报文实现地址解析和邻居不可达检测。

5.5.1 地址解析

地址解析是节点在给定 IP 地址的情况下获取其邻居链路层地址的过程。IPv6 地址解析是利用邻居发现协议，交互传递邻居请求报文和邻居通告报文，来获取邻居节点的数据链路层地址。由于邻居发现协议使用的所有报文均封装在 ICMPv6 报文中，一般来说，邻居发现报文被看作第 3 层协议。在三层完成地址解析，主要带来以下几个好处。

- 地址解析在三层完成，不同的二层介质可以采用相同的地址解析协议。
- 可以使用三层的安全机制避免地址解析攻击。
- 使用多播方式发送请求报文，减少了二层网络的性能压力。
- 地址解析过程中只需使用两种 ICMPv6 报文：邻居请求报文和邻居通告报文。

1. 地址解析原理

当节点接口 IPv6 功能激活后，节点必须加入这个接口的全部节点多播地址组（FF02::1），并加入每个接口 IP 地址相应的请求节点多播地址组（FF02::1:FF00+IPv6 单播地址后 24 位）。全部节点多播地址确保节点接收来自其他节点的邻居通告，请求节点多播地址可用于重复地址检测和地址解析。

IPv6 网络利用邻居请求报文和邻居通告报文进行地址解析，原理如图 5-11 所示。

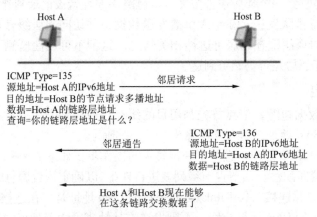

图 5-11 IPv6 地址解析原理

Host A 在向 Host B 发送报文之前它必须解析出 Host B 的链路层地址，所以首先 Host A 会发送一个邻居请求报文，其中源地址为 Host A 的 IPv6 地址，目的地址为 Host B 的节点请求多播地址，需要解析的目标 IPv6 地址为 Host B 的 IPv6 地址，这就表示 Host A 想要知道 Host B 的链路层地址。

同时需要指出的是，在邻居请求报文中的源链路层地址选项字段还携带了 Host A 的源链路层地址。

当 Host B 接收到了邻居请求报文之后，就会回应邻居通告报文，其中源地址为 Host B 的 IPv6 地址，目的地址为 Host A 的 IPv6 地址，Host B 的链路层地址被放在目标链路层地址选择字段中。Host A 从接收到的邻居通告报文中获取目前链路层地址，这样就完成了一个地址解析的过程。

2. 地址解析具体过程

1）发送节点发送邻居请求

当发送节点要发送一个单播 IPv6 数据包给邻居节点时，仅知道邻居节点的 IP 地址，但不知道邻居节点的数据链路层地址，是无法传输数据的，这种情况下，需要进行 IPv6 地址解析。

对于具有多播能力的接口，IPv6 地址解析将产生邻居缓存表项，并将邻居可达性状态设置为"未完成"（Incomplete）状态，并给邻居节点发送邻居请求报文。邻居请求报文的目的地址使用邻居节点的节点请求多播地址，链路层地址是根据邻居节点的节点请求多播地址生成的链路层地址。IPv6 多播地址对应的数据链路层地址具体生成方法根据 RFC2464 文档规定产生，即如果目的地址是一个 IPv6 多播地址，那么链路层地址的前 2 B 设置为 3333，而后 4 B 设置为 IPv6 多播地址的最后 4 B。

发送节点首先向邻居节点的节点请求多播地址发送邻居请求报文，发送节点同时把自身的链路层地址包含在源链路层地址选项中。

在等待 IPv6 地址解析的过程中，对于每个发送节点必须维护一个小的数据包队列。当地址解析完成时，发送节点发送任何队列中的数据包。

在等待地址解析的回应报文时，发送节点应该大约每隔 RetransTimer 毫秒（默认值为 1 000 ms）重新发送一次邻居请求报文。重传的速率必须限定在每个邻居在 RetransTimer 毫秒间隔内最多发送一次邻居请求。如果等待 MAX_MULTICAST_SOLICIT 次（3 次）重传后，仍然没有收到邻居通告，说明地址解析失败。对于排队等待的每个解析包，发送节点必须返回一个目的地址不可达 ICMP 提示包。

2）邻居节点收到邻居请求

邻居节点收到有效的邻居请求报文后，为请求报文的源 IP 地址产生或更新邻居缓存表项，并将邻居可达性状态设置为"失效"（Stale）状态。

邻居请求报文必须满足以下条件，否则邻居请求报文将被邻居节点丢弃。注意目标地址（Target Address）和目的地址（Destination Address）的区别。

- 目标地址是分配给接收接口的有效单播地址或任播地址；
- 目标地址是用于节点提供代理服务的单播地址；
- 目标地址是执行重复地址检测的临时地址。如果目标地址是临时地址，邻居请求应按照地址自动配置的要求处理。

3）邻居节点发送邻居通告

邻居节点发送邻居通告报文，作为对有效邻居请求的响应。通告报文中包含目标链路层地址选项（邻居节点的链路层地址），以便发送节点获取邻居节点链路层地址。

注意：

（1）如果邻居请求报文的目的地址不是多播地址，则可以省略目标链路层地址选项；如果邻居请求报文的目的地址是多播地址，则通告报文必须包含目标链路层地址选项；另外，如果节点是路由器，必须把路由器（R）标志设置为1，否则设置为0。

（2）在某些情况下，节点可能确定其链路层地址改变（如接口卡的热插拔），并希望快速通知其邻居新的链路层地址，这种情况下，节点可以向所有节点多播地址发送最多 MAX_NEIGHBOR_ADVERTISEMENT 次（3次）未经请求的邻居通告报文。

4）发送节点接收邻居通告

发送节点收到邻居通告报文，如果发送节点的邻居缓存中存在目标地址表项且邻居状态为"不完全"（Incomplete）状态，发送节点有两种处理方式，如果存在链路层地址并且邻居通告报文没有包含目标链路层地址选项，则丢弃接收到的邻居通告；如果不存在链路层地址并且通告报文包含目的链路层地址选项，则执行以下步骤。

- 在相应的邻居缓存条目中记录链路层地址。
- 如果通告请求标志位（S标志）设置为1，则缓存条目邻居状态设置为"可达"（Reachable），邻居地址解析成功。
- 根据通告报文中的路由器标志位（R标志），设置缓存表项中 IsRouter 标志位。
- 发送所有排队等待邻居地址解析的数据包。

注意：当节点收到有效的邻居通告（请求或非请求）时，节点就会在邻居缓存中搜索目标地址的表项。如果没有表项存在，则删除通告，不必重建不存在的目标地址表项，因为接收方没有启动与目标地址的通信。如果表项存在且邻居状态处于不是"不完全"的任何状态。处理过程相当复杂，这里不做描述。

5.5.2 邻居不可达检测

发送节点与邻居节点之间所有路径都应该进行邻居不可达检测，包括主机到主机、主机到路由器以及路由器到路由器之间的通信。发送节点只对发向邻居的单播数据包执行邻居不可达检测。如果目的地址是多播地址，则不进行检测。

1. 可达性确认

如果发送节点网络层收到了发送到邻居节点的数据包已经被邻居节点接收的确认信息，则认为邻居是可达的。可以通过两种方法支持这种确认：一是来自上层协议的"转发进行中"的连接确认；二是收到了响应邻居请求的邻居通告报文。

对于来自上层协议的"转发进行中"的连接确认，例如，在 TCP 中，发送节点在收到一个（新的）确认，则表明以前发送的数据已经到达对端；新的（非重复的）数据到达发送节点表明先前的发送确认信息已经到达对端。如果数据包到达对端，数据包必须通过发送节点的下一跳邻居，因此"转发进行中"是对下一跳邻居可达的确认。

在某些情况下（如基于 UDP 协议和路由器向主机转发数据包），可达性信息可能不容易从上层协议得到。为了验证转发路由是否在工作，节点可以用单播邻居请求主动探测邻居是否可达，对于收到邻居请求后发送的邻居通告报文可以作为可达性的确认。

2. 邻居状态与状态变化

RFC2461 中定义了 5 种邻居状态，分别是：不完全(Incomplete)、可达(Reachable)、失效(Stale)、延迟（Delay）、探测（Probe）。节点维护一张邻居缓存表，记录着每个邻居相应的状态，状态之间可以变化。邻居状态之间的具体变化过程如图5-12所示,其中 Empty 表示邻居表项为空。

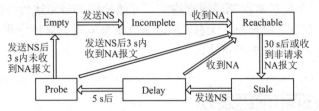

图5-12 邻居状态迁移示例

下面以 A、B 两个邻居节点之间相互通信过程中 A 节点的邻居状态变化为例(假设 A、B 之前从未通信,A 节点为发送节点,B 节点为邻居节点),说明邻居状态变化过程。

注意:邻居状态的变化过程,既包含发送节点通过邻居节点的节点请求多播地址进行地址解析的过程,也包含发送节点发送邻居请求报文进行邻居不可达检测的过程。

首先,A 节点通过 B 节点发送邻居请求报文(Neighbor Solicitations, NS),并生成缓存条目,此时,A 节点的邻居状态为"不完全"(Incomplete)。同时,A 节点启动对 B 节点的地址解析过程。

若 B 节点回复邻居通告报文(Neighbor Advertisements, NA),则 A 节点邻居状态由"不完全"(Incomplete)变为"可达"(Reachable),同时地址解析成功。否则等待 MAX_MULTICAST_SOLICIT 次(3次)重传后,A 节点仍然没有收到邻居通告报文,说明地址解析失败。邻居状态由"不完全"(Incomplete)变为 Empty,即删除表项。

经过邻居可达 ReachableTime 毫秒(30 000 ms 左右)后,邻居状态由"可达"(Reachable)变为"失效"(Stale),即未知是否可达。如果在"可达"(Reachable)状态,A 收到 B 的非请求邻居应答报文,且报文中携带的 B 链路层地址和表项中不同,则邻居状态马上变为"失效"(Stale)。

注意:ReachableTime 值为 MIN_RANDOM_FACTOR(0.5)至 MAX_RANDOM_FACTOR(1.5)的随机值乘以 BaseReachableTime 毫秒,BaseReachableTime 的默认值为 30 000 ms(30 s)。

在"失效"(Stale)状态下,若 A 节点要向 B 节点发送数据,则邻居状态由"失效"(Stale)变为"延迟"(Delay),并发送单播邻居请求报文。并把延迟计时器的溢出时间设置为 DELAY_FIRST_PROBE_TIME 秒(5 s)。

在经过延迟计时器时间(5 s)后,邻居状态由"延迟"(Delay)状态变为"探测"(Probe)状态。其间若收到邻居应答报文,则邻居状态由"延迟"(Delay)状态变为"可达"(Reachable)状态。

在"探测"(Probe)状态,A 每隔 RetransTimer 毫秒(1 000 ms)时间重发单播邻居请求,发送 MAX_UNICAST_SOLICIT 次(3次),有应答报文则邻居状态变为"可达"(Reachable),确认邻居状态可达。否则邻居状态变为 Empty,即删除表项。

3. 邻居可达性检测

任何时候,通过邻居或到达邻居的通信,会因各种原因而中断,包括硬件故障、接口卡的热插入等。如果目的地失效,则恢复是不可能的,通信失败;如果路径失效,则恢复是可能的。因此节点应该主动地跟踪数据包发往邻居的可达性状态。

当邻居状态由"可达"(Reachable)变为"失效"(Stale),即未知是否可达的状态后,就需要进行邻居可达性检测。

在"失效"(Stale)状态下,若发送节点要向邻居节点发送数据,则邻居状态由"失效"(Stale)变为"延迟"(Delay),并发送单播邻居请求报文,开始检测邻居可达性,同时设置延迟计时器,经过延迟计时后进入"探测"(Probe)状态。期间多次重复发送邻居请求报文,如果收到邻居通告报文,则确认邻居可达。否则邻居不可达。

5.6 路由器发现和前缀发现

路由器发现用于定位寻找邻居路由器,并获取与地址自动配置有关的前缀和配置参数。前缀发现是主机了解邻居链路上无须通过路由器即可直接访问的 IPv6 地址范围的过程。路由器发送路由器通告报文,表明发送路由器是否愿意成为默认路由器。路由器通告还包含前缀信息选项,这些前缀信息选项列出了一组邻居链路上的 IPv6 地址前缀。

节点主要通过路由器请求和路由器通告报文实现路由器发现和前缀发现功能,实现原理如图 5-13 所示。

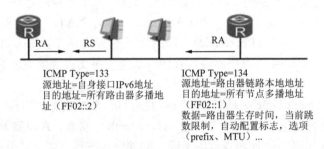

图 5-13 路由器和前缀发现原理

5.6.1 路由器行为

1. 路由器配置变量

路由器接口必须允许系统管理员配置一些节点的邻居发现相关的变量。这些变量包括 IsRouter、AdvSendadvertisements、MaxRtrAdvInterval、MinRtrAdvInterval、AdvManagedFlag、AdvOtherConfigFlag、AdvLinkMTU、AdvReachableTime、advCurHopLimit、AdvDefaultLifetime、AdvPrefixList 等。这些变量都定义有默认值。同时这些变量包含的信息放在路由器通告报文中。主机可以使用接收到的信息初始化一些参数。某些主机参数还可以用于所有节点,包括路由器。

2. 成为通告接口

通告接口是指任何功能正常且已启用的接口,该接口至少分配一个单播 IPv6 地址,并且其响应的 AdvSendAdvertisements 标志设为 True。路由器不能通过非通告接口发送路由器通告报文。

可以在任何时候将接口变成通告接口。对于路由器,只需要将接口的 AdvSendAdvertisements 标志字段值设置为 True 即可。对于主机,可以将接口的 AdvSendAdvertisements 标志字段值设置为 True,则主机具有 IPv6 转发功能,这样设置可以将主机设置为路由器。

3. 发送路由器通告报文

路由器通过通告接口周期性地发送路由器通告报文,也发送路由器请求对应的路由器通告报文。发送的路由器通告报文会设置以下一些变量值。

(1) 路由器生存期字段（Router Lifetime）：接口配置的 AdvDefaultLifetime。
(2) M 和 O 标志：接口配置的 AdvManagedFlag 和 AdvOtherConfigFlag。
(3) 当前跳数限制字段（Current Hop Limit）：接口配置的 CurHopLimit。
(4) 可达时间字段（RreachableTime）：接口配置的 AdvReachableTime。
(5) 重传定时器字段（Retrans Timer）：接口配置的 AdvRetransTimer。
(6) 选项中的内容，包括源链路地址选项、MTU 选项、前缀配置选项。

路由器可以发送路由器通告报文，而不通告自己是缺省路由器。比如，路由器在地址自动配置中通告前缀信息，但不转发数据包时，路由器会把发送的通告报文的路由器生存期字段（Router Lifetime）设置为 0。

路由器在发送非请求路由器通告报文时，可以选择不包括选项、包括部分或全部选项。但响应路由器请求报文时，路由器应该包含全部选项。

在任何时候主机都不能发送路由器通告报文。

4. 停止成为通告接口

系统管理员可以在任何时候停止路由器接口成为通告接口。具体方法是把路由器接口的 AdvSendAdvertisements 标志位的值修改为 False，或者禁止接口功能。

在这种情况下，路由器应该在该接口上发送一个或多个最终的多播路由器通告报文，并且将路由器生存期字段（Router Lifetime）设置为 0。

在路由器变成主机的情况下，系统应该在所有接口上离开所有路由器 IPv6 多播组，并将路由标志（Router）设置为 0。

5. 处理接收到的路由器请求报文

主机应该无条件丢弃收到的任何路由器请求报文。

为了响应在通告接口收到的合法的路由器请求报文，路由器要发送通告报文以响应路由器请求。路由器可以选择单播方式直接响应主机的请求，但通常的做法是路由器向所有节点组多播响应。路由器按照如下过程处理路由器请求报文。

(1) 接收到路由器请求报文后，在 0 至 MAX_RA_DELAY_TIME（0.5 s）计算出一个随机延迟值。如果计算出来的延迟值对应时间晚于下一组路由器通告报文原定的发送时间，则按照原定时间发送。

(2) 如果路由器在最后的 MIN_DELAY_BETWEEN_RAS 秒（3 秒）内发送了一个多播路由器通告报文，在这个通告报文发送之后，确定待发送的通告报文的时间，该时间是对应于 MIN_DELAY_BETWEEN_RAS 秒（3 秒）的时间加上该随机值。这能够保证多播路由器通告报文的频率在规定值之内。

(3) 否则，以随机延迟值给定的时间来调度路由器通告报文的发送。

5.6.2 主机行为

1. 主机变量

主机接口除了前面定义的邻居发现相关的数据结构外，还需要维护一些与邻居发现相关的变量。这些变量包括 LinkMTU、CurHopLimit、BaseREachableTime、ReachableTime、RetransTimer 等。这些变量都具有默认值，从路由器通告报文中收到的信息优于变量的默认值。如果收到的路由器通告中相关值未规定，则使用默认值。

2. 发送路由器请求报文

当主机接口被激活时,主机可以不必等待下一个非请求路由器通告确定缺省路由或获取前缀。为了快速地获取路由器公告,主机应发送 MAX_RTR_SOLICITATIONS 次(3 次)路由器请求报文,每个报文间隔最少 RTR_SOLICITATION_INTERVAL 秒(4 s)。

主机发送路由器请求到全部路由器多播地址组(FF02::2)。IPv6 源地址被设置为接口的单播地址或未规定的地址。如果 IPv6 源地址不是未规定的地址,则源链路层地址选项应该设置为主机的链路层地址。

在主机发送初始请求之前,应该延迟一段时间后发送。如果主机发送路由器请求并收到路由器生存期为非零的有效路由器通告,主机必须停止从此接口发送另外的请求。而且,在发送路由器请求之前收到路由器通告的情况下,主机应该至少发送一次路由器请求。

非请求的路由器通告可以是不完全的信息,但请求的路由器通告应该包含全部信息。

如果主机发送 MAX_RTR_SOLICITATIONS 次(3 次)请求,并在最后一个请求后等待 MAX_RTR_SOLICITATION_DELAY 秒(1 s),仍未接收到路由器通告,那么主机推断链路上不存在用于地址配置的路由器。

3. 处理接收的路由器通告报文

当存在多个路由器时,由所有路由器共同通告的信息可以是单个路由通告信息的一个超集。主机接受所有收到的信息,路由器通告的接收不能使先前收到的或从其他源收到的通告信息失效。当收到某一特定参数信息或选项与先前收到的信息不同,并且参数选项只有一个值,那么最近收到的信息被认为具有最高优先级。

一些路由器通告报文中的字段(如当前跳数限制、可达时间和重传定时器)可以包含未指定的值。此时这些参数可以忽略,主机应继续使用过去的值。

(1) 当主机收到有效的路由器通告报文后,主机提取数据包源地址,并做如下处理。

- 如果源地址不在主机的缺省路由器列表中,并且通告的路由器生存期为非零。则在缺省路由器的列表中创建一个新的表项,并且以通告的路由器生成时间字段值初始化无效定时器值。
- 如果源地址已经作为先前收到通告的源地址存在于主机的缺省路由器列表中,则重置无效定时器值为最新收到通告中路由器生成时间值。
- 如果源地址已经存在于主机的缺省路由器列表中并且收到的路由器生成时间为零,则该表项立即指明超时。主机缺省路由器列表应保持至少两个路由器地址,当目的地的通信失败后,应完成缺省路由器选择。主机路由器列表中保持的路由器越多,越能够更快地找到可选的工作路由器。

(2) 当主机收到有效的路由器通告报文后,主机对收到的相关参数做如下处理。

- 如果收到的当前跳数限制(CurHopLimit)为非零,主机应该设置它的当前跳数限制变量为收到的当前跳数限制的值。
- 如果收到基准可达时间(BaseReachableTime)为非零,主机应该设置它的基准可达时间值为收到的基准可达时间的值。大多数情况下,主机的基准可达时间保持不变,在这种情况下,协议的实现应确保至少每隔几小时重新计算随机值。

(3) 从路由器通告报文固定部分提取信息之后,则对通告报文中有效的选项进行扫描并处理。

包括对源链路层地址选项、MTU 选项、前缀信息选项等的处理。关于对选项的处理，这里不做详细说明。

4. 主机前缀和缺省路由器超时处理

只要主机前缀列表中表项的无效计时器到期，那么此表项便被丢弃。已存在的目的缓存不需要更新。

无论何时缺省路由器列表中的表项的路由器生存期到期，那么此表项便被丢弃。当从缺省路由器列表中删除路由器时，节点必须更新目的缓存，所有使用该路由器的缓存表项要重新确定下一跳，而不是继续发送数据到已删除的路由器上。

5. 选择缺省路由器

在正常情况下，当数据首次被发往目的地时，路由器被选定为缺省路由器，随后发往同一目的地的数据使用目的缓存中指定的相同路由器。任何目的地缓存的变化将引发重定向报文。

当"非连接"(off-link)的目的地址没有在目的缓存中存在表项，或者通过路由器的通信失败，在确定目的缓存下一跳时，就需要使用缺省路由器选择算法。选择缺省路由器的算法部分取决于路由器是否已知可达。

从缺省路由器列表中选择缺省路由器作为下一跳的策略如下。这一策略也是"下一跳确定"功能的一种实现策略。

（1）可达或可能可达（除"不完全"（Imcomplete）外）状态的路由器应该优先于其可达性是未知的或者可疑的路由器（处于不完全状态或不存在此路由器的邻居缓存表项）。当路由器处于工作状态时，如果它总能返回可达或可能可达的路由器，协议实现可以选择相同路由器或者轮询方式使用路由器列表中的路由器。

（2）当缺省路由器列表中没有路由器可达或可能可达时，路由器应以轮询方式选定。以便对缺省路由器随后的请求在选择所有路由器之后，才选定一个相同的路由器。轮询路由器列表可确保邻居不可达检测算法探测到所有可用的路由器，共同完成对缺省路由器的请求，同时会对选定的路由器进行可达性探测。

（3）如果缺省路由器列表是空的，在发送方认为目的地"在连接"(on-link)，即所有目的地都是邻居节点，不需要经过路由器。

5.7 重定向功能

路由器发送重定向报文，是将主机重定向到更好的下一跳路由器，或者通知主机目的地实际上就是邻居节点（即 on-link）。通知主机目的地实际上就是邻居节点，是通过将重定向报文的目标地址和目的地址设置为相同实现的。

路由器必须能够确定每个邻居路由器的本地链路地址，以保证重定向报文中的目标地址能够根据本地链路地址识别邻居路由器。因此意味着：对于静态路由，下一跳路由器地址应该用路由器的本地链路地址来指定；对于动态路由，所有 IPv6 路由协议必须在某种程度上与相邻路由器交换本地链路地址。

5.7.1 重定向过程

当路由器发现数据包从其他路由器转发更好，那么路由器就会发送重定向报文告知报文的发送者，让报文发送者选择另一个路由器。重定向报文中会携带有路径中更好下一跳的目标地址和需要重定向转发的报文的目的地址等信息。重定向的过程如图 5-14 所示。

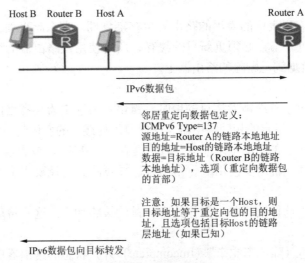

图 5-14 重定向过程

Host A 需要和 Host B 通信，Host A 的默认网关设备是 Router A，当 Host A 发送报文给 Host B 时报文会被送到 Router A。Router A 接收到 Host A 发送的报文以后会发现实际上 Host A 直接发送给 Router B 更好，Router A 将发送一个重定向报文给主机 A，报文中目标地址字段值（更好路径的下一跳地址）为 Router B 的本地链路地址，目的地址字段为 Host B 的 IPv6 地址。Host A 接收到了重定向报文之后，会修改目的缓存中目的地 Host B 的下一跳地址为 Router B。以后发往 Host B 的报文就直接发送给 Router B。

5.7.2 路由器要求

当路由器转发没有明确指向自己的数据包（转发未通过路由器路由的数据包）时，路由器应根据速率限制发送重定向报文。其中，需要转发数据包的源地址字段标识的是路由器一个邻居；路由器确定的更好的第一跳节点和发送节点位于同一链路上，用于转发数据包的目的地址；转发数据包的目的地址不是多播地址。

在发送节点没有正确应答重定向报文或者发送节点选择忽略没有被验证的重定向报文的情况下，为了节省频带和处理费用，路由器必须限定发送重定向报文的速率。

注意： 在收到重定向报文时，路由器不能更新路由表。

5.7.3 主机要求

主机收到有效的重定向报文后，应当相应地更新目的缓存表项，这样，后续的数据流就发向新的目标。如果目的缓存中没有该目标地址的目的缓存表项，则创建一个表项。

如果重定向包含有目标链路层地址选项，则主机为该目标地址创建或更新邻居缓存的表项。这种情况下，目的缓存的链路层地址从目标链路层地址选项中复制，如果为该目标地址创建了新的邻居缓存表项，则可达性状态置于"失效"(Stale) 状态。如果缓存表项已经存在，并且用不同的链路层地址进行了更新，则可达性状态必须置为"失效"（Stale）状态。如果链路层地址与已在缓存中的地址相同，缓存表项状态则保持不变。

如果目标和目的地址相同，主机必须把目标作为"在连接"（on-link）处理，也就是作为邻居来处理。如果目标地址与目的地址不同，则主机必须把目标的 IsRouter 标志设置为 True 状态。需要注意，主机不能发送重定向报文。

5.8 邻居发现报文的发送时间

邻居发现报文包括邻居请求报文、邻居通告报文、路由器请求报文、路由器通告报文、重定向报文。其中邻居请求、邻居通告由所有节点发送，路由器请求由主机发送，路由器通告由路由器发送，重定向由路由器发送。

当网络中节点接口 IPv6 功能激活后，节点必须加入该接口的全部节点多播地址组（FF02::1），并加入每个接口 IP 地址相应的请求节点多播地址组（FF02::1:FF+IPv6 单播地址后 24 位）。

对于主机节点，当主机接口被激活后，主机会主动发送路由器请求报文到全部路由器多播地址组（FF02::02）；主机不能发送路由器通告报文。

对于路由器节点，当路由器接口开启正常功能后（必须至少配置一个 IPv6 地址），路由器会通过通告接口周期性主动发送路由器通告报文，非请求的通告报文目的地址为全部节点多播地址组（FF02::1）。路由器也会发送路由器请求对应的路由器通告报文，请求的通告报文目的地址为 IPv6 单播地址。

当发送节点需要进行 IPv6 地址解析时，就会发送多播邻居请求报文，多播目的地址为目标节点的请求节点多播地址；当发送节点需要进行重复地址检测时，就会发送多播邻居请求报文，多播目的地址为节点临时地址对应的请求节点多播地址；当发送节点搜索以便验证邻居可达性时，单播发送邻居请求报文，目的地址是需要验证的节点单播地址。

当节点收到邻居请求报文时，就会发送邻居通告报文以响应邻居请求报文。当节点的链路层地址发生变化时（如热插拔接口卡），节点也可以发送非请求的邻居通告报文，以告知邻居节点自身链路层地址的变化，非请求邻居通告报文的目的地址为所有节点多播地址组。非请求邻居通告报文仅仅被看作一种性能优化，以便迅速地更新多数邻居缓存。

当路由器发现数据包从其他路由器转发更好，那么路由器就会发送重定向报文告知报文的发送者，让报文发送者选择另一个路由器。

5.9 无状态地址自动配置和重复地址检测

IPv6 网络中，主机的 IPv6 地址的配置，主要支持三种方法：一是手动配置；二是无状态地址自动配置（Stateless address auto configuration, SLAAC）；三是有状态地址自动配置，即 DHCPv6 方式。

无状态地址自动配置，包括对链路本地地址自动配置和全球单播地址自动配置，以及对配置的地址进行重复地址检测。其中无状态的全球单播地址自动配置是需要利用路由

视频

无状态地址自动配置和重复地址检测

通告报文获取生成全球单播地址的前缀信息。

重复地址检测，为确保给定链路上所有配置的地址基本上是唯一的，在地址分配给接口后，需要进行重复地址检测，重复地址检测之前的接口地址是临时地址（Tentative Address），通过重复检测之后的地址是合法地址（Valid Address）。在所有分配方式分配给接口的 IPv6 地址成为合法地址之前，都执行重复地址检测，包括手动分配地址、自动配置地址。重复地址检测需要利用邻居请求和邻居通告报文实现。

无状态自动地址配置和重复地址检测功能由草案标准 RFC4862 文档 *IPv6 Stateless Address Autoconfiguration* 定义，需要邻居发现协议的支持。接下来，介绍无状态自动地址配置和重复地址检测功能。

5.9.1 无状态地址自动配置过程

IPv6 网络的链路本地地址自动配置会发生在每个具有多播能力的节点接口上，而无状态全球单播地址的自动配置需要利用路由器通告实现，只适用主机，不适用路由器。无线状态地址自动配置过程如下。

（1）当有多播能力的节点接口被开启时，开始自动配置过程，首先节点（包括主机和路由器）自动生成链路本地地址。

（2）获得链路本地地址的节点对链路本地地址进行重复地址检测。一旦唯一性确定，则将该链路本地地址指定给接口。获得链路本地地址的主机节点与邻居节点（包括路由器）具有了 IP 层的连接。

（3）主机向本链路所有路由器发送一个或多个路由器请求，请求路由器发送路由器通告，以便主机（不包括路由器）可以进行无状态全球单播地址自动配置。

（4）路由器周期性发送路由器通告，通告中包含零个或多个前缀信息选项，这些选择中包含无状态地址自动配置需要使用信息。

（5）主机接收路由器通告报文，获取全球单播地址前缀，生成全球单播地址。

（6）生成全球单播地址的节点对全球单播地址进行重复地址检测。一旦唯一性确定，则将该全球单播地址指定给接口使用，用于互联网通信。

无状态地址自动配置三个关键步骤：一是生成链路本地地址；二是重复地址检测；三是生成全球单播地址。下面分别介绍。

5.9.2 生成链路本地地址

当节点（主机或路由器）在系统启动以及接口初始化时，或者接口关闭后重新开启时，具有多播能力的节点会自动形成链路本地地址。

链路本地地址由熟知的本地链路前缀 FE80::/10 和下述接口标识符组合形成。

（1）将 128 位 IPv6 地址的最左侧 10 设置为链路本地前缀 "FE80::/10"；

（2）将地址中链路本地前缀 "FE80::/10" 右侧的二进制位全部设置为 0；

（3）将 N 位长度的接口标识取代地址右边的 N 位，形成链路本地地址。

接口标识符的长度一般为 64 位。可以参考 3.3.2 节的内容。

5.9.3 重复地址检测

重复地址检测（Duplicate Address Detection）必须在各类单播地址分配给节点使用之前执行，

第 5 章　IPv6 邻居发现协议

在重复地址检测之前计划分配到接口的地址称为临时地址。注意，如果接口的 DupAddrDetect-Transmits 变量的值被设置为 0，可以不执行重复地址检测。

重复地址检测功能程序使用邻居请求和邻居通告报文实现。如果在程序执行过程中发现重复地址，则不能分配该地址给接口。如果地址是从接口标识符推演出来的，需要分配新的标识符给那个地址，或者那个接口的所有 IP 地址需要手工配置。

重复地址检测必须在分配地址到接口之前进行，以便阻止多个节点同时使用相同的地址。重复地址检测的具体步骤如下：

（1）报文合格性验证。节点必须丢弃没有通过合法性检验的邻居通告和邻居请求报文。

（2）发送邻居请求报文。在发送邻居请求报文前，接口必须加入临时地址的所有节点多播地址（FF02::1）或请求节点多播地址 (FF02::1:FF00+ 临时地址后 24 位）。为了检测地址，节点发送用于重复地址检测的邻居请求，邻居请求的目标地址（Target Address）字段被设置为正在被检测的临时地址（Tentative Address）。IPv6 源地址设置为未指定地址，IP 目的地址设置为目标地址的请求节点多播地址。

（3）接收邻居请求报文。一旦收到合法的邻居请求报文，节点行为取决于目标地址是否为临时地址。如果目标地址是临时地址，且源地址是未指定地址，则该请求来自执行重复地址检测的节点。如果临时地址节点发送邻居请求前，收到临时地址的邻居请求，该临时地址是重复的；如果收到的实际邻居请求报文数据超过按照环回语义预期的数据（例如，接口关闭环回多播分组，仍然收到一个或多个邻居请求），临时地址是重复的。

（4）接收邻居通告报文。一旦收到合法的邻居通告报文，节点行为取决于目标地址是否为临时地址。如果目标地址是临时地址，则该临时地址不是唯一的。如果目标地址和分配给接收端口的单播地址匹配，则该临时地址可能是重复的，但还没有被重复地址检测程序检测到。

如果重复地址检测失败（临时地址是重复的），则不分配被确定为重复地址的临时地址给接口。如果临时地址是根据基于硬件地址的接口标识符形成的链路本地地址，应该关闭该接口上运行的 IPv6 协议，包括不从该接口发送任何 IPv6 分组，丢弃在该接口收到的任何 IPv6 分组，不转发任何 IPv6 分组到该接口。注意：在此种情况下，IPv6 地址重复可能还意味着正在使用的硬件地址是重复的。

IPv6 网络的重复地址检测过程如图 5-15 所示。发送节点向临时地址所对应的请求节点多播地址发送邻居请求报文。邻居请求报文中目标地址（Target Address）即为该临时地址。如果收到某个其他节点回应的邻居应答报文，就证明该地址已被使用，节点将不能使用该临时地址。

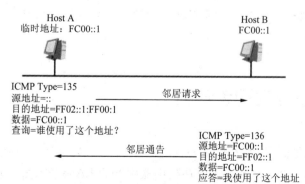

图 5-15　重复地址检测示例

Host A 的 IPv6 地址 FC00::1 为新配置地址，即 FC00::1 为 Host A 的临时地址。Host A 向 FC00::1 的节点请求多播地址（FF02::1:FF00:1）发送一个以 FC00::1 为目标地址（Target Address）的邻居请求报文以进行重复地址检测，由于 FC00::1 并未正式指定，所以邻居请求报文的源地址为未指定地址。当 Host B 收到该邻居请求报文后，有两种处理方法：

如果 Host B 发现 FC00::1 是自身的一个临时地址，则 Host B 放弃使用这个地址作为接口地址，并且不会向 Host A 发送邻居应答报文。

如果 Host B 发现 FC00::1 是一个已经正常使用的地址，Host B 会向 FF02::1 发送一个邻居应答报文，该报文中目标地址会包含 FC00::1 地址。这样，Host A 收到这个报文后就会发现自身的临时地址是重复的。Host A 的该临时地址不会生效，被标识为重复（duplicated）状态。

5.9.4 生成全球单播地址

主机的全球单播地址可以通过路由器通告获取的网络前缀与接口标识进行组合生成。主机为快速获取路由器通告信息，主动向全部路由器多播地址组（FF02::2）发送路由器请求，同时，路由器也会周期性向所有节点多播地址组（FF02::1）发送路由器通告报文。

主机收到路由器通告报文后，对每个前缀信息选项做如下处理。注意：在"路由器发现和前缀发现"中介绍了主机对收到路由器通告后对源地址和相关参数的处理。这里介绍对选项中前缀信息选项的处理。

（1）如果前缀信息选项中，自动地址配置标志 A（Autonomous）未设置，忽略前缀信息选项。

（2）如果前缀信息选项中，前缀是链路本地前缀，忽略前缀信息选项。

（3）如果"首选生成时间"大于"有效生成时间"，忽略前缀信息选项。

（4）如果通告的前缀与无状态自动配置已经配置的地址的前缀不相等，且"有效生存时间"不为 0，将通告前缀和链路接口标识相结合形成全球单播地址。

（5）如果通告的前缀等于列表中无状态地址自动配置的地址的前缀，该地址的"首选生存时间"重新设置为收到通告中的"首选生存时间"。

注意：临时地址（tentative Address）是计划分配给接口但未验证其唯一性而受限使用的地址；首选地址（Preferred Address）是分配给接口不受限制使用的接口地址；过时地址（Deprecated Address）是分配到接口的地址，它的使用不受鼓励，但不被禁止；有效地址（Valid Address）包括首选地址和过时地址，当首选地址的"首选生存时间"到期，首选地址就变为过时地址；无效地址（Invalid Address）是有效地址的"有效生存时间"过期后变成的地址。在已经存在的通信中过时地址应该继续作为源地址，但是，如果有充分的替代（非过时）地址且能够方便获得，则不应当用过时地址发起新的通信。

5.10 无状态地址自动配置示例

5.10.1 IPv6 地址无状态自动配置方法

无状态自动配置接口 IPv6 地址，需要在路由器中开启 RA 报文发布功能，在客户端执行无状态自动获取 IPv6 地址命令，同时客户端和路由器中配置链路本地地址。配置方法如下：

第 5 章 IPv6 邻居发现协议

1. 路由器端

```
Interface interface-type interface-number
undo ipv6 nd ra halt              ## 使能系统发布 RA 报文功能（路由器端）
ipv6 address auto link-local      ## 配置接口自动生成链路本地地址
```

2. 客户端

```
Interface interface-type interface-number
ipv6 address auto link-local      ## 配置接口自动生成链路本地地址
ipv6 address auto global default  ## 无状态自动分配 IPv6 地址（客户端）
```

5.10.2 无状态地址自动配置实践

这里利用华为 eNSP 虚拟仿真平台完成无状态 IPv6 地址的自动配置。

实验名称：无状态地址自动配置实践

实验目的：通过无状态地址自动配置实践，学习掌握 IPv6 地址格式，学习掌握 IPv6 地址的无状态自动配置方法。

实验拓扑：采用图 5-16 所示的网络拓扑图，其中路由器 AR1-PC3 用于模拟主机，用于通过无状态地址自动配置获取 IPv6 地址。

无状态地址自动配置实践

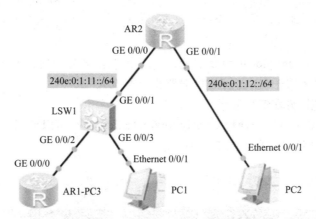

图 5-16 无状态地址自动配置

注意：由于 eNSP 中 PC 不支持无状态自动获取 IPv6 地址，本示例利用 AR 路由器模拟 PC，通过无状态自动获取 IPv6 地址。

实验内容：拓扑中 AR2 路由器采用手动配置接口 IPv6 地址，接口 G0/0/0 采用 240e:0:1:11::/64 网络前缀，分配接口网络地址 240e:0:1:11::1/64。接口 G0/0/1 采用 240e:0:1:12::/64 网络前缀，分配接口网络地址 240e:0:1:12::1/64。PC1 和 PC2 采用手动方式配置对应网段的 IPv6 地址。PC1 的 IPv6 地址为 240e:0:1:11::11/64，PC2 的 IPv6 地址为 240e:0:1:12::12。配置要求：

(1) 通过配置 AR2 路由器，使 AR2 路由器主动发布路由通告信息，支持无状态地址自动配置。
(2) 通过配置 AR1-PC3，使 AR1-PC3 能够自动获取前缀信息，自动生成 IPv6 全球单播地址。
(3) 通过以上配置，实现网络中主机的互联互通。

实验步骤：

1. 初始配置

初始配置包括配置 AR2 路由器名称、G0/0/0 和 G0/0/1 接口 IP 地址；PC1 和 PC2 主机的 IPv6 地址等。这里忽略相关配置内容。

2. 无状态地址自动配置

（1）AR2 路由器服务端的相关配置

```
[AR2] ipv6                                      ## 全局使能 IPv6
[AR2] interface g0/0/0
    ipv6 enable                                 ## 接口使能 IPv6
    ipv6 address auto link-local                ## 配置接口生成链路本地地址
    Ipv6 address 240e:0:1:11::1 64              ## 手动设置接口 IPv6 地址
    Undo ipv6 nd ra halt                        ## 使能系统发布 RA 报文功能
```

（2）AR1-PC3 客户端的相关配置

```
[AR1-PC3] ipv6                                  ## 全局使能 IPv6
[AR1-PC3] interface g0/0/0
    ipv6 enable                                 ## 接口使能 IPv6
    ipv6 address auto link-local                ## 配置接口生成链路本地地址
    ipv6 address auto global default            ## 无状态自动分配接口 IPv6 地址
    Quit
```

在使用 ipv6 address auto global 命令配置通过无状态自动分配接口 IPv6 地址时，一定要指定 default 参数。default 参数用于客户端学习缺省路由（必选）。

3. 无状态 IPv6 地址分配信息显示

通过以上配置在 AR1-PC3 中通过 display ipv6 interface 命令可以显示 AR1-PC3 获取的 IPv6 地址信息。显示 AR1-PC3 接口信息如图 5-17 所示。

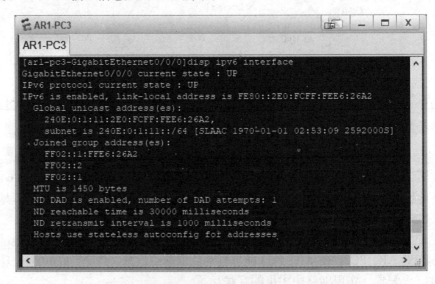

图 5-17　AR1-PC3 的 G0/0/0 接口信息

图 5-17 中，AR1-PC3 获取的 IPv6 全球单播地址为 240E:0:1:11:2E0:FCFF:FEE6:26A2/64。其中 240E:0:1:11::/64 为网络前缀，2E0:FCFF:FEE6:26A2 为 EUI-64 格式的接口标识。

另外，还可以看到，AR1-PC3 还获得以下 IPv6 地址。

```
FE80::2E0:FCFF:FEE6:26A2        ##链路本地地址
FF02::1:FFE6:26A2               ##链路范围请求节点多播地址
FF02::2                         ##链路范围所有路由器多播地址
FF02::1                         ##链路范围所有节点多播地址
```

其中，FF02::2 为链路范围所有路由器多播地址，由于 AR1-PC3 是用路由器模拟的 PC 设备，所以 AR1-PC3 设备中包含此 IPv6 多播地址。另外，AR1-PC3 设备还有一个 IPv6 地址（::1），为节点 IPv6 环回地址，图 5-17 中未显示出。

4. 配置测试

通过以上配置，AR1-PC3 与 PC1、PC2 可以通信。在 AR1-PC3 中执行命令：

```
ping ipv6 240e:0:1:12::12
```

在 AR1-PC3 中，利用 Ping 命令测试网络过程如图 5-18 所示。网络畅通，说明无状态 IPv6 地址分配配置成功。

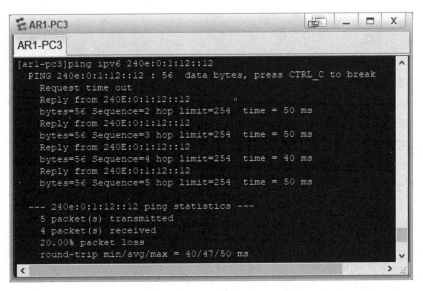

图 5-18　AR1-PC3 与 PC2 连通测试

说明：主机通过无状态地址自动配置方法可以自动配置 IPv6 地址，并学习缺省网关地址，却无法获取 DNS 服务器等信息。通过无状态地址自动配置获取 IPv6 地址的主机可以利用 DHCPv6 无状态配置方式传递 DNS 服务器等参数，或者手动配置 DNS 服务器等参数，这两种配置方法在后面相关章节内容中介绍。

小 结

IPv6 邻居发现协议（Neighbor Discovery Protocol，NDP）由 IETF 草案标准 RFC4861 *Neighbor Discovery for IP version 6* (IPv6) 文档定义，是解决连接到同一链路的网络节点之间的有关交互问题的协议。

本章主要介绍 IPv6 邻居发现协议，以及邻居发现协议实现地址解析与邻居不可达检测、路由器发现和前缀发现、重定向、地址自动配置与重复地址检测等功能。

IPv6 邻居发现协议的各种功能是通过交换邻居发现报文实现的。邻居发现协议由 5 条 ICMPv6 报文组成。分别是一对路由器请求/通告报文，一对邻居请求/通告报文，一个重定向报文。

节点通过邻居请求报文与邻居通告报文配合，实现地址解析、邻居不可达检测、重复地址检测等功能。

节点主要通过路由器请求和路由器通告报文实现路由器发现和前缀发现功能。

当路由器发现数据包从其他路由器转发更好，那么路由器就会发送重定向报文告知报文的发送者，让报文发送者选择另一个路由器。

习 题

1. IPv6 邻居发现协议具有哪些功能？
2. 为支持邻居信息交互，节点接口需要维护哪些数据结构？每种数据结构维护哪些信息？
3. 节点向目的地址发送包的过程中，需要利用邻居发现协议进行哪些操作？
4. 邻居发现协议如何进行下一跳确定？
5. IPv6 是如何实现地址解析的？
6. IPv6 如何确定邻居是否可达，什么情况下需要进行邻居不可达检测？
7. 简述路由器发现和前缀发现的基本原理。
8. 为什么需要重定向功能？重定向是如何实现的？
9. 主机和路由器会发送哪些邻居发现报文？发送邻居发现报文在什么时间点进行？
10. 如何进行重复地址检测？

第 6 章

DHCPv6 协议与实践

IPv6 动态主机配置协议（Dynamic Host Configuration Protocol for IPv6，DHCPv6）是针对 IPv6 编址方案设计的，用于主机分配 IPv6 地址 / 前缀和其他网络配置参数。DHCPv6 是一种运行在客户端和服务器之间的协议，与 IPv4 中的 DHCP 一样，所有协议报文都是基于 UDP 的。但是由于在 IPv6 中没有广播报文，因此 DHCPv6 使用多播报文，客户端也无须配置服务器的 IPv6 地址。本章主要介绍 DHCPv6 协议报文、工作模式，以及不同工作模式的实现原理与配置实践。

6.1 DHCPv6 概述

6.1.1 IPv6 地址配置方式

IPv6 协议具有地址空间巨大的特点，但同时长达 128 位的 IPv6 地址又要求高效合理的地址自动分配和管理策略。目前 IPv6 地址的配置有以下三种方式：

（1）手动地址配置。网络管理员手动配置 IPv6 地址 / 前缀及其他网络配置参数（DNS 服务器地址等）。

（2）无状态地址自动配置（SLAAC）。由接口 ID 生成链路本地地址，再根据路由通告报文 RA（Router Advertisement）包含的前缀信息自动配置本机地址。

（3）有状态地址自动配置，即 DHCPv6 方式。DHCPv6 又分为如下两种：

① DHCPv6 有状态地址自动配置。DHCPv6 服务器自动分配 IPv6 地址 /PD 前缀及其他网络配置参数（DNS 服务器地址等参数）。

② DHCPv6 无状态地址自动配置。主机 IPv6 地址通过路由通告方式自动生成，DHCPv6 服务器只分配除 IPv6 地址以外的配置参数。

无状态地址自动配置方案中，路由器设备并不记录所连接的 IPv6 主机的具体地址信息，可管理性差。而且当前无状态地址自动配置方式不能使 IPv6 主机获取 DNS 服务器的 IPv6 地址等配置信息，在可用性上有一定缺陷，对于互联网服务提供商来说，也没有相关的规范指明如何向路由器设备自动分配 IPv6 前缀。所以在部署 IPv6 网络时，只能采用手动配置的方法为路由器设备配置 IPv6 地址。DHCPv6 技术解决了这一问题。DHCPv6 属于一种有状态地址自动配置协议。与其他 IPv6 地址分配方式相比，DHCPv6 具有以下优点：

- 更好地控制 IPv6 地址的分配。DHCPv6 方式不仅可以记录为 IPv6 主机分配的地址，还可以为特定的 IPv6 主机分配特定的地址，以便于网络管理。
- DHCPv6 支持为网络设备分配 IPv6 前缀，便于全网络的自动配置和网络层次性管理。
- 除了为 IPv6 主机分配 IPv6 地址/前缀外，还可以分配 DNS 服务器 IPv6 地址等网络配置参数。

前面章节中介绍了手动地址配置和无状态地址自动配置及其实践，本章介绍有状态地址自动配置 DHCP 基础知识及其实践。

6.1.2 DHCPv6 协议及其变化

DHCPv6 是一种提供设备托管配置的客户端/服务器协议，能够为主机提供自动分配可重用的网络地址和附加配置信息。

DHCPv6 协议最初由 IETF 的建议标准 RFC3315（2003）文档定义，RFC3315 定义 DHCP 的两种工作模式，一种是 DHCP 基本模式，另一种是 DHCP 中继模式。在随后的十多年，IETF 又陆续发布一些 DHCPv6 相关的文档，包括 RFC3633（DHCPv6 前缀选项）、RFC3736（无状态 DHCPv6 服务）、RFC4242（DHCPv6 信息刷新时间选项）、RFC7283（DHCPv6 未知报文的处理）等，其中 RFC3633 文档定义了一种新的 DHCP 工作模式，即前缀委托模式。2018 年，IETF 发布了 RFC 建议标准 RFC8415 文档 Dynamic Host Configuration Protocol for IPv6（DHCPv6），并淘汰以上涉及的相关 RFC 文档。RFC8415 支持 RFC3315 和 RFC3633 文档定义的 DHCP 三种工作模式。本章结合 RFC8415 文档进行介绍。

6.1.3 DHCPv6 基本概念

为便于更好地理解 DHCPv6 工作原理，首先介绍一些 DHCPv6 服务相关的基本概念。

- DHCPv6 客户端（DHCPv6 Client）：在链路上发起 DHCPv6 请求从一个或多个 DHCPv6 服务中获取配置参数的节点。如果该节点支持前缀委托（Prefix Delegation），DHCPv6 客户端也可以是请求路由器。
- 请求路由器（Requesting Router）：又称 DHCPv6 前缀委托客户端（DHCPv6 PD Client）。充当 DHCPv6 客户端并请求分配地址前缀的路由器，用于 DHCPv6 前缀委托工作模式。
- DHCPv6 服务器（DHCPv6 Server）：对来自 DHCPv6 客户端的请求作出应答的节点。DHCPv6 服务器可以和客户端处在同一链路，也可以处于不同链路。如果路由器支持前缀委托，它也代表委托路由器。
- 委托路由器（Delegating Router）：又称 DHCPv6 前缀委托服务器（DHCPv6 PD Server）。充当 DHCPv6 服务器并响应请求路由器网络前缀请求。
- DHCPv6 中继代理（DHCPv6 Relay Agent）：在 DHCPv6 客户端和服务端充当 DHCPv6 报文传递的中介。在特定配置下，客户端和服务端之间可以存在多于一个的中继代理。

- DHCPv6 唯一标识符（DUID）：DHCPv6 设备唯一标识符 DUID（DHCPv6 Unique Identifier），每个服务器或客户端有且只有唯一标识符，服务器使用 DUID 识别不同的客户端，客户端则使用 DUID 识别服务器。DUID 是不超过 128 位的八位组，DUID 有三种类型：一是基于链路层地址的 DUID，类型标识为 LL（Link-Layer Address）；二是基于链路层地址 + 时间共同组成的 DUID，类型标识为 LLT（Link-Layer Address plus Time）；三是根据企业编号分配的 DUID，类型标识为 EN（Enterprise Number）。华为设备支持设置 LL（80 位）和 LLT（112 位）两种类型，自动生成设备 DUID 的方式。
- 身份联盟（IA）：身份联盟（Identity Association，IA）是使得服务器和客户端能够识别、分组和管理一系列相关 IPv6 地址的结构。每个 IA 包括一个 IA 标识符（IAID）和相关联的配置信息。客户端必须为它的每个要通过服务器获取 IPv6 地址的接口关联至少一个 IA。客户端用与接口关联的 IA 从服务器获取配置信息。IA 的身份由 IAID 唯一确定，同一个客户端的 IAID 不能出现重复。IAID 不应因为设备的重启等因素发生丢失或改变。每个 IA 必须明确关联到一个接口。一个接口至少关联一个 IA。目前存在三种 IA 类型定义，非临时地址身份联盟（IA_NA）、临时地址身份联盟（IA_TA）和前缀委托身份联盟 IA_PD，将来可能会定义新的 IA 类型。

6.1.4 DHCPv6 常量

1. DHCPv6 多播地址

在 DHCPv6 协议中，客户端不用配置 DHCPv6 Server 的 IPv6 地址，而是通过发送目的地址为多播地址的请求报文（Solicit）定位 DHCPv6 服务器。

在 DHCPv4 协议中，客户端发送广播报文定位服务器。为避免广播风暴，在 IPv6 中，已经没有了广播类型的报文，而是采用多播报文。DHCPv6 用到的多播地址有两个：

- FF02::1:2（All DHCP Relay Agents and Servers）：所有 DHCPv6 服务器和中继代理的多播地址，这个地址是链路范围的，用于客户端和相邻的服务器及中继代理之间通信。所有 DHCPv6 服务器和中继代理都是该组的成员。
- FF05::1:3（All DHCP Servers）：所有 DHCPv6 服务器多播地址，这个地址是站点范围的，用于中继代理和服务器之间的通信，站点内的所有 DHCPv6 服务器都是此组的成员。

2. UDP 端口号

DHCPv6 报文承载在 UDP 协议之上。客户端在 UDP 端口 546 上侦听 DHCPv6 报文。服务器、中继代理在 UDP 端口 547 上侦听 DHCP 报文。

6.2 DHCPv6 报文与选项

DHCPv6 报文包括客户端/服务器报文和中继代理/服务器报文。每种报文都可以携带选择字段，DHCPv6 报文中选项用来携带额外的信息和参数，所有选项具有相同的基本格式，选项中所有字段的取值都以网络字节序表示。

6.2.1 客户端/服务器报文格式

DHCPv6 客户端和 DHCPv6 服务器之间所有 DHCPv6 报文由相同固定格式的首部和可变格式

的选项组成。选项串行排列在"Options"字段中，在选项间没有填充字符，选项是字节对齐的。DHCPv6 客户端和 DHCPv6 服务器相互发送的 DHCPv6 报文格式如图 6-1 所示。

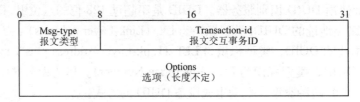

图 6-1　DHCP 客户端与服务器间报文格式

Msg-type：报文类型标识，占用 1 B，其值为 1 ~ 13，对应 13 种 DHCPv6 报文。

Transaction-id：报文交互的事务 ID，占用 3 B，用来标识一个来回的 DHCPv6 报文交互。例如，Solicit/Advertise 报文作为一个交换，交换 ID 保持一致。

Options：报文中的选项字段，可变长度，包含 DHCPv6 服务器分配给 IPv6 主机的配置信息。如 DNS 服务器的 IPv6 地址等信息。

6.2.2　中继代理／服务器报文格式

DHCPv6 中继代理与其他中继代理和 DHCPv6 服务器之间的 DHCPv6 报文交换时，用来转发不在同一链路上的 DHCPv6 客户端和 DHCPv6 服务器之间的报文。DHCPv6 的两个中继代理报文 Relay-Forward 和 Relay-Reply 采用相同的报文格式，如图 6-2 所示。

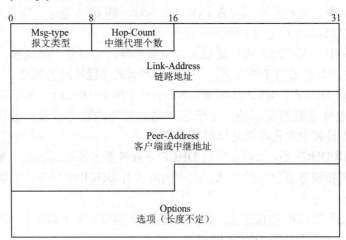

图 6-2　DHCP 中继代理／服务器间报文格式

Msg-type：报文类型标识，占用 1 B。

Hop-Count：已经中继此报文中的中继代理的个数，占用 1 B。

Link-Address：服务器用来标志 DHCP 客户端所在链路的地址，通常是一个 IPv6 全球单播地址。

Peer-Address：客户端地址，或者是中继从其接收到中继报文的地址，占用 16 B。

Options：必须包含一个 Relay Message 选项，可以包含其他选项，可变长字段。

中继代理通过中继转发报文 Relay-Forward 向 DHCP 服务器转发中继报文，不论是直接还是经过另一个中继代理。中继代理接收的报文都被封装在 Relay-Forward 报文的一个选项中。DHCP 服务器向中继代理发送中继应答报文 Relay-Reply。报文中包含中继代理要交给 DHCP 客户端的报文。

6.2.3 DHCPv6 报文类型

DHCPv6 定义了 13 种报文类型，分别是 Solicit(1)、Advertise(2)、Request(3)、Confirm(4)、Renew(5)、Rebind(6)、Reply(7)、Release(8)、Decline(9)、Reconfigure(10)、Information-Request(11)、Relay-Forw(12)、Relay-Repl(13)。每种报文类型后的括号中数字是报文的数字编码。DHCPv6 报文类型及说明见表 6-1。

表 6-1 DHCP 报文类型

报文类型	说明
Solicit(1)	DHCPv6 客户端发送的请求，用来定位 DHCPv6 服务器位置
Advertise(2)	DHCPv6 服务器发送的通告报文，是对 Solicit 的响应
Request(3)	DHCPv6 客户端向特定服务器发送的请求，以请求获取配置参数信息
Confirm(4)	DHCPv6 客户端向任意可用服务器发送，以检验获取的 IPv6 地址是否使用与其所连接的链路
Renew(5)	DHCPv6 客户端向服务器发送的以延长租约并更新配置参数的报文
Rebind(6)	DHCPv6 客户端向任意可用服务器发送重新绑定以延长租约的报文
Reply(7)	DHCPv6 服务器发送的对客户端的租约和参数请求的应答报文。 (1) DHCPv6 服务器发送 Reply 报文回应从 DHCPv6 客户端收到的 Solicit、Request、Renew、Rebind 报文。 (2) DHCPv6 服务器发送携带配置信息的 Reply 报文回应收到的 Information-Request 报文。 (3) 回应 DHCPv6 客户端发来的 Confirm、Release、Decline 报文
Release(8)	DHCPv6 客户端给服务器发送的释放租约的信息
Decline(9)	DHCPv6 客户端给服务器发送的地址在链路被使用的报文
Reconfigure(10)	DHCPv6 服务器发送的重新配置报文，通知客户端获取更新的信息
Information-Request(11)	DHCPv6 客户端发送此报文给服务器，请求除了 IPv6 地址以外的配置参数信息
Relay-Forw(12)	DHCPv6 中继代理向 DHCPv6 服务器转发客户端的请求报文
Relay-Repl(13)	DHCPv6 服务器向中继代理发送的中继应答报文

6.2.4 DHCPv6 选项格式

DHCPv6 报文中选项用来携带额外的信息和参数。所有选项具有相同的基本格式。选项中所有字段的取值都以网络字节序表示。DHCPv6 选项连续地存储在选项区域中，各选项之间不需要填充字节。一般一个 DHCPv6 报文的选项字段只能包含一个选项，若出现多个选项，则每个选项的实例被认为是独立的。DHCPv6 选项格式如图 6-3 所示。

图 6-3 DHCPv6 选项格式

Option-code：标识选项类型，16 位无符号整数。

Option-len：标识选项内容的长度，16 位无符号整数。

Option-data：变长的选项内容，长度由 Option-len 指定。格式由具体选项定义。

DHCPv6 选项通过使用封装划分作用域。某些选项通用于客户端，某些选项特定于身份联盟

（IA），而有些选项特定于身份联盟（IA）中的地址。

6.2.5　DHCPv6 选项类型

DHCPv6 选项的类型由 DHCPv6 选项格式中的选项代码 Option-code 定义。DHCPv6 选项类型很多，这里列出部分选项。

- Client Identifier Option：客户端标识选项。
- Server Identifier Option：服务端标识选项。
- Identity Association for Non-temporary Addresses Option：非临时地址身份联盟选项。
- Identity Association for Temporary Addresses Option：临时地址身份联盟选项。
- IA Address Option：IA 地址选项。
- Option Request Option：选项请求选项。
- Preference Option：优先选项。
- Elapsed Time Option：已用时间选项。
- Relay Message Option：中继报文选项。
- Authentication Option：身份认证选项。
- Server Unicast Option：服务器单播选项。
- Status Code Option：状态代码选项。
- Rapid Commit Option：快速提交选项。
- User Class Option：用户类选项。
- Vendor Class Option：供应商类选项。
- Vendor-specific Information Option：特定供应商信息选项。
- Interface-Id Option：接口 ID 选项。
- Reconfigure Message Option：重新配置报文选项。
- Reconfigure Accept Option：重新配置接收选项。
- Identity Association for Prefix Delegation Option：前缀委托身份联盟选项。
- IA Prefix Option：联盟前缀选项。
- Information Refresh Time Option：信息刷新时间选项。
- SOL_MAX_RT Option：最大定位请求生存时间。
- INF_MAX_RT Option：最大信息请求生存时间。

6.3　DHCPv6 工作模式

DHCPv6 协议定义 DHCPv6 的三种工作模式：一种是 DHCPv6 基本工作模式；第二种是 DHCPv6 中继代理模式；第三种是 DHCPv6 前缀委托模式。

6.3.1　DHCPv6 基本工作模式

DHCPv6 基本工作模式如图 6-4 所示。DHCPv6 基本工作模式包括 DHCPv6 Client 和 DHCPv6 Server 两种角色。

DHCPv6 Client：DHCPv6 客户端，通过与 DHCPv6 服务器进行交互，获取 IPv6 地址/前缀和网络配置信息,完成自身的地址配置功能。

DHCPv6 Server:DHCPv6 服务器,DHCPv6 客户端负责处理来自客户端的地址分配、地址续租、地址释放等请求,为客户端分配 IPv6 地址/前缀和其他网络配置信息。

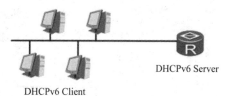

图 6-4　DHCPv6 基本工作模式

DHCPv6 基本工作模式下,DHCPv6 客户端与 DHCPv6 服务器位于同一条链路,DHCPv6 客户端通过本地链路范围的多播地址与 DHCPv6 服务器通信,以获取 IPv6 地址/前缀和其他网络配置参数。主要通过 Solicit、Advertise、Request、Relay 报文交互自动配置 DHCPv6 客户端 IPv6 地址和网络参数信息。

6.3.2　DHCPv6 中继代理模式

DHCPv6 中继代理模式如图 6-5 所示。DHCPv6 中继代理模式包括 DHCPv6 Client、DHCPv6 Relay 和 DHCPv6 Server 三种角色。其中 DHCPv6 Client 和 DHCPv6 Server 与基本工作模式下的 DHCPv6 Client 和 DHCPv6 Server 功能相同。

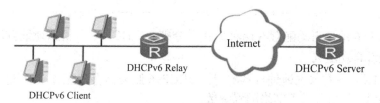

图 6-5　DHCPv6 中继代理模式

DHCPv6 Relay:DHCPv6 中继负责转发来自客户端方向或服务器方向的 DHCPv6 报文,协助 DHCPv6 客户端和 DHCPv6 服务器完成地址配置功能。一般情况下,DHCPv6 客户端通过本地链路范围的多播地址与 DHCPv6 服务器通信,以获取 IPv6 地址/前缀和其他网络配置参数。如果服务器和客户端不在同一个链路范围内,则需要通过 DHCPv6 中继代理转发报文,这样可以避免在每个链路范围内都部署 DHCPv6 服务器,既节省了成本,又便于进行集中管理。

DHCPv6 中继代理模式下,还需要使用 Relay-Forward 和 Relay-Reply 报文。其中,Relay-Forward 报文用于 DHCPv6 中继代理将 DHCPv6 客户端报文封装后转发给 DHCPv6 服务器。Relay-Reply 报文用于将 DCHPv6 服务器应答 DHCPv6 客户端请求的报文封装后转发给 DHCPv6 中继代理。

6.3.3　DHCPv6 前缀委托模式

DHCPv6 前缀委托模式如图 6-6 所示。DHCPv6 前缀委托模式包括 IPv6 Host、DHCPv6 PD Client 和 DHCPv6 PD Server 三种角色。

IPv6 Host:IPv6 主机,也是 DHCP 客户端。DHCPv6 前缀委托工作模式下,IPv6 主机通过 DHCPv6 无状态自动地址配置方式配置 IPv6 地址,即通过无状态自动地址配置方式配置 IPv6 地址,通过 DHCPv6 服务器获取 DNS 服务器等网络参数信息。

DHCPv6 PD Client:DHCPv6 前缀委托客户端,又称请求路由器。DHCPv6 PD Client 通过上游接口向 DHCPv6 PD Server 提出前缀分配申请,DHCPv6 PD Server 向 DHCPv6 PD Client 分配合适地址前缀,并分配给 DHCPv6 PD Client 的下游接口。

DHCPv6 PD Server:DHCPv6 前缀委托服务器,也是委托路由器。负责处理来自 DHCPv6 PD Client 的地址分配、地址续租、地址释放等请求,为 DHCPv6 PD Client 分配 IPv6 地址/前缀和其他网络配置信息。

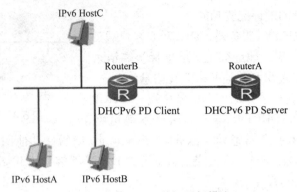

图 6-6　DHCPv6 前缀委托模式

6.4　DHCPv6 基本工作模式原理与实践

视　频

DHCPv6 基本工作模式原理与实践

DHCPv6 地址自动配置有两种方式，分别是 DHCPv6 有状态地址自动配置和 DHCPv6 无状态地址自动配置。

- DHCPv6 有状态地址自动配置。DHCPv6 服务器自动配置 IPv6 地址 / 前缀，同时分配 DNS 服务器等网络配置参数。
- DHCPv6 无状态地址自动配置。主机 IPv6 地址通过路由通告方式自动生成，DHCPv6 服务器只分配除 IPv6 地址以外的配置参数。

6.4.1　DHCPv6 有状态地址自动配置

DHCPv6 有状态地址自动配置是 DHCPv6 协议的最原始动机，这种方式适用于客户端有特定需求的场景。这种方式下，IPv6 主机不但通过 DHCPv6 方式获取 IPv6 地址，而且通过 DHCPv6 方式获取其他配置参数（如 DNS 服务器的 IPv6 地址等）。DHCPv6 服务器为客户端分配地址 / 前缀的过程分为 DHCPv6 四步交互和 DHCPv6 两步交互两类。

1. DHCPv6 四步交互

四步交互常用于网络中有多个 DHCPv6 服务器的情况。DHCPv6 客户端首先通过多播发送 Solicit 报文定位可以为其提供服务的 DHCPv6 服务器，在收到多个 DHCPv6 服务器的 Advertise 报文后，根据 DHCPv6 服务器的优先级选择一个为其分配地址和配置信息的服务器，接着通过 Request/Reply 报文交互完成地址申请和分配过程。

DHCPv6 服务器端如果没有配置使能两步交互，无论客户端报文中是否包含 Rapid Commit 选项，服务器都采用四步交互方式为客户端分配地址和配置信息。DHCPv6 四步交互地址分配过程如图 6-7 所示。

DHCPv6 四步交互地址分配过程如下：

（1）DHCPv6 客户端发送 Solicit 报文，请求 DHCPv6 服务器为其分配 IPv6 地址和网络配置参数。

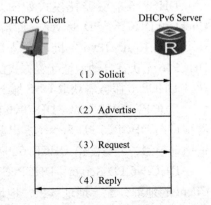

图 6-7　DHCPv6 四步交互地址分配过程

第 6 章　DHCPv6 协议与实践

（2）如果 Solicit 报文中没有携带 Rapid Commit 选项，或 Solicit 报文中携带 Rapid Commit 选项，但服务器不支持快速分配过程，则 DHCPv6 服务器回复 Advertise 报文，通知客户端可以为其分配的地址和网络配置参数。

（3）如果 DHCPv6 客户端接收到多个服务器回复的 Advertise 报文，则根据 Advertise 报文中的服务器优先级等参数，选择优先级最高的一台服务器，并向所有服务器发送 Request 多播报文，该报文中携带已选择的 DHCPv6 服务器的 DUID。

（4）DHCPv6 服务器回复 Reply 报文，确认将地址和网络配置参数分配给客户端使用。

2．DHCPv6 两步交互

两步交互常用于网络中只有一个 DHCPv6 服务器的情况。DHCPv6 客户端首先通过多播发送 Solicit 报文定位可以为其提供服务的 DHCPv6 服务器，DHCPv6 服务器收到客户端的 Solicit 报文后，为其分配地址和配置信息，直接回应 Reply 报文，完成地址申请和分配过程。

两步交换可以提高 DHCPv6 过程的效率，但在有多个 DHCPv6 服务器的网络中，多个 DHCPv6 服务器都可以为 DHCPv6 客户端分配 IPv6 地址，回应 Reply 报文，但是客户端实际只可能使用其中一个服务器为其分配 IPv6 地址和配置信息。为了防止发生这种情况，管理员可以配置 DHCPv6 服务器是否支持两步交互地址分配方式。

DHCPv6 服务器端如果配置使能了两步交互，并且客户端报文中也包含 Rapid Commit 选项，服务器采用两步交互方式为客户端分配地址和配置信息。如果 DHCPv6 服务器不支持快速分配地址，则采用两步交互方式为客户端分配 IPv6 地址和其他网络配置参数。DHCPv6 两步交互地址分配过程如图 6-8 所示。

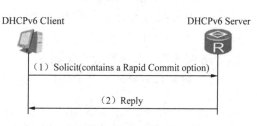

图 6-8　DHCPv6 两步交互地址分配过程

DHCPv6 两步交互地址配置过程如下：

（1）DHCPv6 客户端在发送的 Solicit 报文中携带 Rapid Commit 选项，标识客户端希望服务器能够快速为其分配地址和网络配置参数。

（2）DHCPv6 服务器接收到 Solicit 报文后，将进行如下处理：

① 如果 DHCPv6 服务器支持快速分配地址，则直接返回 Reply 报文，为客户端分配 IPv6 地址和其他网络配置参数，Replay 报文中也携带 Rapid Commit 选项。

② 如果 DHCPv6 服务器不支持快速分配过程，则采用四步交互方式为客户端分配 IPv6 地址/前缀和其他网络配置参数。

6.4.2　DHCPv6 无状态地址自动配置

DHCPv6 无状态自动配置方式用于节点不需要通过 DHCPv6 方式获取 IPv6 地址租约，但需要获取其他网络配置参数的场景。节点可以通过 DHCPv6 无状态自动配置方式获取除 IPv6 地址以外的其他网络配置参数。而节点的 IPv6 地址可以通过无状态地址自动配置方式（SLAAC）获取。DHCPv6 无状态工作过程如图 6-9 所示。

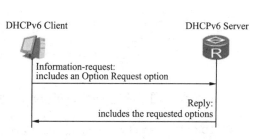

图 6-9　DHCPv6 无状态工作过程

DHCPv6 无状态工作过程如下：

（1）DHCPv6 客户端以多播方式向 DHCPv6 服务器发送 Information-Request 报文，该报文中携带 Option Request 选项，指定 DHCPv6 客户端需要从 DHCPv6 服务器获取配置参数。

（2）DHCPv6 服务器收到 Information-Request 报文后，为 DHCPv6 客户端分配网络配置参数，并单播发送 Reply 报文，将网络配置参数返回给 DHCPv6 客户端。DHCPv6 客户端根据收到的 Reply 报文提供的参数完成 DHCPv6 客户端无状态配置。

6.4.3 DHCPv6 基本工作模式配置方法

DHCPv6 基本工作模式下，DHCPv6 服务器和 DHCPv6 客户端位于同一条链路，最简单的 DHCPv6 基本工作模式如图 6-10 所示，DHCPv6 服务器提供自动 IPv6 地址分配功能，DHCPv6 客户端通过服务器获取 IPv6 地址。

图 6-10　DHCPv6 基本工作模式

1. DHCPv6 服务器配置

DHCPv6 服务器包括三个方面的配置：①配置 DHCPv6 设备 DUID 并开启 DHCP 功能和 IPv6 功能；② IPv6 地址池及网络参数等信息；③使能 DHCPv6 服务器。采用华为 AR 路由器作为 DHCPv6 服务器，具体配置方法如下：

（1）配置 DHCPv6 设备 DUID 并开启 DHCP 功能和 IPv6 功能。

```
[DHCPv6 Server]dhcpv6 duid {ll | llt}      ##设置设备DUID，缺省方式为ll
[DHCPv6 Server] dhcp enable                ##使能DHCP功能
[DHCPv6 Server] ipv6                       ##使能IPv6功能
```

（2）配置 DHCPV6 地址池及网络参数等信息。

```
[DHCPv6 Server] dhcpv6 pool pool-name
  Address prefix  ipv6-prefix/ipv6-prefix-length   ##DHCPv6有状态地址前缀
  dns-server  ipv6-address                         ##配置DNS服务器地址
  Excluded-address  ipv6-address                   ##保留IPv6地址
```

（3）使能 DHCPv6 服务器功能。

① 接口视图下使能 DHCPv6 服务器。

```
[DHCPv6 Server] interface interface-type interface-number
    ipv6 enable                              ##接口使能IPv6功能
    dhcpv6 server pool-name { rapid-commit | preference preference-value }
                                             ##接口视图下使能DHCPv6服务器
```

② 系统视图下使能 DHCPv6 服务器功能（eNSP 不支持）。

```
[DHCPv6 Server] dhcpv6 server { rapid-commit | preference preference-value }
                                             ##系统视图下使能DHCPv6服务器功能
```

注意：参数 rapid-commit 用于指定设备支持快速分配地址或前缀功能，即采用两步交互方式，否则采用四步交互方式；preference 用于指定设备发送 Advertise 报文中的服务器优先级，取值范围 0~255，默认值为 0，取值越大，表示服务器的优先级越高。

没有 DHCPv6 中继的情况，建议使用接口视图使能 DHCPv6 服务器功能；而有 DHCPv6 中继的情况下，建议使用系统视图下使能 DHCP 服务器功能。接口视图下配置的优先级高于系统视图。

2. DHCPv6 客户端网关的路由器通告标志位配置

针对采用路由器通告报文自动获取 IPv6 地址的客户端，还需要在 DHCPv6 客户端网关上配置发布邻居通告报文，并配置 M 和 O 标志位。以实现客户端通过 DHCPv6 方式获取 IPv6 地址和网络参数等信息。注意：DHCPv6 基本工作模式下，DHCPv6 客户端网关就是 DHCPv6 服务器。因此还需要 DHCPv6 服务器上做如下配置。

```
[DHCPv6 Server] interface interface-type interface-number
    Undo ipv6 nd ra halt                      ## 使能设备发布 RA 报文功能
    Ipv6 nd autoconfig managed-address-flag   ## 配置有状态自动配置标志位
    Ipv6 nd autoconfig other-flag             ## 配置自动配置其他信息标志位
```

配置邻居通告报文中的有状态自动配置地址标志位 M 和有状态配置其他信息标志位 O 后，客户端就可以通过 DHCPv6 方式获取 IPv6 地址。

3. DHCPv6 客户端配置

利用 AR 路由器模拟 DHCPv6 客户端，学习掌握 DHCPv6 客户端的配置方法。DHCPv6 客户端包括如下两个方面的配置：

(1) 配置 DHCPv6 设备 DUID 并开启 DHCP 功能和 IPv6 功能。

```
[DHCPv6 Client] dhcpv6 duid {ll | llt}
[DHCPv6 Client] dhcp enable
[DHCPv6 Client] ipv6
```

(2) 接口视图下使能 DHCPv6 自动获取 IPv6 地址功能。

```
[DHCPv6 Client] interface interface-type interface-number
    ipv6 address auto link-local              ## 配置接口链路本地地址
    Ipv6 address auto global default          ## 获取缺省网关
    ipv6 address auto dhcp                    ## DHCPv6 有状态自动分配方式
```

或

```
    dhcpv6 client information-request         ## DHCPv6 无状态分配获取其他信息
```

注意：这里一定要执行 ipv6 address auto global default 命令，以便获取链路对应的缺省网关，否则，获取 IPv6 地址的客户端也无法访问其他设备。

如果使用 dhcpv6 client information-request 配置命令，则客户端使用无状态方式获取 IPv6 地址，使用 DHCPv6 方式获取 DNS 服务器等其他参数。

6.4.4 DHCPv6 基本工作模式配置实践

从本节开始,引入一个 IPv6 综合实践,用于学习本章的各种 IPv6 地址配置方式和第 7 章的路由技术。IPv6 综合实践拓扑图如图 6-11 所示。

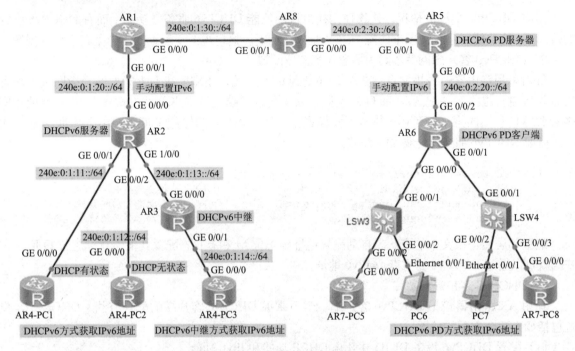

图 6-11 IPv6 综合实践

拓扑图中路由器接口地址的 64 位接口标识符 IID 约定如下:

(1) 网络中路由器与路由器相连的接口,手工配置路由器接口 IPv6 地址时,使用路由器编号作为接口 ID。

(2) 网络中路由器连接一个末节网络 (stub-network),手工配置路由器接口 IPv6 地址时,64 位接口 ID 使用网段地址起始编号 (0:0:0:1/64)。

接下来,利用华为 eNSP 网络仿真平台学习 DHCPv6 方式自动配置 IPv6 地址的方法。

实验名称: DHCPv6 基本工作模式配置实践

实验目的: 学习掌握 DHCPv6 基本工作模式下,DHCPv6 有状态地址自动配置方法和 DHCPv6 无状态地址自动配置的方法。

实验拓扑:

如图 6-12 所示,拓扑图中左侧标记部分用于实践使用 DHCPv6 方式获取 IPv6 地址。其中,AR2 路由器作为 DHCPv6 服务器,接口 G0/0/1 提供 DHCPv6 无状态地址配置服务,接口网络地址为 240e:0:1:11::1/64;接口 G0/0/2 提供 DHCPv6 有状态地址配置服务,接口网络地址为 240e:0:1:12::1/64;

路由器 AR4-PC1 模拟 PC。采用 DHCPv6 无状态方式获取 IPv6 地址及其他信息。

路由器 AR4-PC2 模拟 PC。采用 DHCPv6 有状态方式获取 IPv6 地址及其他信息。

第 6 章 DHCPv6 协议与实践

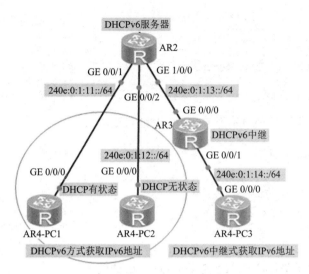

图 6-12 DHCPv6 基本工作模式配置实践

实验内容:

(1) 配置 AR2 路由器作为 DHCPv6 服务器;(2) 配置 AR4-PC1 作为 DHCP 客户端通过 DHCPv6 有状态地址自动配置获取 IPv6 地址和网络参数;(3) 配置 AR4-PC2 作为 DHCPv6 客户端通过无状态地址自动配置方式获取 IPv6 地址,并通过 DHCPv6 方式获取网络相关参数。

实验步骤:

1. AR2 路由器 DHCPv6 服务器配置

(1) AR2 路由器使能 DHCP 功能并配置 DHCP 地址池。

```
[AR2] ipv6
[AR2] dhcp enable
[AR2] Dhcpv6 pool v6pool1                       ##用于有状态配置
       Address prefix 240e:0:1:11::/64           ##定义地址池网络地址前缀
       Excluded-address  240e:0:1:11::1          ##排除部分 IPv6 地址
       Dns-server   fc00::10                     ##指定 DNS 服务器地址为 fc00::10
                            ##地址前缀为 FC00::/7 的 IPv6 地址为本地唯一地址
[AR2] Dhcpv6 pool v6pool2                       ##用于无状态配置
       Dns-server   fc00::11                     ##指定 DNS 服务器地址为 fc00::11
```

(2) AR2 路由器 g0/0/1 接口配置(DHCP 有状态配置)。

```
[AR2] interface g0/0/1
ipv6 enable                                     ##接口使能 IPv6
Ipv6 address 240e:0:1:11::1 64                  ##手动设置接口 IPv6 地址
ipv6 address auto link-local                    ##配置接口自动生成链路本地地址
dhcpv6  server  v6pool1                         ##使能 DHCPv6 服务并用四步交互
Undo ipv6 nd ra halt                            ##使能系统发布 RA 报文功能
Ipv6 nd autoconfig managed-address-flag         ##配置自动配置地址标志位
Ipv6 nd autoconfig other-flag                   ##配置自动配置其他信息标志位
```

(3) AR2 路由器 g0/0/2 接口配置(DHCP 无状态配置)。

```
[AR2] interface g0/0/2
```

```
ipv6 enable                                    ## 接口使能IPv6
Ipv6 address 240e:0:1:12::1 64                 ## 手动设置接口IPv6地址
ipv6 address auto link-local                   ## 配置接口自动生成链路本地地址
dhcpv6 server v6pool2 rapid-commit             ## 使能DHCPv6服务并用两步交互
Undo ipv6 nd ra halt                           ## 使能系统发布RA报文功能
Ipv6 nd autoconfig other-flag                  ## 配置自动配置其他信息标志位
```

2. AR4-PC1 客户端 DHCPv6 有状态 IPv6 地址自动配置

```
[AR4-PC1] DHCP enable
[AR4-PC1] IPv6
[AR4-PC1] interface g0/0/0
ipv6 enable                                    ## 接口使能IPv6
ipv6 address auto link-local                   ## 配置接口自动生成链路本地地址
ipv6 address auto global default               ## 用于获取缺省网关
Ipv6 address auto dhcp                         ## 配置自动获取IPv6地址和其他信息
```

3. AR4-PC2 客户端 DHCPv6 无状态 IPv6 地址自动配置

```
[AR4-PC2] DHCP enable
[AR4-PC2] IPv6
[AR4-PC2] interface g0/0/0
ipv6 enable                                    ## 接口使能IPv6
ipv6 address auto link-local                   ## 配置接口自动生成链路本地地址
ipv6 address auto global default               ## 用于获取IPv6地址前缀和缺省网关
dhcpv6 client information-request              ## 配置自动获取其他网络信息
```

配置检测：

1. AR2 中 G0/0/1 接口 DHCPv6 服务配置结果

在 DHCPv6 服务器 AR2 中，执行 display ipv6 interface g0/0/1 命名，显示结果如图 6-13 所示。可以看到路由器 G0/0/1 接口采用 DHCPv6 有状态自动分配 IPv6 地址。

图 6-13　G0/0/1 接口 DHCPv6 有状态地址自动配置

第 6 章 DHCPv6 协议与实践

2. AR2 中 G0/0/2 接口 DHCPv6 服务配置结果

在 DHCPv6 服务器 AR2 中，执行 display ipv6 interface g0/0/2 命名，显示结果如图 6-14 所示。可以看到路由器 G0/0/2 接口采用 DHCPv6 无状态自动配置 IPv6 地址。

图 6-14 G0/0/2 接口 DHCPv6 无状态地址自动配置

3. 查看 AR4-PC1 中通过 DHCPv6 有状态方式获取的配置信息

AR2 在 G0/0/0 接口提供 DHCPv6 有状态方式分配 IPv6 地址。在 DHCPv6 客户机 AR4-PC1 中，执行 display ipv6 interface g0/0/0 命令，可以看到 AR4-PC1 通过 DHCPv6 获取的 IPv6 地址为 240e:0:1:11::2，如图 6-15 所示。

图 6-15 AR4-PC1 通过 DHCP6 有状态方式获取的 IPv6 地址

在 AR4-PC1 中，执行 display dns server verbose 命令，可以看到 AR4-PC1 采用的 IPv6-DNS 服务器地址为 FC00::10，是 DHCPv6 服务器中 V6pool1 地址池中配置 IPv6-DNS 服务器的 IPv6 地址，如图 6-16 所示。

图 6-16　AR4-PC1 通过 DHCPv6 有状态方式获取的 IPv6-DNS 服务器信息

4. 查看 AR4-PC2 中 DHCPv6 无状态方式获取的配置信息

AR2 在 G0/0/2 接口提供 DHCPv6 无状态方式分配 IPv6 地址。在 DHCPv6 客户机 AR4-PC2 中，执行 display ipv6 interface g0/0/0 命令，可以看到 AR4-PC2 通过无状态方式获取的 IPv6 地址为 240E:0:1:12:2E0:FCFF:FE04:1DD3，这个 IPv6 地址由通过路由器 RA 报文获取网络前缀 240E:0:1:12::/64 和 EUI-64 格式的接口标识组合形成。图中的 SLAAC 为 Stateless address auto configuration，即无状态地址自动配置，如图 6-17 所示。

图 6-17　AR4-PC2 通过无状态地址自动配置方式获取的 IPv6 地址

在 AR4-PC2 中，执行 display dns server verbose 命令，可以看到 AR4-PC2 采用的 IPv6-DNS 服务器地址为 FC00::11，是 DHCPv6 服务器中 V6pool2 地址池中配置 IPv6-DNS 服务器的 IPv6 地址，如图 6-18 所示。

第 6 章　DHCPv6 协议与实践

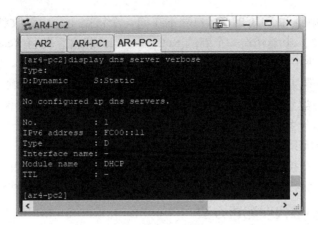

图 6-18　AR4-PC2 通过 DHCP6 方式获取的 IPv6-DNS 服务器信息

6.5　DHCPv6 中继模式原理与实践

6.5.1　DHCPv6 中继代理

DHCPv6 中继（Relay）工作过程如图 6-19 所示。DHCPv6 客户端通过 DHCPv6 中继转发报文，从 DHCPv6 服务器 IPv6 地址池中获取 IPv6 地址 / 前缀和其他网络参数（如 DNS 服务器的 IPv6 地址等）。这样，多个网段的 DHCPv6 客户端可以使用同一个 DHCPv6 服务器，这样既节省成本，又便于集中管理。

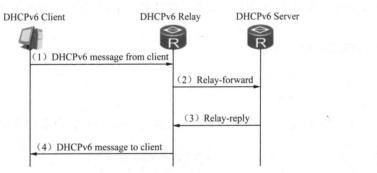

图 6-19　DHCPv6 中继工作原理图

DHCPv6 中继工作交互过程如下：

（1）DHCPv6 客户端向所有 DHCPv6 服务器和 DHCPv6 中继发送目的地址为 FF02::1:2 的请求报文，FF02::1:2 是所有 DHCPv6 服务器和 DHCPv6 中继多播地址。

（2）根据 DHCPv6 中继转发报文，有如下两种情况：

① 如果 DHCPv6 中继和 DHCPv6 客户端位于同一个链路上，即 DHCPv6 中继为 DHCPv6 客户端的第一跳中继，中继转发直接来自客户端的报文，此时 DHCPv6 中继实质上也是客户端的 IPv6 网关设备。DHCPv6 中继收到客户端的报文后，将其封装在 Relay-Forward 报文的中继报文选项（Relay Message Option）中，并将 Relay-Forward 报文发送给 DHCPv6 服务器或下一跳中继。

② 如果 DHCPv6 中继和 DHCPv6 客户端不在同一个链路上，中继收到的报文是来自其他中继的 Relay-Forward 报文。中继构造一个新的 Relay-Forward 报文，并将 Relay-Forward 报文发送给 DHCPv6 服务器或下一跳中继。

（3）DHCPv6 服务器从 Relay-Forward 报文中解析出 DHCPv6 客户端的请求，为 DHCPv6 客户端选取 IPv6 地址和其他配置参数，构造应答报文，将应答报文封装在 Relay-Reply 报文的中继报文选项中，并将 Relay-Reply 报文发送给 DHCPv6 中继。

（4）DHCPv6 中继从 Relay-Reply 报文中解析出 DHCPv6 服务器的应答，转发给 DHCPv6 客户端。如果 DHCPv6 客户端接收到多个 DHCPv6 服务器的应答，则根据报文中的服务器优先级选择一个 DHCPv6 服务器，后续从该 DHCPv6 服务器获取 IPv6 地址和其他网络配置参数。

6.5.2　DHCPv6 中继代理配置方法

DHCPv6 中继代理模式下，DHCPv6 服务器和 DHCPv6 客户端位于不同的链路，最简单的 DHCPv6 中继代理模式如图 6-20 所示。DHCPv6 客户端通过 DHCPv6 中继代理向 DHCPv6 服务器提出前缀分配申请，DHCPv6 服务器通过 DHCPv6 中继代理向 DHCPv6 客户端分配合适的 IPv6 地址。

图 6-20　DHCPv6 中继代理模式

DHCPv6 中继代理模式下，DHCPv6 Client 和 DHCPv6 Server 配置与 DHCPv6 基本工作模式的配置方法相同。下面介绍 DHCPv6 中继代理的配置方法。

DHCPv6 中继代理是在与 DHCPv6 客户端连接的接口上进行配置。DHCPv6 中继代理需要做如下配置。

（1）启动 DHCP 和 IPv6 功能。

```
[DHCPv6 relay] dhcp enable
[DHCPv6 relay] ipv6
```

（2）配置接口 IPv6 地址（DHCPv6 中继代理与 DHCPv6 客户端相连接口）。

```
[DHCPv6 relay] interface interface-type interface-number
    IPv6 enable
    Ipv6 address ipv6-address/prefix-length        ##配置接口 IPv6 地址
```

（3）使能 DHCPv6 中继功能（DHCPv6 中继代理与 DHCPv6 客户端相连接口）。

```
    Dhcpv6 relay destination ipv6-address          ##使能接口 DHCPv6 中继
```

（4）配置 DHCPv6 客户端网关的路由器通告标志位（DHCPv6 中继代理与 DHCPv6 客户端相连接口）。

```
    Undo ipv6 nd ra halt                           ##使能设备发布 RA 报文功能
    Ipv6 nd autoconfig managed-address-flag        ##配置自动配置地址标志位
    Ipv6 nd autoconfig other-flag                  ##配置自动配置其他信息标志位
```

6.5.3 DHCPv6 中继代理配置实践

实验名称：DHCPv6 中继代理配置实践
实验目的：学习掌握 DHCPv6 中继代理模式下，DHCPv6 有状态地址自动配置方法。
实验拓扑：

如图 6-21 所示，拓扑图中右侧标记部分用于实践使用 DHCPv6 中继代理方式获取 IPv6 地址。其中，AR2 路由器作为 DHCPv6 服务器，接口 G0/0/1 提供 DHCPv6 有状态地址配置服务，接口 IPv6 地址为 240e:0:1:13::1/64；AR3 作为中继代理，接口 G0/0/0 的 IPv6 地址为 240e:0:1:13::2/64，接口 G0/0/1 的 IPv6 地址为 240e:0:1:14::1/64。

路由器 AR4-PC3 模拟 PC。采用 DHCPv6 有状态方式获取 IPv6 地址及其他信息。

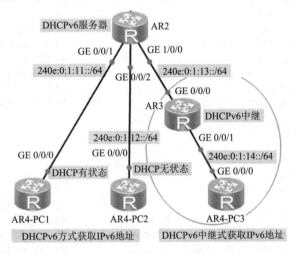

图 6-21 DHCPv6 中继代理配置实践

实验内容：

（1）配置 AR2 路由器作为 DHCPv6 服务器；（2）配置 AR3 作为 DHCPv6 中继代理；（3）配置 AR4-PC3 作为 DHCP 客户端通过 DHCPv6 有状态地址自动配置获取 IPv6 地址和网络参数。

实验步骤：

1. AR2 路由器 DHCPv6 服务器配置

（1）AR2 路由器使能 DHCP 功能并配置 DHCP 地址池。

```
[AR2] ipv6
[AR2] dhcp enable
[AR2] Dhcpv6 pool v6pool3
       Address prefix 240e:0:1:14::/64          ## 定义地址池网络地址前缀
       Excluded-address  240e:0:1:14::1         ## 排除部分动态分配的 IPv6 地址
       Dns-server  fc00::10                     ## 指定 DNS 服务器地址为 fc00::10
```

（2）AR2 路由器 g1/0/0 接口 IPv6 地址配置和开启 DHCP 服务。

```
[AR2] interface g1/0/0
       ipv6 enable                              ## 接口使能 IPv6
       Ipv6 address 240e:0:1:13::2 64           ## 手动设置接口 Ipv6 地址
       dhcpv6 Server v6pool3 rapid-commit       ## 使能 DHCPv6 并用两步交互
```

(3) AR2 路由器的路由配置

```
[AR2] ipv6 route-static 240E:0:1:14:: 64 240E:0:1:13::3
```

注意：AR2还需要配置路由信息，才能使AR2可以访问AR4-PC3所在的网段，这里采用静态路由方式进行配置。

2. AR3 路由器 DHCPv6 中继代理配置（AR3 也是 AR4-PC3 的网关）

```
[AR3] ipv6
[AR3] dhcp enable
[AR3] interface g0/0/0
    ipv6 enable                                    ## 接口使能 IPv6
    Ipv6 address 240e:0:1:13::3 64                 ## 手动设置接口 Ipv6 地址
[AR3] interface g0/0/1                             ## 与 DHCP 客户端相连接口
    ipv6 enable                                    ## 接口使能 IPv6
    Ipv6 address 240e:0:1:14::1 64                 ## 手动设置接口 Ipv6 地址
    Dhcpv6 relay destination 240e:0:1:13::2        ## 使能接口 DHCPv6 中继
    Undo ipv6 nd ra halt                           ## 使能设备发布 RA 报文功能
    Ipv6 nd autoconfig managed-address-flag        ## 配置自动配置地址标志位
    Ipv6 nd autoconfig other-flag                  ## 配置自动配置其他信息标志位
```

3. 配置 AR4-PC3 作为 DHCP 客户端

```
[AR4-PC3] ipv6
[AR4-PC3] dhcp enable
[AR4-PC3] interface g0/0/0
    ipv6 enable                                    ## 接口使能 IPv6
    ipv6 address auto link-local                   ## 配置接口自动生成链路本地地址
    ipv6 address auto global default               ## 用于获取缺省网关
    Ipv6 address auto dhcp                         ## 配置自动获取 IPv6 地址和其他信息
```

配置检测：

1. 查看 AR4-PC3 通过 DHCPv6 中继代理方式获取的地址信息

在 DHCPv6 客户端 AR4-PC3 中，执行 display ipv6 interface g0/0/0 命名，显示结果如图 6-22 所示。可以看到 DHCPv6 客户端 AR4-PC3 通过 DHCPv6 中继代理获取的 IPv6 地址为 240e:0:1:14::A。

图 6-22　G0/0/1 接口 DHCPv6 有状态地址自动配置

2. 查看 AR4-PC3 通过 DHCPv6 中继代理方式获取的 IPv6-DNS 服务器信息

在 DHCPv6 客户端 AR4-PC3 中，执行 display dns server verbose 命令，可以看到 AR4-PC3 采用的 IPv6-DNS 服务器地址为 FC00::10，是 DHCPv6 服务器中 V6pool3 地址池中配置 DNS 服务器的 IPv6 地址，如图 6-23 所示。

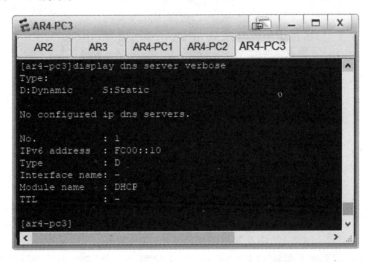

图 6-23　AR4-PC3 通过 DHCPv6 方式获取的 IPv6-DNS 服务器信息

6.6　DHCPv6 前缀委托模式工作原理与实践

6.6.1　DHCPv6 前缀委托

DHCPv6 前缀委托 DHCPv6 PD（Prefix Delegation）是由 Cisco 公司提出的一种前缀分配机制，并在 RFC3633 中得以标准化。在一个层次化的网络拓扑结构中，不同层次的 IPv6 地址分配一般是手工指定的。手工配置 IPv6 地址扩展性不好，不利于 IPv6 地址的统一规划管理。

通过 DHCPv6 前缀委托机制，下游网络设备（DHCPv6 PD Client）不需要手工指定用户侧链路的 IPv6 地址前缀，它只需要向上游网络设备（DHCPv6 PD Server）提出前缀分配申请，上游网络设备便可以分配合适的地址前缀给下游网络设备，下游网络设备把获得的前缀（一般前缀长度小于 64 位）进一步自动细分成 64 位前缀长度的子网网段，把细分的地址前缀再通过路由通告（RA）至与 IPv6 主机直连的用户链路上，实现 IPv6 主机的地址自动配置，完成整个系统层次的地址布局。DHCPv6 PD 工作原理如图 6-24 所示。

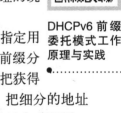

扫一扫

DHCPv6 前缀委托模式工作原理与实践

DHCPv6 前缀委托工作模式支持 DHCPv6 四步交互和 DHCPv6 两步交互过程。四步交互过程为 DHCPv6 PD Client 分配 IPv6 网络前缀的过程如下：

（1）DHCPv6 PD 客户端发送 Solicit 报文，请求 DHCPv6 PD 服务器为其分配 IPv6 地址前缀。

（2）如果 Solicit 报文中没有携带 Rapid Commit 选项，或 Solicit 报文中携带 Rapid Commit 选项，但服务器不支持快速分配过程，则 DHCPv6 服务器回复 Advertise 报文，通知客户端可以为其分配的 IPv6 地址前缀。

（3）如果 DHCPv6 客户端接收到多个服务器回复的 Advertise 报文，则根据 Advertise 报文中的服务器优先级等参数，选择优先级最高的一台服务器，并向该服务器发送 Request 报文，请求服务器确认为其分配地址前缀。

（4）DHCPv6 PD 服务器回复 Reply 报文，确认将 IPv6 地址前缀分配给 DHCPv6 PD 客户端使用。

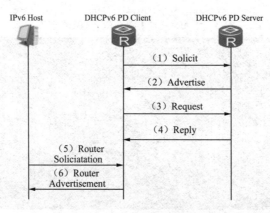

图 6-24　DHCPv6 PD 工作原理

DHCP PD Client 在通过上游接口获取 IPv6 地址前缀后，将 IPv6 地址前缀进一步细分为 64 位的网络前缀并形成 IPv6 地址分配给 DHCP PD Client 的下游接口。

最后 IPv6 Host 通过无状态地址自动配置方式（利用路由器请求和路由器通告报文）获取 IPv6 地址。

6.6.2　DHCPv6 前缀委托配置方法

DHCPv6 前缀委托方式的网络拓扑如图 6-25 所示。采用 DHCPv6 前缀委托进行 IPv6 地址分配，DHCPv6 PD 客户端通过上游接口向 DHCPv6 PD 服务器提出前缀分配申请，DHCPv6 PD 服务器向 DHCPv6 PD 客户端分配合适地址前缀，并分配给下游接口，最后 DHCPv6 客户端通过无状态 DHCP 自动获取 IPv6 地址。

图 6-25　DHCPv6 前缀委托模式

1. DHCPv6 PD 服务器配置

DHCPv6 前缀委托方式下，DHCPv6 PD 服务器也需要开启 DHCP 功能和 IPv6 功能、配置地址池，以及开启 DHCPv6 PD 服务器。

（1）配置 DHCPv6 设备 DUID 并开启 DHCP 功能和 IPv6 功能。

```
[DHCPv6 PD Server]dhcpv6  duid {ll | llt}              ##默认值为 ll
[DHCPv6 PD Server] ipv6
[DHCPv6 PD Server]dhcp enable
```

（2）配置 IPv6 地址池及网络参数信息。

```
[DHCPv6 PD Server] dhcpv6 pool pool-name
```

第 6 章　DHCPv6 协议与实践

```
Prefix-delegation  ipv6-prefix/ipv6-prefix-length  assign-prefix-length
                                                  ##绑定 IPv6 地址委托前缀
dns-server ipv6-address                           ##配置 DNS 服务器地址
```

采用 DHCPv6 PD 方式的 DHCP 服务，通过在地址池配置 prefix-delegation，指定需要委托的 IPv6 地址前缀（通常小于 64 位）。

（3）使能 DHCPv6 PD 服务器功能。

接口视图下使能 DHCPv6 PD 服务器功能（系统视图下 eNSP 不支持）。

```
[DHCPv6 PD Server] interface interface-type interface-number
    ipv6 enable
    dhcpv6  server  pool-name              ##接口下使能 DHCPv6 PD 服务器功能
```

2. DHCPv6 PD 客户端配置

利用 AR 路由器模拟 DHCPv6 PD 客户端。采用 DHCPv6 前缀委托方式自动配置 IPv6 地址，DHCPv6 PD 客户端的上行接口作为 DHCPv6 PD 客户端，使用 DHCPv6 协议从 DHCPv6 PD 服务器动态获取 IPv6 地址前缀，下行接口通过绑定获取的 IPv6 地址前缀使其连接的用户能够通过路由通告的方式自动生成 IPv6 地址。

1）上行接口配置

（1）配置 DHCPv6 PD 客户端 DUID 并开启 DHCP 功能和 IPv6 功能。

```
[DHCPv6 PD Client] dhcpv6  duid {ll | llt}
[DHCPv6 PD Client] dhcp enable
[DHCPv6 PD Client] ipv6
```

（2）配置 DHCPv6 PD 客户端上行接口 IPv6 地址。

```
[DHCPv6 PD Client] interface interface-type interface-number
    ipv6 address auto link-local
    ipv6 address ipv6-address prefix-length    ##配置接口 IPv6 全球单播地址
```

或

```
    ipv6 address auto global default           ##或自动生成 IPv6 全球单播地址
```

配置上行接口 IPv6 地址，可以采用手动配置或者无状态自动配置 IPv6 全球单播地址。DHCPv6 PD 客户端与 DHCPv6 PD 服务器在同一网段时，也可以只采用 ipv6 address auto link-local 命令，在接口上配置链路本地地址即可。

（3）配置 DHCPv6 客户端上行接口作为 DHCPv6 PD 客户端。

```
[DHCPv6 PD Client] interface interface-type interface-number
    dhcpv6  client  pd  prefix-name            ##设置 DHCPv6 PD 客户端
```

用户可以执行 display dhcpv6 client prefix 命令，查看 DHCPv6 PD 客户端通过 DHCPv6 服务器获取的 IPv6 地址前缀信息。

2）下行接口配置

配置设备下行接口，需要配置如下参数：（1）绑定 DHCPv6 PD 客户端自动获取的 IPv6 地址前缀；(2) 使能下行接口发送 RA 报文的功能，使 DHCPv6 客户端可以通过路由通告的方式自动生成 IPv6 地址；(3) 设置 DHCPv6 自动配置其他信息标志位，使 DHCPv6 客户端能够通过 DHCPv6 服务器获取 DNS 等服务器信息。

```
[DHCPv6 PD Client] interface interface-type interface-number
    ipv6 enable
    ipv6 address auto link-local        ##配置接口链路本地地址
    ipv6 address dhcpv6-prefix ipv6-address/prefix-length
                                        ##绑定 DHCPv6 PD 客户端自动获取的 IPv6 地址前缀
                                        ##地址前缀 dhcpv6-prfix 可以使用 prefix-name 代替
    undo ipv6 nd ra halt                ##使能接口发布 RA 报文的功能
    Ipv6 nd autoconfig other-flag       ##设置 DHCPv6 自动配置其他信息标志位
```

DHCPv6 PD 客户端的下行接口的 IPv6 地址，可以通过 ipv6 address dhcpv6-prefix ipv6-address/prefix-length 命令进行绑定。接口绑定的 IPv6 地址前缀长度 prefix-length 必须大于 DHCPv6 PD 客户端获取的前缀长度，否则接口无法根据绑定的 IPv6 地址前缀生成全球单播 IPv6 地址。

3. DHCPv6 客户端配置

利用 AR 路由器模拟 DHCPv6 客户端，学习 DHCPv6 客户端配置方法。

(1) 配置 DHCPv6 设备 DUID 并开启 DHCP 功能和 IPv6 功能。

```
[AR]dhcpv6 duid {ll | llt}
[AR] dhcp enable
[AR] ipv6
```

(2) 接口视图下使能 DHCPv6 自动获取 IPv6 地址功能

```
[AR] interface interface-type interface-number
    ipv6 address auto link-local        ##配置接口链路本地地址
    Ipv6 address auto global default    ##获取无状态 IPv6 地址及缺省网关
    dhcpv6 client information-request   ##通过 DHCPv6 服务获取其他信息
```

注意：这里采用的是 DHCPv6 无状态自动地址分配方式。因此需要执行 ipv6 address auto global default 命名，以便通过获取路由器通告前缀和链路对应的缺省网关，同时使用 dhcpv6 client information-request 配置命令，使 DHCPv6 客户端通过 DHCPv6 方式获取 DNS 服务器等其他参数。

6.6.3 DHCPv6 PD 客户端下行接口 IPv6 地址的形成

下面通过 DHCPv6 前缀委托配置过程的关键语句，说明 DHCPv6 客户端通过 DHCPv6 前缀代理方式获取 IPv6 地址前缀并形成 IPv6 地址的过程。

1. DHCPv6 PD 服务器配置 IPv6 地址池及地址池委托前缀

假定 DHCPv6 PD 服务器配置 IPv6 地址池及地址池委托前缀如下：

```
dhcpv6 pool v6pdpool
    Prefix-delegation  240e:0:1::/60  62
```

委托前缀命令为 Prefix-delegation 240e:0:1::/60 62。命令的含义是，DHCPv6 PD 服务器分配的

IPv6 前缀是 240e:0:1::/60 62，前 60 位固定为 240e:0:1::/60，第 61 和 62 位可以变化。DHCPv6 PD 客户端可以获得的 IPv6 委托前缀为 240e:0:1::/62、240e:0:1:4::/62、240e:0:1:8::/62、240e:0:1:C::/62 四个 62 位地址前缀中某一个。

2. DHCPv6 PD 客户端上行接口配置获取委托前缀并命名

假定 DHCPv6 PD 客户端上行接口配置获取委托前缀命令如下：

```
dhcpv6 client pd test-prefix
```

通过此命令，DHCPv6 PD 客户端通过 DHCPv6 PD 服务器获取网络地址前缀为四个委托前缀之一，假定为 240e:0:1::/62，则此前缀的名称为 test-prefix。

3. DHCPv6 PD 客户端的下行接口配置指定 IPv6 地址

假定 DHCPv6 PD 客户端下行接口采用如下命令配置 IPv6 地址：

```
ipv6 address test-prefix ::1:0:0:0:1/64。
```

通过此命令，DHCPv6 PD 客户端下行接口的 IPv6 地址则为 240e:0:1:1:0:0:0:1/64。其中，240e:0:1::/62 为 test-prefix 代表的地址前缀，针对 IPv6 全球单播地址 64 位前缀，用户可以设置前 64 位中第 63 位和 64 位两位二进制位地址前缀，取值为 00、01、10、11 四个值，对应十六进制数 0、1、2、3。这里取值为 1，与获取的 62 位地址前缀叠加，形成 64 位地址前缀为 240e:0:1:1::/64。后面的 0:0:0:1 为 64 位接口标识。最终形成的 DHCPv6 PD 客户端下行接口的 IPv6 地址：240e:0:1:1:0:0:0:1/64。

这个 DHCPv6 PD 客户端下行接口的 IPv6 地址为 240e:0:1:1:0:0:0:1/64，也可以理解为通过 DHCPv6 服务器获取的 62 位地址前缀 240e:0:1::/62 和 IPv6 地址（::1:0:0:0:1/64）的后 66 位叠加合并而成。

6.6.4 DHCPv6 前缀委托配置实践

实验名称：DHCPv6 前缀委托配置实践

实验目的：学习掌握 DHCPv6 前缀委托模式下，DHCPv6 地址自动配置方法。

实验拓扑：

DHCPv6 前缀委托配置实践拓扑图如图 6-26 所示，拓扑中 AR5 路由器作为 DHCPv6 PD 服务器，AR6 为 DHCPv6 PD 客户端。它们之间采用网络前缀为 240e:0:2:20::/64。AR5 的 G0/0/0 接口地址为 240e:0:2:20::5/64，AR6 的 G0/0/2 接口 IP 地址为 240e:0:2:20::6/64。AR7-PC5 和 AR7-PC8 作为 DHCPv6 客户端。

实验内容：

路由器 AR5 作为 DHCPv6 PD 服务器，提供的 IPv6 地址前缀为 240e:0:2:10::/60，要求采用 DHCPv6 前缀委托方式，为 DHCPv6 PD 客户端 AR6 路由器下连的网络设备动态分配 IPv6 地址，使下连网络中的 AR7-PC5 和 AR7-PC8 设备能够自动获取 IPv6 地址和 DNS 服务器等

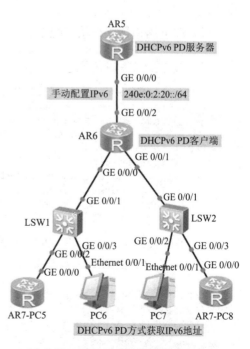

图 6-26 DHCPv6 前缀委托配置实践

网络参数信息。

实验步骤：

1. DHCPv6 PD 服务器（AR5）配置

(1) AR5 中 IPv6 地址池配置。

```
[AR5] ipv6
[AR5] dhcp enable
[AR5] Dhcpv6 pool v6pdpool1
      Prefix-delegation  240e:0:2:10::/60 62     ## 指定委托地址前缀
      dns-server  fc00::10                        ## 指定 DNS 服务器地址
```

(2) AR5 路由器 IPv6 配置。

```
[AR5] interface g0/0/0
      ipv6 enable
      Ipv6 address 240e:0:2:20::5 64              ## 手动设置接口 IPv6 地址
      dhcpv6  server  v6pdpool1                   ## 使能 DHCPv6 PD 服务
```

2. DHCPv6 PD 客户端（AR6）分配

(1) AR6 路由器上行接口配置。

```
[AR6] ipv6
[AR6] dhcp enable
[AR6] interface g0/0/2
      ipv6 enable
      Ipv6 address 240e:0:2:20::6 64              ## 手动设置接口 IPv6 地址
      Dhcpv6  client  pd  myprefix1               ## 使能 DHCPv6 PD 客户端
                                                  ## myprefix1 为委托前缀的名称
```

(2) AR6 路由器下行接口配置。

```
[AR6] interface g0/0/0
      ipv6 enable
      ipv6 address auto link-local
      Ipv6 address  myprefix1  ::1:0:0:0:1/64     ## 绑定前缀委托地址前缀
      Undo ipv6 nd ra halt                        ## 使能接口发布 RA 报文功能
      Ipv6  nd  autoconfig  other-flag            ## 设置自动获取 DNS 等参数
[AR6] interface g0/0/1
      ipv6 enable
      ipv6 address auto link-local
      Ipv6 address  myprefix1  ::2:0:0:0:1/64
      Undo ipv6 nd ra halt
      Ipv6  nd  autoconfig  other-flag
```

3. DHCPv6 客户端（AR7-PC5 和 AR8-PC8）配置 IPv6 地址

(1) AR7-PC5 的 G0/0/0 接口配置。

```
[AR7-PC5] DHCP enable
[AR7-PC53] IPv6
[AR7-PC5] interface g0/0/0
      ipv6 enable
      ipv6 address auto link-local
```

```
    Ipv6 address auto global default      ## 无状态获取 IPv6 地址及缺省网关
    Dhcpv6  client  information-request   ## 通过 DHCPv6 获取 DNS 等参数
```

（2）AR7-PC8 的 G0/0/0 接口配置。

```
[AR7-PC8] DHCP enable
[AR7-PC8] IPv6
[AR7-PC8] interface g0/0/0
    ipv6 enable
    ipv6 address auto link-local
    Ipv6 address auto global default
    Dhcpv6  client information-request
```

DHCPv6 PD 方式下，客户端获取 IPv6 地址的过程如下。首先，DHCPv6 PD 客户端（AR6）的下行接口通过 DHCPv6 PD 服务器（AR5）分配地址前缀并由配置人员指定接口标识 ID 组成 IPv6 地址；然后，DHCPv6 客户端（AR7-PC5 和 AR7-PC8）通过 DHCPv6 PD 客户端（AR6）的下行接口发送路由器通告报文获取 IPv6 地址。另外，客户端 AR7-PC5 和 AR7-PC8 的 DNS 服务器等信息通过 DHCPv6 无状态自动配置方式获得。

4. 客户端 PC6 和 PC7 的 IPv6 地址配置

由于 eNSP 模拟器环境中的 PC 不支持无状态 IPv6 地址分配方式，这里只能手工配置 PC6 和 PC7 的 IPv6 地址。需要在 AR6 中通过 display dhcpv6 client 命名查询 AR6 获取的网络前缀，然后进行设置。具体配置略。

配置检测：

DHCPv6 PD 服务器（AR5）指定委托前缀：Prefix-delegation 240e:0:2:10::/60 62，则 DHCPv6 PD 服务器提供的地址池前缀为 240e:0:2:10::/60，前 60 位固定为 240e:0:2:10::/60，第 61 和 62 位可以变化。DHCPv6 PD 客户端可以获得的 IPv6 前缀为 240e:0:2:10::/62、240e:0:2:14::/62、240e:0:2:18::/62、240e:0:2:1C::/62 四个中某一个。

DHCPv6 PD 客户端（AR6）通过在上游接口配置命令 Dhcpv6 client pd myprefix1，获取网络前缀，并将获取网络前缀用 myprefix1 标识。如果 AR6 获取的 IPv6 前缀为 240e:0:2:10::/62，由于 IPv6 全球单播地址网络部分总长度为 64 位，则 AR6 下游接口网络前缀可以变化的是 63 位和 64 位两位二进制位。因此 AR6 下端接口可以获得的 64 位网络前缀可以为 240e:0:2:10::/64、240e:0:2:11::/64、240e:0:2:12::/64、240e:0:2:13::/64 四个网段中的某一个。

下面给出本示例中，DHCPv6 PD 客户端（AR6）获取前缀与下游接口可分配网段对照表。通过对照表可容易理解 DHCPv6 PD 服务配置及地址分配计算方法，见表 6-2。

表 6-2 下游接口可配置网段表

获取地址前缀	下游接口可配置网段（63 和 64 位二进制位可变）
240e:0:2:10::/62	240e:0:2:10::/64、240e:0:2:11::/64、240e:0:2:12::/64、240e:0:2:13::/64
240e:0:2:14::/62	240e:0:2:14::/64、240e:0:2:15::/64、240e:0:2:16::/64、240e:0:2:17::/64
240e:0:2:18::/62	240e:0:2:18::/64、240e:0:2:19::/64、240e:0:2:1a::/64、240e:0:2:1b::/64
240e:0:2:1C::/62	240e:0:2:1c::/64、240e:0:2:1d::/64、240e:0:2:1e::/64、240e:0:2:1f::/64

在 AR6 中通过 display dhcpv6 client 命令查看，发现获取的网络前缀为 240e:0:2:10::/62，如图 6-27 所示。

```
[ar6-GigabitEthernet0/0/2]disp dhcpv6 client
GigabitEthernet0/0/2 is in DHCPv6-PD client mode.
State is BOUND.
Preferred server DUID   : 0003000100E0FC43010E
  Reachable via address : FE80::2E0:FCFF:FE43:10E
IA PD IA ID 0x00000051 T1 43200 T2 69120
  Prefix name  : myprefix1
  Obtained     : 2020-05-01 17:32:33
  Renews       : 2020-05-02 05:32:33
  Rebinds      : 2020-05-02 12:44:33
  Prefix       : 240E:0:2:10::/62         获取前缀
   Lifetime valid 172800 seconds, preferred 86400 seconds
   Expires at 2020-05-03 17:32:33(172779 seconds left)
DNS server     : FC00::10                 获取DNS服务器信息
```

图 6-27　查看获取地址前缀信息

由于 AR6 的 G0/0/0 下游接口 IPv6 地址设置命令为 Ipv6 address myprefix1 ::1:0:0:0:1/64，则 G0/0/0 接口通过 myprefix1 对应的 62 位前缀和 IPv6 地址的后 66 位（::1:0:0:0:1）进行叠加，形成的接口地址为 240e:0:2:11::1/64。而 AR6 的 G0/0/1 下游接口 IPv6 地址设置命令为 ipv6 address myprefix1 ::2:0:0:0:1/64，则 G0/0/1 形成的接口地址为 240e:0:2:12::1/64。

下面给出本示例 DHCPv6 PD 客户端（AR6）获取前缀和下游接口配置情况，对应下游接口的 IPv6 地址。通过对照表可容易理解 DHCPv6 PD 服务配置及地址分配计算方法，见表 6-3。

表 6-3　下游接口可能生成的 IPv6 地址表

获取地址前缀	下游接口配置	下游接口 IPv6 地址
240e:0:2:10::/62	ipv6 address myprefix1 ::1:0:0:0:1/64	240e:0:2:11::1/64
240e:0:2:14::/62	ipv6 address myprefix1 ::1:0:0:0:1/64	240e:0:2:15::1/64
240e:0:2:18::/62	ipv6 address myprefix1 ::1:0:0:0:1/64	240e:0:2:19::1/64
240e:0:2:1C::/62	ipv6 address myprefix1 ::1:0:0:0:1/64	240e:0:2:1d::1/64

1. 查看 AR7-PC5 的 IPv6 地址和 DNS 信息

在 AR7-PC5 中，执行 display ipv6 interface g0/0/0 命令，可以看到 AR7-PC5 通过无状态自动配置方式获取的 IPv6 地址。地址为 240E:0:2:11:2E0:FCFF:FE2A:6811。其中 240E:0:2:11::/64 是从 AR6 的 G0/0/0 接口通过路由器通告报文 RA 获取，其中的 2E0:FCFF:FE2A:6811 为路由器 G0/0/0 接口的 EUI-64 接口标识，如图 6-28 所示。

```
[ar7-pc5]display ipv6 interface g0/0/0
GigabitEthernet0/0/0 current state : UP
IPv6 protocol current state : UP
IPv6 is enabled, link-local address is FE80::2E0:FCFF:FE2A:6811
  Global unicast address(es):
    240E:0:2:11:2E0:FCFF:FE2A:6811,
      subnet is 240E:0:2:11::/64 [SLAAC 1970-01-01 06:13:30 2592000S]
  Joined group address(es):
    FF02::1:FF2A:6811
    FF02::2
    FF02::1
  MTU is 1500 bytes
  ND DAD is enabled, number of DAD attempts: 1
  ND reachable time is 30000 milliseconds
  ND retransmit interval is 1000 milliseconds
  Hosts use stateless autoconfig for addresses
```

图 6-28　查看 AR7-PC5 接口获取 IPv6 地址

在 AR7-PC5 中，执行 display dns server verbose 命令，可以看到 AR7-PC5 采用的 IPv6-DNS 服务器地址为 FC00::10，是 DHCPv6 PD 服务中配置 IPv6-DNS 服务器 IPv6 地址，如图 6-29 所示。

```
[ar2-pc3]disp dns server verbose
Type:
D:Dynamic       S:Static

No configured ip dns servers.

No.              : 1
IPv6 address     : FC00::10
Type             : D
Interface name:  -
Module name      : ND
TTL              : 969(s)
```

图 6-29　查看 AR7-PC5 获取的 IPv6-DNS 信息

2. 查看 AR7-PC8 的 IPv6 地址

在 AR7-PC8 中执行 display ipv6 interface g0/0/0 命令，可以看到 AR7-PC8 通过无状态自动配置方式获取的 IPv6 地址。地址为 240E:0:2:12:2E0:FCFF:FE79:5509，如图 6-30 所示。

```
[ar7-pc8]display ipv6 interface g0/0/0
GigabitEthernet0/0/0 current state : UP
IPv6 protocol current state : UP
IPv6 is enabled, link-local address is FE80::2E0:FCFF:FE79:5509
  Global unicast address(es):
    240E:0:2:12:2E0:FCFF:FE79:5509,
    subnet is 240E:0:2:12::/64 [SLAAC 1970-01-01 06:14:26 25920005]
  Joined group address(es):
    FF02::1:FF79:5509
    FF02::2
    FF02::1
  MTU is 1500 bytes
  ND DAD is enabled, number of DAD attempts: 1
  ND reachable time is 30000 milliseconds
  ND retransmit interval is 1000 milliseconds
  Hosts use stateless autoconfig for addresses
```

图 6-30　查看 AR7-PC8 接口获取 IPv6 地址

3. 利用 PING 命令检验网络是否畅通

在 AR7-PC8 中利用 ping ipv6 240E:0:2:11:2E0:FCFF:FE2A:6811 命令检测 AR7-PC8 与 AR7-PC5 是否能够通信。如图 6-31 所示，通过检测，可以看到两者能够通信。说明通过 DHCPv6 前缀委托方式获取 IPv6 地址成功。

注意：本示例中，DHCPv6 客户端（AR6）可能获取的网络前缀是 240e:0:2:10::/64、240e:0:2:11::/64、240e:0:2:12::/64、240e:0:2:13::/64 四个网段中的某一个。因此，DHCPv6 客户端下游接口以及 DHCPv6 客户端配置的 IPv6 地址可能是变化的。

```
[ar7-pc8]ping ipv6 240E:0:2:11:2E0:FCFF:FE2A:6811
  PING 240E:0:2:11:2E0:FCFF:FE2A:6811 : 56  data bytes, press CTRL_C to break
    Reply from 240E:0:2:11:2E0:FCFF:FE2A:6811
    bytes=56 Sequence=1 hop limit=63  time = 70 ms
    Reply from 240E:0:2:11:2E0:FCFF:FE2A:6811
    bytes=56 Sequence=2 hop limit=63  time = 90 ms
    Reply from 240E:0:2:11:2E0:FCFF:FE2A:6811
    bytes=56 Sequence=3 hop limit=63  time = 70 ms
    Reply from 240E:0:2:11:2E0:FCFF:FE2A:6811
    bytes=56 Sequence=4 hop limit=63  time = 80 ms
    Reply from 240E:0:2:11:2E0:FCFF:FE2A:6811
    bytes=56 Sequence=5 hop limit=63  time = 70 ms

  --- 240E:0:2:11:2E0:FCFF:FE2A:6811 ping statistics ---
    5 packet(s) transmitted
    5 packet(s) received
    0.00% packet loss
    round-trip min/avg/max = 70/76/90 ms
```

图 6-31　利用自动获取 IPv6 地址检测网络是否能够通信

小　结

DHCPv6（Dynamic Host Configuration Protocol for IPv6）协议最初由 IETF 的建议标准 RFC3315（2003）文档定义，2018 年 IETF 发布了 DHCPv6 建议标准 RFC8415 文档，同时淘汰了 RFC3315 文档。本章结合 RFC8415 文档介绍。

本章主要介绍 DHCPv6 协议报文、工作模式，以及不同工作模式的实现原理与配置实践。

DHCPv6 报文包括客户端/服务器报文和中继代理/服务器报文。每种报文都可以携带选择字段，DHCPv6 报文中的选项用来携带额外的信息和参数，所有选项具有相同的基本格式，选项中所有字段的取值都以网络字节序表示。

DHCPv6 协议定义 DHCPv6 的三种工作模式：一种是 DHCPv6 基本工作模式；第二种是 DHCPv6 中继代理模式；第三种是 DHCPv6 前缀委托模式。

习　题

1. IPv6 地址有哪几种地址配置方式？
2. DHCPv6 地址分配方式有哪些优点？
3. DHCPv6 有哪些报文类型？
4. DHCPv6 有哪几种工作模式？
5. 简述 DHCPv6 基本模式原理。
6. 简述 DHCPv6 中继代理模式原理。
7. 简述 DHCPv6 前缀委托模式原理。

第 7 章

IPv6 域名系统

域名系统（Domain Name System，DNS）的主要功能是通过建立 IP 地址和域名之间的对应关系，从而定位网络资源位置的系统，包括根据域名查询 IP 地址，或者根据 IP 地址查询域名。域名系统是 Internet 的基础架构，IPv6 网络也需要 DNS 的支持。IPv6 域名系统（IPv6-DNS）是针对 IPv6 编址方案设计，用于解决 IPv6 地址和域名之间相互查询问题的系统。本章在回顾 IPv4 域名系统的基础上，介绍 IPv6-DNS 的实现、BIND 域名服务器软件，以及 IPv6 域名服务器的配置方法和实践。

7.1 IPv4 域名系统回顾

7.1.1 IPv4 域名系统概述

IP 地址是互联网上标识主机的唯一性标识，它满足地址唯一性的要求。但是，它不易记忆。因此，互联网提供了另外一种标识主机的方法，即域名标识。域名标识用于解决对主机 IP 地址的记忆问题，因此还需要将域名标识转换成对应的 IP 地址。用于将域名标识转换成对应 IP 地址的程序系统称为域名系统。

互联网中的域名系统 DNS 被设计成一个联机分布式数据库系统，并采用客户端/服务器方式，由 IETF 互联网标准 RFC1034 和 RFC1035 定义，后又有多个 RFC 文档进行支持和更新，比较重要的有 RFC1123、RFC2181 等。IPv4 域名系统主要包含三个组件，分别是域名空间与资源记录、域名服务器、域名解析器。

视频

IPv4 域名系统回顾

1. 域名空间与资源记录

1）域名空间

互联网的域名空间是一个树状的分层结构，域名空间中每个节点对应于相应的资源集合，如

图 7-1 所示。互联网域名空间类似一个倒挂的树，域名系统不区分树内节点和叶子节点，统称为节点，每个节点都有一个标记（Label）。最上面的节点为根节点，是域名空间分层结构的开始，根节点采用"."进行标记。

域是域名系统名称空间的一个子集，也就是树状结构中的一个子树。这个子树顶端节点的标记就是该域的名字。比如图 7-1 中圆圈标识的区域就是一个域，域的名字为 tsinghua.edu.cn，代表清华大学。

整个域名空间为一个域，这个域称为根域。根域"."下面是顶层域。互联网上的顶层域主要有三种，一类代表不同的国家和地区代码顶层域（ccTLD），比如 cn 代表中国、uk 代表英国等；一类代表通用类别顶层域（gTLD），比如顶层域名 com、net、edu、arpa 等；一类代表行业类别顶层域（sTLD），比如 tel、mobi 等。

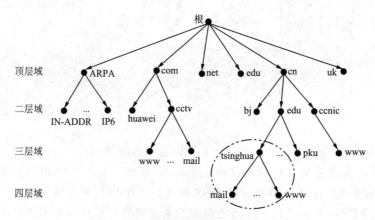

图 7-1 互联网域名空间

顶层域往下划分子域，为二层域，再往下是三层域、四层域等。子域是在对应的上一层域下的进一步细分。比如，商业域（com）中可以包含一些商业机构，如 huawei、cctv、microsoft、ibm 等。

最低一层域，如果没有进一步划分子域，则代表上一层域下的子域是叶子节点，代表一台具体的主机。

每个域一般都有一个域名服务器，负责这个域的域名解析服务。这个域名服务器是本域的权威域名服务器。权威域名服务器负责管理的区域称为区（zone）。区是域名系统中面向管理基本单元，通常是若干个域的集合。

2）域名结构

域名系统中，采用层次化结构的命名方式。任何一个域名空间中的节点，都有唯一的层次化结构名称，即域名（Domain Name）。域名是从当前节点到根节点的路径上所有节点标记的点分顺序连接。一个具体的域名在书写时，子域在前，上层域在后，比如清华大学的网址域名为"www.tsinghua.edu.cn"，其中 www 为四层域名，tsinghua 为三层域名，edu 为二层域名，cn 为顶层域名。四层域名 www 没有划分下一级子域，因此代表一个具体主机名称，而子域 tsinghua 代表的一个区域，可以包含多台主机。例如，清华大学域名结构如图 7-2 所示。

DNS 规定，域名中的标记都由英文字母和数字组成，每个标记不超过 63 个字母，也不区分大小写，标号中除连字号（-）外不能使用其他的标点符号。域名总长度不超过 255 个字符。

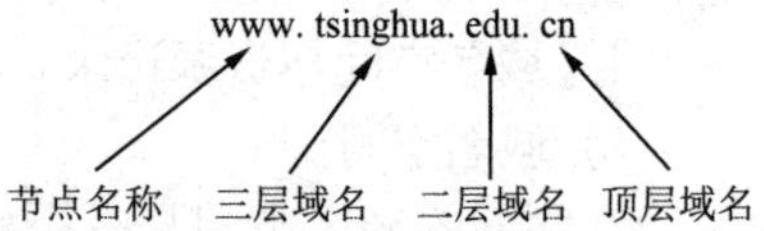

图 7-2 清华大学域名结构

3）资源记录

域名用于标识节点，每个节点都有一组资源信息。每个节点在域名服务器中的信息集合由资源记录（Resource Records，RR）记载。所有资源记录具有相同的格式：

```
<NAME>    <TYPE>    <CLASS>    <TTL>    <RDLENGTH>    <RDATA>
```

其中：
- NAME：是资源记录 RR 的所有者名称。
- TYPE：是一个 16 位值的编码，用于指定 RDATA 数据的类型及其含义；主要包括 A、CNAME、MX、NS、PTR、SOA 等类型。
- CLASS：是一个 16 位值，用于标识 RDATA 数据的种类。主要有两种类，分别是 IN 和 CH，其中 IN 表示 Internet 系统（Internet System），CH 表示 Chaos 系统（Chaos System）。如果请求者只对 Internet 数据类型感兴趣，则必须使用 IN 类。
- TTL：是资源记录的生存时间，以秒为单位的 32 位整数。它决定资源记录在缓存中的生存时间。当 TTL=0 时，表示禁止缓存。
- RDLENGTH：一个 16 位无符号整数，用于指定 RDATA 的长度。
- RDATA：是描述资源的具体数据，信息的格式与 RR 的 TYPE 和 CLASS 相关。

2. 域名服务器

域名服务器是保存有域名结构、相关域名和 IP 地址映射信息集合的服务器程序。域名服务器可以是专用计算机上的独立程序，也可以是大型主机上的一个或多个进程。

整个域名服务系统从职能上看，包括两大类服务，即权威域名服务（Authoritative DNS）和递归域名服务（Recursive DNS）。

权威域名服务是指能够配合域名系统进行域名解析，同时拥有某个区的域名信息并提供某个区的域名解析服务的域名服务器。提供权威域名服务的服务器称为权威域名服务器。权威域名服务器面向的是递归域名服务器。

递归域名服务则不针对某个区提供域名解析服务，而是直接为终端用户提供递归域名解析服务。提供递归域名服务的域名服务器称为递归域名服务器，又称本地域名服务器或缓存域名服务器。递归域名服务器面向的是最终用户。

1）权威域名服务器

需要注意的是，域名系统 DNS 要求同一区域权威域名服务器至少应为两台冗余。权威域名服务器分为主域名服务器（Master Name Server）和辅助域名服务器（Secondary Name Server）。辅助域名服务器可以使用 DNS 的区传输（Zone Transfer）获取区域的更新并检查来自主域名服务器的更新，实现主、辅助域名服务器间的数据同步。为保证权威域名服务器提供稳定可靠的服务，一般权威域名服务器不应作为递归域名服务器使用。为同一区域提供解析服务的多个权威域名服务器的 IP 地址应该分布在不同的网络中。

互联网中，所有权威域名服务器组成具有层次结构的"域名服务器树"结构。根据权威域名服务器在域名系统的"域名服务器树"中所在位置，可以分为根域名服务器、顶层域名服务器、N（$N=2,3,4,\cdots$）层域名服务器等。根域名服务器、顶层域名服务器、N 层域名服务器等配合完成递归域名服务器发出的域名查询请求。

（1）根域名服务器。根域名服务器是最高层次的权威域名服务器。也是最重要的域名服务器。

所有根域名服务器都知道所有顶级域名服务器的域名和 IP 地址。因为不管哪个递归域名服务器，若要对互联网上任何一个域名进行解析，只要自己无法解析，就首先要使用根域名服务器。需要注意的是，根域名服务器并不直接把待查询的域名转换成 IP 地址，而是告诉递归域名服务器下一步应当找哪个顶级域名服务器进行查询。由于根域名服务器非常重要，因此根域名服务器有许多具体的要求，可以参考 RFC2870 文档。

（2）顶层域名服务器。顶级域名服务器负责管理在该顶级域名服务器下注册的所有二级域名。当收到 DNS 查询时，就给出相应的应答。这个应答可能是最后的查询结果，也可能是下一步要找的二层域名服务器的 IP 地址。

（3）N 层域名服务器。每个域一般都有对应的权威域名服务器，这个域名服务器负责管理的区域称为区（zone）。N 层权威域名服务器负责提供管理区域的域名查询的结果，或下一步要找的下一层权威域名服务器 IP 地址。

如果 N 层域名服务器是最终的权威域名服务器且能够提供域名查询对应的 IP 地址，则通过 DNS 响应报文告知 DNS 客户端域名对应 IP 地址；如果最终的权威域名服务器不能给出域名查询结果，则通过 DNS 响应报文返回域名差错或未找到数据错误，表示在域名查询过程中指定的域名不存在或者域名存在而对应的数据不存在。

权威域名服务器是通过从本地文件系统中读取区文件（Zone File）来获取有关的一个或多个区域的域名信息，并回答来自外部域名解析器的有关这个区域的域名查询。最简单的域名服务结构如图 7-3 所示。

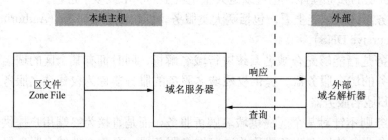

图 7-3　简单的域名服务结构

注意：区是域名系统名字空间中面向管理的基本单元，通常是若干个域的集合。某个区的域名和资源记录及相关的开始授权信息（Start of Authority，SoA）按照一定的格式进行组合，从而构成存储这些信息的文件，称为区文件。

2）递归域名服务器

递归域名服务器是由域名解析器首先使用的域名服务器，是从域名解析器的角度考虑的域名服务器。递归域名服务器面向的是最终用户。比如，Windows 操作系统和 Linux 操作系统中，用户主机在设置 IP 地址时，填写首选 DNS 服务器和备用 DNS 服务器的 IP 地址，就是最终用户的递归域名服务器。递归域名服务器负责直接与用户主机域名解析器进行交互，并向其他域名服务器查询获得域名与 IP 地址对应关系。递归域名服务器不属于"域名服务器树"层次结构，但它对域名系统非常重要。

3. 域名解析器

域名解析器（Resolver）是从域名服务器中请求并获取域名信息以响应用户程序请求的程序。

域名解析器通常是与用户程序位于同一主机,可以被用户程序直接访问的例行程序,因此解析器和用户程序之间不需要协议。最典型的域名解析结构如图7-4所示。

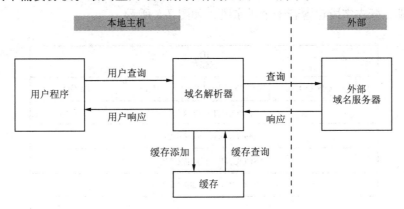

图 7-4　简单的域名解析结构

用户程序通过域名解析器与域名空间进行交互。用户查询和用户响应的格式特定于主机及其操作系统。用户查询通常是操作系统调用,域名解析器及其缓存是主机操作系统的一部分。域名解析器通过查询外来名称服务器和本地缓存,获取需要的域名信息回答用户查询。域名解析器可能需要对多个不同的外部域名服务器进行多次查询,才能得到相关的域名信息回答特定的用户查询。

需要注意的是,域名服务器和域名解析器都广泛使用缓存(Cache),用于提高 DNS 域名查询的效率。

7.1.2　域名系统的授权与管理

域名系统的分布式管理是通过逐级授权实现的。授权(Delegation)就是指将子域的管理授权给某个特定的组织,其记录信息就直接由该组织所管理的权限域名服务器进行存储和解析。域名系统的 NS 记录,就是用来向下授权的。

为了有效地管理域名空间,根管理机构对顶层域(TLD)授权,顶层域管理机构对下一级域名授权,整个域名空间及相应的授权形成一个授权体系。

互联网域名体系的根由 ICANN 负责管理,根区的维护由 IANA 负责。具体由 12 个机构分别负责 13 个根域名服务器维护。其中 A 根(A.Root-servers.Net)为主域名服务器,其他 12 个根域名服务器(B.Root-servers.Net,…,M.Root-server.Net)为辅助域名服务器。国家或地区代码顶层域 ccTLD 一般由各个国家或地区的网络中心(NIC)负责管理和维护。比如 CN 由 CCNIC 负责管理维护。通用类别顶层域 gTLD 一般由公司、非营利性机构负责管理。

注意:全世界 13 个根域名服务器中,1 个主根域名服务器在美国,其余 12 个均为辅根服务器,其中 9 个辅根服务器在美国;2 个辅根服务器在欧洲(英国和瑞典),1 个辅根服务器在亚洲(日本)。

7.1.3　DNS 报文格式与报文传输

1. DNS 报文格式

DNS 有两种报文,即查询报文和响应报文。这两种报文采用完全相同的报文格式。DNS 报文格式如图 7-5 所示。

其中前 12 B 是首部区域，共 6 个字段，每个字段 2 B，共 16 位。
- 标识符 ID：该字段由客户端设置，查询报文和响应报文中的标识符一致。
- 标志字段：标志字段包含若干个子字段，如图 7-5 所示。

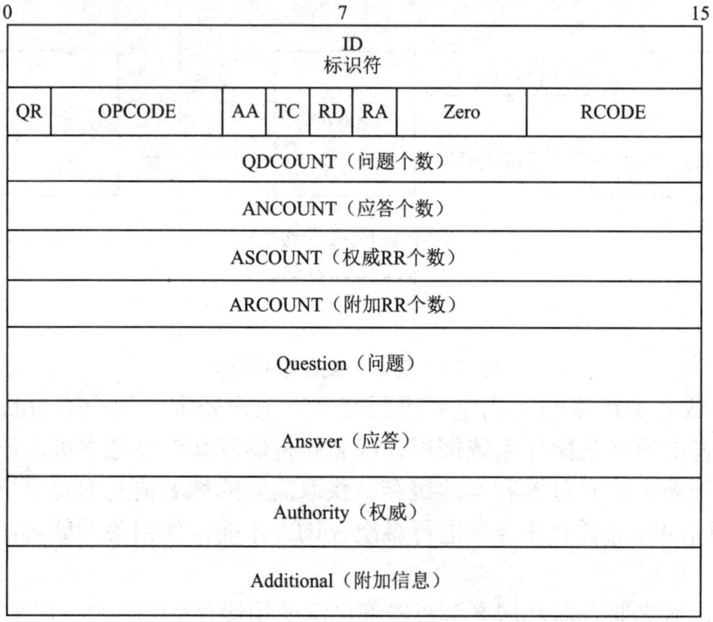

```
0                    7                   15
┌─────────────────────────────────────────┐
│                  ID                     │
│                标识符                   │
├────┬────────┬──┬──┬──┬──┬──────┬────────┤
│ QR │ OPCODE │AA│TC│RD│RA│ Zero │ RCODE  │
├────┴────────┴──┴──┴──┴──┴──────┴────────┤
│          QDCOUNT（问题个数）             │
├─────────────────────────────────────────┤
│          ANCOUNT（应答个数）             │
├─────────────────────────────────────────┤
│         ASCOUNT（权威RR个数）            │
├─────────────────────────────────────────┤
│         ARCOUNT（附加RR个数）            │
├─────────────────────────────────────────┤
│            Question（问题）              │
├─────────────────────────────────────────┤
│             Answer（应答）               │
├─────────────────────────────────────────┤
│           Authority（权威）              │
├─────────────────────────────────────────┤
│         Additional（附加信息）           │
└─────────────────────────────────────────┘
```

图 7-5　DNS 报文结构

- QR 标志（Query/Response）：查询 / 响应标志。0 表示查询报文，1 表示响应报文。
- OPCODE 标志：定义查询和应答的类型，4 位二进制位。0 表示标准查询，1 表示反向查询，2 表示服务器状态请求。
- AA 标志（Authoritative Answer）：授权响应标志。0 表示授权响应，1 表示没有授权响应。
- TC 标志（TrunCation）：截断标志。使用 UDP 传输且 TC=1 时，表示 DNS 报文的长度超过 512 B，报文将被截断只返回前 512 B。
- RD 标志（Recursion Desired）：递归查询标志。1 表示执行递归查询，即如果目标 DNS 服务器无法解析某个主机名，则它将向其他 DNS 服务器继续查询。0 表示执行迭代查询，即如果目标 DNS 服务器无法解析某个主机名，则它将自己知道的其他 DNS 服务器 IP 地址返回给客户端，以供客户端处理。
- RA 标志（Recursion Available）：允许递归标志。如果域名服务器支持递归查询，则在响应中将该位置 1。
- Zero 位：3 位保留位。
- RCODE 标志（Response Code）：4 位返回码。0 表示没有差错，1 表示格式差错，2 表示服务器故障，3 表示域名差错，4 未实现，5 表示域名服务器拒绝查询，其他值保留将来使用。
  ◆ 问题：包含正在进行的域名查询信息。
  ◆ 应答：包含对域名查询的应答信息的资源记录。
  ◆ 权威：包含查询结果指向的权威域名服务器的资源记录。
  ◆ 附加信息：包含与查询有关权威域名服务器的域名解析资源记录。

2. DNS 报文传输

DNS 属于应用层系统，互联网既支持 DNS 在服务器的 53 号端口通过 UDP 协议进行传输，也支持 DNS 在服务器的 53 号端口通过 TCP 进行传输。

UDP 传输是 DNS 标准查询的推荐方法。当用户程序通过域名解析器向 DNS 服务器查询域名，一般返回的内容都不超过 512 B，用 UDP 进行传输。

当使用 UDP 发送 DNS 报文时，UDP 携带的信息限制在 512 B（不包括 IP 和 UDP 报头）内。当 DNS 响应报文使用 UDP 封装，且报文长度大于 512 B 时，那么服务器只返回前 512 B，同时将 TC 标志置 1，表示报文进行了截断。当客户端收到 TC 置位后的响应报文后，将采用 TCP 封装进行查询请求，DNS 服务器返回的响应报文长度可以大于 512 B。虽然客户端可以使用 TCP 传输进行查询请求，但事实上，很多 DNS 服务器在进行配置时，仅支持 UDP 查询。

DNS 的区传输（一个区域内主域名服务器和辅助域名服务器之间的 DNS 报文传递），由于需要传递的数据多，所以采用 TCP 传输。

因此，可以说 DNS 的 UDP 传输用于 DNS 的域名解析过程，而 DNS 的 TCP 传输用于区域内主从域名服务器之间的资源记录数据传输。

7.1.4 区文件格式与资源记录类型要求

1. 区文件格式

域名服务器中的区文件用于定义区域。区文件由一系列条目组成，条目面向行，如果条目超过一行，可以用括号进行扩展。条目之间使用回车符分隔，条目内部的字段之间采用制表符或空格进行分隔。每一行的末尾可以填写注释，注释以";"开始。区文件可以定义以下条目：

```
<blank> [<comment>]
$ORIGIN <domain-name> [<comment>]
$INCLUDE <file-name> [<domain-name>] [<comment>]
<domain-name> <rr> [<comment> ]
<blank> <rr> [<comment>]
```

说明：

（1）文件的任何位置都允许带或不带注释的行，注释以";"开始。

（2）$ORIGIN 后接一个域名 <domain-name>，用于指定相对域名的起点，以便与相对域名连接形成完整域名。

（3）$INCLUDE 用于将命名文件插入当前文件中，还可以指定一个域名 <domain-name>，为插入的文件设置相对域名的起点。$INCLUDE 条目不会改变父文件的相对起点。

（4）最后两行是资源记录 RR 的格式。如果条目以域名 <domain-name> 开头，则条目后面的资源记录属于域名 <domain-name>；如果资源记录条目以空白开头，则资源记录属于最后声明的域名 <domain-name>。

（5）<domain-name> 在区文件中占很大份额。域名中的标签用字符串表示，并用点"."分隔。以点"."结尾的域名称为绝对域名，被视为完整域名。不以点"."结尾的域名称为相对域名。但采用相对域名时，实际域名是相对部分与 $ORIGIN、$INCLUDE 中指定起点域名的连接。当没有可用的起点域名时，不能使用相对名称。

(6) 资源记录 RR 内容的形式如下：

```
[<TTL>] [<Class>] <Type> <RDATA>
[<Class>] [<TTL>] <Type> <RDATA>
```

资源记录 RR 以可选的 TTL 和 Class 字段开始，然后是适合该类的 Type 和 RDATA 字段。Class 和 Type 使用标准助记符，TTL 是十进制整数。如果省略 class 和 TTL 值，默认采用明确声明的值。

另外，区文件还使用一个特殊的字符串，用于特定含义。

- @：一个独立的 @ 用来表示当前域名起点（$ORIGIN）。
- ()：括号用于对跨行的数据进行分组。用于资源记录 RR 超过一行的情况。
- ;：分号用于标识注释的开始。
- \X：这里 X 是除数字（0～9）外的任意字符，用于引用该字符，例如，"\."可用于在标签中放置点字符。
- \DDD…：每个 D 是一个数字，是一个字节表示的对应十进制数的文本。

特别强调的是，大多数资源记录 RR 显示在一行上（超过一行时使用括号），行的开头给出 RR 的所有者 NAME，如果一行以空白开头，则假定所有者与前一行的所有者相同。为了便于阅读，通常会包含空行。在所有者之后，列出资源记录的 TTL、TYPE 和 CLASS。最后是资源记录的数据值 RDATA。

2. 资源记录数据类型

区文件中资源记录 RR 的 Type 字段用于定义资源记录的数据类型，根据 RFC1035 文档，Type 字段定义了多种类型，域名服务器应该能够从区文件中加载所有资源记录 RR 的类型。但根据 RFC1123 文档，资源记录 RR 类型中的 MB、MG、MR、MINFO、RP、NULL 等是实验性的，类型 TXT 和 WKS 没有被大多数 Internet 站点支持。因此实际使用的资源记录类型主要为 A、CNAME、MX、NS、PTR 和 SOA 等。

下面介绍区文件中常用的资源记录类型。资源记录 RR 中，常用类型名的类型含义和类型数据见表 7-1。

表 7-1　资源记录中常用类型名的类型含义和类型数据

类型名（type）	类型含义	类型数据（RDATA）
NS	权威域名服务器	权威域名服务器的域名
MX	邮件服务器	邮件服务器的域名
SOA	标志授权区域的开始	包含区域主域名服务器、邮件负责人以及主辅助域名服务器交互时间信息
A	主机地址	域名对应的 IPv4 地址
CNAME	主机别名的规范名称	域名对应的别名
PTR	域名指针	反向解析域名对应的域名

接下来分别说明 DNS 资源记录（RR）中每种类型数据的一般要求。

1) NS 记录的一致性

为保证域名解析过程的正确完成，作为授权而使用的 NS 记录必须保持一致，即区中 NS 记录的服务器数量、名称均应与上级域的权威服务器中的 NS 记录完全一致。

第 7 章　IPv6 域名系统

2) MX 记录要求

MX 记录应该符合 IETF RFC1035 文档的规定，可以为域配置多条 MX 记录，以便根据优先级进行选择，优先级数值越小，优先级越高。MX 记录指向的邮件服务器应该配置相应的反向解析记录。

3) SOA 记录要求

SOA 记录应该符合 IETF RFC1035 文档的规定，SOA 中涉及的时间以秒为单位。SOA 中的参数包括主域名服务器、负责人邮箱、序列号、刷新时间、重试时间、过期时间、最小值。例如：

```
cnnic.cn.   23800   IN   SOA   a.cnnic.cn.   Root.cnnic.cn.(
            2020043010   3600   600   1209600   7200)
```

每个参数的具体值和要求如下：

- 主域名服务器（MNAME）：当前区数据源服务器。示例中主服务器为 a.cnnic.cn.。
- 负责人邮箱（RNAME）：当前区的负责人邮箱，并将"@"替换为"."，以域名方式存放。示例中负责人邮箱为 Root@cnnic.cn。
- 序列号（SERIAL）：32 位无符号整数，用于主辅更新时确定区的新旧版本。示例中序列号为 2020043010。
- 刷新时间（REFRESH）：32 位无符号整数，辅助域名服务器每两次检查主服务器的 SOA 记录之间的时间间隔，建议值 1 200 ~ 43 200，即 20 min 至 12 h。示例中为 3600，刷新时间定义为 1 h。
- 重试时间（RETRY）：32 位无符号整数，辅助域名服务器不能访问主域名服务器，就会在这个时间之后重试，建议值为 300 ~ 7 200，即 5 min 至 2 h。并且小于刷新时间间隔。示例中为 600，重试时间定义为 10 min。
- 过期时间（EXPIRE）：32 位无符号整数，辅助域名服务器在持续多长时间内无法联系到主域名服务器时，仍然保持其数据有效。建议值为 1 209 600 ~ 2 419 200，即 2 ~ 4 周。示例中为 1209600，过期时间定义为 2 周。
- 最小值（MINIMUM）：32 位无符号整数，否定答案缓存时间，当服务器没有解析到域名时，设置客户端缓存时间，建议值为 3 600 ~ 10 800，即 1 ~ 3 h。避免递归域名服务器短期内重复发出无效查询。示例中为 7200。否定答案在客户端的缓存时间为 2 h。

4) 权威域与 WWW 主机对应 A 记录的要求

权威域与 WWW 主机对应 A 记录应该符合 IETF RFC1035 文档的规定，并且其 IPv4 地址应该使用合法的 IPv4 地址，并确保任何互联网地址都可以访问到 Web 服务器。

5) CNAME 记录要求

CNAME 记录应该符合 IETF RFC1034、RFC105 和 RFC2181 文档的规定，其所指向的域名为合法的域名。应谨慎使用指向其他 CNAME 记录的 CNAME 记录，避免造成无限循环的 CNAME 记录链。

6) PTR 记录要求

域名系统使用特定域 IN-ADDR.ARPA 支持 IPv4 地址反向解析。PTR 记录定义了基于特定域 IN-ADDR.ARPA 的 IPv4 地址域名到主机域名的映射，用于反向解析。例如：

```
155.159.24.27.IN-ADDR.ARPA.    PTR    www.hbust.edu.cn.
```

反向解析中，特定域 IN-ADDR.ARPA 中的域名定义为除 IN-ADDR.ARPA 外，最多有四个数字文档标签，四个数字文档标签为 IPv4 地址的四个点分十进制数的反向排列。当 IPv4 地址为网段地址时，反向排列后的前导"0"要省略。

注意：反向解析是域名服务器的可选功能，目的是提供一种有保障的方法执行主机地址到主机域名的映射，并且便于查询定位互联网中特定网络的网关地址。域名系统并不能保证反向解析的完整性和唯一性，且反向解析结果不应该被缓存。但由于反向解析的域名空间是根据地址构造的，因此可以在不需要完整搜索域名空间的情况下找到合适的数据。

7.1.5 域名系统的解析过程

域名系统的解析一般分为两个处理过程：第一个处理过程是在用户访问某个域名地址时，通过域名解析器向递归域名服务器发出域名查询请求，请求域名解析的过程；第二个处理过程是在递归域名服务器不知道被查询域名对应 IP 地址的情况下，以 DNS 客户端的身份向权威域名服务器继续发出域名查询请求，请求域名解析的过程。

第一个过程是用户向递归域名服务器请求域名解析，一般采用递归查询方式（Recursive query）。即用户向递归域名服务器请求域名查询，递归域名服务器如果知道域名对应的 IP 地址，则直接提供查询结果，域名解析完成。否则，本地域名服务以 DNS 客户端，向权威域名服务器发送域名查询请求，并负责提供查询结果。

第二个过程是递归域名服务器以 DNS 客户端向权威域名服务器发送域名查询请求的处理过程，这个过程一般采用迭代查询方式（Iterative query）。递归域名服务器首先向根域名服务器发出迭代查询请求报文，根域名服务器把自己知道的顶层域名服务器 IP 地址返回给递归域名服务器；然后由递归域名服务器负责向顶层域名服务器发出迭代查询请求报文，顶层域名服务器要么给出域名查询对应的 IP 地址，要么告诉递归域名服务器下一步应该查找的二层域名服务器 IP 地址；再由递归域名服务器向二层域名服务器发出迭代查询请求报文。如此重复，向三层域名服务器、四层域名服务器等进行查询，直至找到域名对应的最终权威域名服务器，由最终的权限域名服务器向递归域名服务器提供查询域名对应的 IP 地址。最后递归域名服务器向主机返回域名对应的 IP 地址。域名解析完成。

7.2 IPv6 域名系统的实现

域名系统是互联网的基础架构，IPv6 网络也需要域名系统的支持。而且，IPv6 网络使用 128 位 IPv6 地址，更需要域名系统的支持，而 IPv4 域名系统并不支持 IPv6 地址。因此需要对 IPv4 域名系统进行扩展和升级，使域名系统既支持对 IPv4 地址的解析，同时也支持对 IPv6 地址的解析。扩展后的域名系统称为 IPv6 域名系统，它既支持 IPv4 域名解析，也支持 IPv6 域名解析，因此又称 IPv4 域名扩展。在 IPv4 和 IPv6 共存的情况下，一个域下的某台主机名字可以同时对应于多个 IPv4 地址和 IPv6 地址。

● 视频

IPv6 域名系统的实现

7.2.1 IPv6 域名系统对 IPv6 的支持

1995 年，IPv6 域名系统由 IETF 建议标准 RFC1886 文档首先定义，其中定义了

AAAA 记录类型和 IP6.INT 反向域以支持 IPv6 域名解析。

2000 年和 2001 年，IETF 的 RFC2874 和 RFC3152 文档又定义了 A6 记录类型和 IP6.ARPA 反向域支持 IPv6 域名解析。RFC3152 同时指出将弃用 IP6.INT 反向域，后来 IETF 的 RFC4159 文档正式淘汰 IP6.INT 反向域。目前，IPv6 地址反向解析只支持特定域 IP6.ARPA。

AAAA 记录类型和 A6 记录类型都能够支持 IPv6 地址解析，各有优缺点。但两种记录类型，哪种更好专业人士并没有达成共识。

2002 年，RFC3363 文档建议 RFC1886 文档保持在标准（Standard）轨道上前进，而将定义使用 A6 记录类型的 RFC2874 改为实验状态（Experimental），目前 RFC2874 文档为历史状态（Historic）。

另外，为实现 IPv6 地址的反向解析，RFC3596 文档定义了支持反向解析的一种 IPv6 地址域名标识形式，称为半字节点分十六进制标签（nibble label）域名；另外，RFC2874 文档也定义了支持反向解析的另一种 IPv6 地址域名标识形式，称为位串标签（bit-string label）域名。

2003 年，支持 IPv6 域名系统的互联网标准 RFC3596 文档发布，其中只定义使用 AAAA 资源记录类型和采用半字节点分十六进制标签的反向域 IP6.ARPA 支持 IPv6 的域名解析。

注意：我国工业和信息化部 2010 年发布的行业标准文档《IPv6 网络域名服务器技术要求》（YD/T 2139—2010）中要求，在部署 IPv6 域名服务器时，既要支持 AAAA 记录类型查询，也要支持 A6 类型查询，既要支持半字节点分十六进制标签的 IP6.ARPA 反向域名解析，也要支持位串标签的 IP6.ARPA 反向域名解析。

7.2.2　IPv6 域名系统资源记录格式

IPv6 域名系统的结构与 IPv4 域名系统的结构一样，采用分层树状结构。IPv6 域名系统是在 IPv4 域名系统的基础上扩展而来的，因此，IPv6 和 IPv4 的 DNS 体系和域名空间保持一致，拥有统一的域名空间。

和 IPv4 的域名空间一样，IPv6 的 DNS 域名空间划分出多个区，数据采用分布式存储。把每个区域（Zone）的设定存储在一个区文件（Zone file）中，此区文件会由多条记录组成，每条记录称为资源记录（RR）。资源记录包含了主机名（域名）与 IPv6 地址对应，以及子域服务器的授权等多种类型。每个区都有域名服务器（包括主域名服务器和辅助域名服务器），以资源记录（RR）的形式存储域名信息。

在现实的 IPv6-DNS 系统中，比如类 UNIX 中的 DNS 服务器软件 BIND，主要支持采用 AAAA 资源记录将域名转换成 IPv6 地址，也支持采用 A6 资源记录将域名转换成 IPv6 地址。

1. AAAA 资源记录

AAAA 资源记录是 IPv6 地址的正向解析资源记录类型，最早是由 RFC1886 文档提出的，是对 A 记录的简单扩展，表示域名和 IPv6 地址的对应关系，不支持地址的层次性，在域名服务解析记录中该类型的值为 28。AAAA 资源记录的语法格式如下：

（NAME　TTL　CLASS　AAAA　*IPv6_address*）

下面是一条 AAAA 资源记录文本示例：

```
$ORIGIN host1.cnnic.cn
Host1.cnnic.cn  36400  IN  AAAA  2001:238:882:0:248:54ff:fe53:d3ee
```

2. A6 数据格式

A6 资源记录把 IPv6 地址保存为一条或多条 A6 记录，每条记录包含 IPv6 地址的一部分，把相关记录结合后构成一个完整的 IPv6 地址，实现对 IPv6 地址聚合的支持。最早是由 RFC2874 文档提出的，RFC2874 文档目前处于历史状态。A6 资源记录的 RDATA 部分包含两个或三个字段，类型的值为 38，如图 7-6 所示。

Prefix len（1 B） 前缀长度	Address suffix (0~16 B) 地址后缀	Prefix name (0~255 B) 域名前缀

图 7-6 A6 数据格式

- 前缀长度：8 位无符号整数，介于 0 ~ 128 之间。
- 地址后缀：IPv6 地址后缀，按网络顺序编码（高位字节在前）。字段中必须有足够的八位组包含等于 128 减去前缀长度的位数，并带有 0 ~ 7 个前导填充位，以使该字段成为整数个八位组。
- 域名前缀：编码为域名，此名称不得压缩。

如果前缀长度为零，则域名前缀为空，IPv6 地址被保存为一个 A6 记录。如果前缀长度为 128，则地址后缀字段不应出现。当前缀长度不为零时，一个 IPv6 地址与多条 A6 记录关联，每个 A6 记录只包含 IPv6 地址的一部分，结合后拼装成一个完整的 IPv6 地址。A6 资源记录的语法格式如下：

```
( NAME  CLASS  A6  A6RData )
```

下面是 A6 资源记录的示例：

```
$ORIGIN pc1.cnnic.net.cn
pc1.cnnic.net.cn. IN A6 64 ::248:54ff:fe53:d3ee tect-dept.cnnic.net.cn.
$ORIGIN tect-dept.cnnic.net.cn
Tect-dept.cnnic.net.cn. IN  A6  48  ::  ISP.cnnic.net.cn.
$ORIGIN ISP.cnnic.net.cn
ISP.cnnic.net.cn.          IN A6  0  2001:238:882::
```

从上面的例子可以看出，IPv6 地址可以被保存为多条 A6 资源记录。

A6 记录支持一些 AAAA 不具备的新特性，如地址聚集、地址更改（Renumber）等。每个地址前缀和地址后缀都是地址链上的一环，一个完整的地址链就组成了一个 IPv6 地址。但 A6 资源记录也存在一些缺陷，一是 A6 资源记录的功能虽然增强了，但可能我们并不一定需要这些功能；二是采用多条 RR 记录链实现地址解析，可能增加了域名解析的时间和出错概率，使用户的域名解析体验更差；三是 A6 资源记录的配置管理和实现的难度更大。

3. IPv6 地址域名

IPv6 地址域名标识用于反向解析，有两种 IPv6 地址域名，一个是由 RFC3596 文档定义的半字节点分十六进制标签（nibble label）域名；另一个是 RFC2874 文档定义的位串标签（bit-string label）域名。

1）IPv6 地址对应的半字节点分十六进制标签域名

半字节点分十六进制标签域名，以 IP6.ARPA 为后缀，以 IPv6 地址的点分半字节十六进制数反向顺序编码形成。例如：

IPv6 地址为：

```
4321:0:1:2:3:4:567:89ab
```

则对应的半字节点分十六进制标签域名为：

```
b.a.9.8.7.6.5.0.4.0.0.0.3.0.0.0.2.0.0.0.1.0.0.0.0.0.0.0.1.2.3.4.IP6.ARPA.
```

2）IPv6 地址对应位串标签域名

位串标签域名以 IP6.ARPA 为后缀，将 IPv6 地址的十六进制数字符正向顺序包括在 "\[x" 和 "/length]"符号之间形成。x 用于表示十六进制数，length 是具体的十六进制数对应的二进制位数。例如：

IPv6 地址：

```
4321:0:1:2:3:4:567:89ab
```

则对应的位串标签域名为：

```
\[x43210000000100020003000400056789ab/128].IP6.ARPA.
```

位串标签域名相比于半字节点分十六进制标签域名，正向顺序排列，相对比较紧凑，具有一定优势。然而实践表明，部署这种新的 DNS 标签类型非常困难，因为所有权威域名服务器必须升级才能使用这种新的标签类型。

7.2.3　IPv6 域名系统的发展

最初，互联网采用统一的域名空间支持 IPv6 和 IPv4 域名系统。为支持 IPv6 域名解析，互联网工程任务组 IETF 增加了 AAAA 资源记录类型用于支持 IPv6 正向解析，增加了 IP6.ARPA 反向域支持 IPv6 域名的反向解析。然而，由于种种原因，原有互联网域名系统的根域名服务器数据一直被限定为 13 个。

为打破域名系统的根域名服务器困局，2015 年，中国下一代互联网国家中心主导了全球下一代互联网 IPv6 根域名服务测试和运营实验项目——"雪人计划"。该项目面向全球招募 25 个根域名服务器运营志愿单位，共同对 IPv6 根域名服务器运营等进行测试验证。

为推进"雪人计划"的实施，下一代互联网国家工程中心团队历时一年多自主设计和研发，开发出纯 IPv6 环境下的根服务器平台软件，拥有四大子平台 57 个模块近 100 万行代码。在根区文件生成、根区文件分发、根区文件密钥轮转、IPv6 根服务器扩展等方面应用最先进、最领先的技术，提供更具扩展性、安全性的标识命名解析体系，真正实现安全可控。下一代互联网国家工程中心已向 IETF 提交了 RFC 标准草案，同时提出的新增 IPv6 根区的建议已经列入了 ICANN 五年规划。

"雪人计划"是 2015 年 6 月 23 日在国际互联网名称与数字地址分配机构（ICANN）第 53 届会议上正式对外发布的。"雪人计划"于 2016 分别在中国、美国、日本、印度、法国、德国、俄罗斯等 15 个国家完成 25 台 IPv6 根域名服务器架设。"雪人计划" IPv6 根域名服务器分布情况见表 7-2。

表 7-2 "雪人计划"IPv6 根域名服务器分布情况表

国家	IPv6 主根域名服务器	IPv6 辅助域名服务器	国家	IPv6 主根域名服务器	IPv6 辅助域名服务器
中国	1	3	西班牙	0	1
美国	1	2	奥地利	0	1
日本	1	0	智利	0	1
印度	0	3	南非	0	1
法国	0	3	澳大利亚	0	1
德国	0	2	瑞士	0	1
俄罗斯	0	1	荷兰	0	1
意大利	0	1			

由下一代互联网国家工程中心牵头发起的"雪人计划"已在全球完成 25 台 IPv6 根服务器架设，中国部署了其中的 4 台，由 1 台主根服务器和 3 台辅根服务器组成，打破了中国过去没有根域名服务器的困境。

目前，"雪人计划"事实上已经形成了 13 台 IPv4 根域名服务器加 25 台 IPv6 根域名服务器的互联网域名系统新格局，为建立多边、民主、透明的国际互联网治理体系打下坚实基础。

特别强调的是，IPv6 根域名服务器在与现有 IPv4 根服务器体系架构充分兼容。

7.3 BIND 域名服务器软件

7.3.1 关于 BIND 软件

BIND（Berkeley Internet Name Domain，伯克利因特网域名系统）主要有三个版本：BIND4、BIND8、BIND9。每个版本在架构上都有显著的变化。

BIND 软件包括三个部分：DNS 服务器、DNS 解析库、测试服务器的工具。

- DNS 服务器，是指名为 named (name daemon) 的程序，它根据 DNS 协议标准的规定响应收到的查询。
- DNS 解析库（resolver library），解析库是程序组建的集合，可以在开发其他程序时使用，以便为程序提供域名解析功能。
- 测试服务器的工具，包括 DNS 查询工具 dig、host 和 nslookup，以及动态 DNS 更新工具 nsupdate 等。

最新的 BIND9 软件完全支持 IPv6 网络中域名到 IPv6 地址和 IPv6 地址到域名的查询。对于转发的查询，BIND9 同时支持 A6 和 AAAA 记录，而大多数操作系统所带的解析器只支持 AAAA 的解析查询，因为在实现上 A6 的解析要比 A 和 AAAA 的解析更为困难。

7.3.2 BIND 软件安装与运行（CentOS 7）

在 CentOS 7 操作系统中执行 yum -y install bind 命令，等待一段时间，屏幕显示"Complete!"，即 BIND 软件安装成功。

BIND 软件安装完成后，将在 /usr/sbin/ 文件夹下生成 named、named-checkconf、named-checkzone、named-compilezone 等执行程序。其中 named 程序是 DNS 服务主程序，可通过 named.

service 服务开启 named 主进程。named-checkconf 程序用于对 /etc/named.conf 配置文件进行语法检查。named-checkzone 程序用于对区域配置文件进行语法检查。named-compilezone 用于对区域数据文件进行编译并输出编译后的结果。

BIND 软件安装完成，CentOS 系统还会自动建立用户 named，用于启动 DNS 服务器进程。可以利用 systemd 系统和服务管理命令 systemctl 管理 BIND 服务。

- 开启（重启）Bind 服务：systemctl start（restart）named.service
- 停止 bind 服务：systemctl stop named.service
- 开机自动启用 Bind 服务：systemctl enable named.service
- 开机自动停用 Bind 服务：systemctl disable named.service
- 查看 Bind 服务运行状态：systemctl status named.service

在 CentOS 7 操作系统中执行 yum -y install bind-utils 命令，等待一段时间，即可成功安装 BIND 测试服务器工具，包括 dig、host 和 nslookup 等程序。

在 CentOS 7 操作系统中执行 yum -y install bind-libs 命令，等待一段时间，即可成功安装 DNS 解析库。

7.3.3 BIND 软件的支撑文件

BIND 软件安装后，会产生一些域名服务程序运行支撑文件，一类是配置文件，在 /etc 目录下；一类是 DNS 记录文件，在 /var/named 目录下。还会产生一些文件夹，用于存放域名解析相关的数据文件。

1. 配置文件

安装 BIND 服务器软件后，在 /etc 文件夹下，会产生多个配置文件，分别是：

```
/etc/named.conf                ## 域名服务器主配置文件
/etc/named.rfc1912.zones       ## 区域定义配置文件
/etc/named.iscdlv.key          ## 用于覆盖软件内置的 DNSSEC 信任区域密钥文件
/etc/named.root.key            ## 用于验证根区域的密钥文件
```

配置 DNS 域名服务器，需要对主配置文件 /etc/named.conf 和区域定义配置文件 /etc/named.rfc1912.zones 进行配置。

2. 记录文件

安装 BIND 服务器软件后，在 /var/named 文件夹下，会产生多个文件，分别是：

```
/var/named/named.ca            ## 根域名服务器信息
/var/named/named.empty         ## 区域数据库配置样例
/var/named/named.local         ## localhost 正向解析库文件
/var/named/named.loopback      ## localhost 反向解析库文件
```

配置 DNS 域名服务器，如果域名服务器作为权威域名服务器，则需要在此目录下增加用户定义的区域配置文件，区域配置文件一般以 ZONE_NAME.zone 方式命名。

3. 相关文件夹

安装 BIND 服务器软件后，还会生成其他一些文件夹。不同文件夹存放文件的类型不同。这些文件夹分别是：

```
/var/named/data/            ##用于存放域名服务器日志等数据文件
/var/named/dynamic/         ##用于存放 DNSSEC 密钥相关文件
/var/named/slaves/          ##用于辅助域名服务器存放解析数据文件
```

7.3.4 理解 named.conf 文件

Bind 域名服务器配置主要是通过对主配置文件 /etc/named.conf 的修改实现的。为此需要首先了解 named.conf 文件。配置文件 named.conf 主要由四部分组成，分别是：

(1) 选项配置段 options{...}。选项配置 options 用于设置域名服务器的全局参数。有多个重要参数，包括 listen-on、listen-on-v6、directory、allow-query、recursion 等。

- listen-on 和 listen-on-v6 用于设置域名服务器监听的网络接口 IPv4 和 IPv6 地址。默认监听"127.0.0.1"和"::1"代表的环回网卡，只有本机能够查询。可以修改为 any，表示监听域名服务器所有网络接口。
- directory 用于设置区域配置文件保存文件夹，默认为 /var/named/。此项设置保持不变。
- allow-query 用于设置域名服务器提供查询服务的对象，是针对 DNS 客户端的设置。可以设置单播地址和网段地址，也可设置为 any，表示任意客户端都可以使用本域名服务器查询。
- recursion 用于设置域名服务器工作模式，默认值为 yes，表示将域名服务器设置为递归域名服务器。如果需要限定提供递归查询的范围，还需要利用 allow-recursion 指定允许查询的客户机范围。没有指定，则默认为 allow-recursion（any;），表示允许任何人发起的递归查询。

(2) 日志配置段 logging{...}。日志配置 logging 用于设置日志参数，包括设置日志输出形式、日志文件、日志严重等级等。一般日志保存在 /var/named/date/named.run 文件中。

(3) 区域配置段 zone{...}。区域配置 zone 用于配置域名服务器区域 zone 信息。在 named.conf 文件中定义根区域"."的信息，其 type 值 hint 表示根域，file 值 named.ca 表示根域配置文件为 named.ca 文件。

(4) 文件引入段 include。文件引入 include 用于将其他配置文件信息引入 named.conf 文件中。named.conf 默认引入了两个文件，分别是用户区域配置文件为 /etc/named.rfc1912.zones 和密钥文件为 /etc/named.root.key。

注意：所有区域配置 zone 信息应包含在 named.conf 中。但为了不让主配置文件 named.conf 过于臃肿，可以将用户相关的区域配置信息保存在其他区域文件中，如 /etc/named.rfc1912.zones 文件中，然后通过 include 引入 named.conf 中。

7.3.5 理解 named.rfc1912.zones 文件

如果域名服务器需要负责管理区域 zone 的域名解析工作，则需要将域名服务器配置为权威域名服务器。即配置 named.rfc1912.zones 文件，在 named.rfc1912.zones 中增加本地区域 zone 相关的信息，并配置本地区域对应的区文件信息。named.rfc1912.zones 文件中 5 个默认的区域，分别是 localhost.localdomain、localhost、1.0.0.0.0.0.0.0.0.0.0.0.0.0.0.0.0.0.0.0.0.0.0.0.0.0.0.0.0.0.0.0.ip6.arpa、1.0.0.127.in-addr.arpa 和 0.in-addr.arpa。五个默认区域配置如图 7-7 所示。

第 7 章　IPv6 域名系统

```
zone "localhost.localdomain" IN {
        type master;
        file "named.localhost";
        allow-update { none; };
};

zone "localhost" IN {
        type master;
        file "named.localhost";
        allow-update { none; };
};

zone "1.0.0.0.0.0.0.0.0.0.0.0.0.0.0.0.0.0.0.0.0.0.0.0.0.0.0.0.0.0.0.0.ip6.arpa" IN {
        type master;
        file "named.loopback";
        allow-update { none; };
};

zone "1.0.0.127.in-addr.arpa" IN {
        type master;
        file "named.loopback";
        allow-update { none; };
};

zone "0.in-addr.arpa" IN {
        type master;
        file "named.empty";
        allow-update { none; };
};
```

图 7-7　named.rfc1912.zones 文件默认定义区域

可以看到，每个区域定义中除了指定区域名外，还可以定义多个参数。主要包括是 type、file 和 allow-update。

- type 用于指定相关区域域名服务器类型，包括 hint、master、slave、forwarder、stub 五个值，分别代表根域、主域、从域、转发域、stub 域（stub 域类似 slave，但只复制 master 域的 NS 记录数据）。
- file 用于指定区文件名称，区文件保存于 /var/named/ 文件夹下。
- allow-update 用于指定区传输更新的从域名服务器，可以是具体的 IP 地址，也可以是 any 和 none。any 表示任何主机，none 表示不允许更新。

当配置权威域名服务器时，需要配置权威解析区域 zone 信息，合理设置以上三个参数。后面将通过实例说明 named.rfc1912.zones 文件中区域信息的配置，并提供对应区文件配置信息，以供参考。

7.4　IPv6 域名服务器配置实践

7.4.1　域名服务器工作模式

域名服务器分为权威域名服务器和递归域名服务器。而权威域名服务又分为主域名服务器和辅助域名服务器。因此，配置的域名服务器有三种工作模式。

（1）递归域名服务器（Recursion）又称缓存域名服务器，它不存在任何区域 Zone 配置文件，而作为用户主机的本地域名服务器，向其他域名服务器查询获得域名与 IP 地址对应关系。

（2）主域名服务器（master），主域名服务器负责本区域的域名和 IP 地址对应关系的

IPv6 域名服务器配置实践

解析，它保存有该区域的 Zone 配置文件。

（3）辅助域名服务器（slave），又称从域名服务器，它作为主域名服务的冗余备份，从主域名服务器中通过区传输获取主域名服务器区域的 Zone 配置文件。

注意：为保证权威域名服务器提供稳定可靠的服务，一般高层的权威域名服务器不应该提供递归域名服务。互联网中也有专门的递归域名服务器，用于递归域名解析。对于末节网络，配置域名服务器时，一般会既作为递归域名服务器（缓存域名服务器），又作为末节网络域的权威域名服务器，负责本域的域名解析。

7.4.2 IPv6 域名服务器配置实践

利用 VMware Workstation 或者 VirtualBox 虚拟机软件作为实验平台。假定主机已经安装虚拟机平台 VMware Workstation 软件或者 VirtualBox 软件，并在虚拟机平台上安装了三台 CentOS 7 虚拟机。三台虚拟机属于一个 IPv6 网络，IPv6 网络地址为 240e:0:1:10::/64。DNS 域名为 900iot.com。

实验名称：IPv6 域名服务器配置实践

实验目的：学习掌握 Linux 环境下 IPv6 域名服务器的配置方法。理论结合实践掌握 IPv6 的域名系统的基础知识和工作原理。

实验拓扑：

实验拓扑如图 7-8 所示，三台 CentOS 7 虚拟机分别为 linuxVM1，linuxVM2，linuxVM3，其中 linuxVM1 的 IPv6 地址为 240e:0:1:16::11，为 900iot.com 主域名服务器。linuxVM2 的 IPv6 地址为 240e:0:1:16::22，为 900iot.com 辅助域名服务器。LinuxVM3 为网络中用户主机，用于测试配置后的域名服务，假定 IPv6 地址为 240e:0:1:16::33。

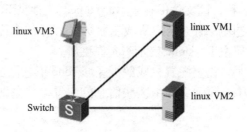

图 7-8　域名服务器实践拓扑图

实验内容：

（1）分别为三台主机配置 IPv6 地址，为 linuxVM1、linuxVM2 主机安装 BIND 软件和测试工具，为 liunxVM3 主机安装测试工具，为域名服务器配置做准备。（2）将 linuxVM1、linuxVM2 作为递归域名服务器，并只允许为本域用户提供递归域名解析服务。（3）将 linuxVM1 配置为本域的主域名服务器。（4）将 linuxVM2 配置为本域辅助域名服务器。

实验步骤：

1. CentOS 7 主机 IPv6 地址配置

默认情况下，CentOS 7 操作系统已经启用 IPv6 功能。可以通过修改 CentOS 7 中网卡对应配置网络文件实现 IPv6 地址配置，假定网卡名为 eth0，则网卡对应的网络配置文件为 /etc/sysconfig/network-scripts/ifcfg-eth0。下面给出 linuxVM1 中 IPv6 地址配置，并使 IPv6 生效的配置，其他两台机器参考配置。

1) 配置 linuxVM1 中 IPv6 地址

在 linuxVM1 主机中利用 vi 命令编辑和修改网卡配置文件,执行命令:

```
# vi /etc/sysconfig/network-scripts/ifcfg-eth0
```

打开文件后,vi 进入命令模式,按【i】键,切换为插入模式,添加或修改有关 IPv6 配置信息。

```
ONBOOT=yes                                  ## 是否激活网卡
BOOTPROTO=static                            ## 设置网卡地址配置方式
IPV6INIT = yes                              ## 初始化开启 IPv6 功能
IPV6_AUTOCONF = no                          ## 取消自动获取 IPv6 地址
IPV6_DEFROUTE = yes                         ## 启用 IPv6 缺省路由
IP6_FAILURE_FATAL = no                      ## 不启用 IPV6 错误检测(配置失败,接口不被禁用)
IPV6_ADDR_GEN_MODE = stable-privacy         ## 无状态自动地址获取时接口标识符采用 stable-privacy 模式
IPV6ADDR = 240e:0:1:16::11                  ## 指定 IPv6 地址
IPV6_DEFAULTGW = 240e:0:1:16::1             ## 指定确认网关 IPv6 地址
```

接下来,按下【Esc】键,返回到命令模式;然后输入":",进入底行模式,在底行输入"wq"后按【Enter】键,退出并保存文件。

2) 配置使 IPv6 地址生效

在 linuxVM1 主机中执行以下命令,linuxVM1 中 IPv6 地址生效。

```
# systemctl restart network.service
```

2. CentOS 7 主机安装 BIND 软件和检测工具

下面给出 linuxVM1 中 BIND 软件和检测工作安装方法,其他两台机器参考配置。

在 linuxVM1 中安装 bind 和 bind-utils。在 linuxVM1 主机中执行命令:

```
# yum -y install bind bind-utils
```

当屏幕显示"Complete!",软件安装完成。

3. 配置递归域名服务器

递归域名服务器又称缓存域名服务器,它负责直接与用户主机域名解析器进行交互,并向其他权威域名服务器查询获得域名与 IP 地址对应关系,并将查询结果提供给客户端的同时缓存在本地。因此,配置递归查询服务器只需要对 named.conf 的 options 中的 listen-on-v6、allow-query、recursion 和 allow-recursion 选项参数进行适当配置。

将 linuxVM1 和 linuxVM2 设置为递归域名服务器。需要做如下配置。

在 linuxVM1 和 linuxVM2 中分别执行命令:

```
# vi /etc/named.conf
```

修改选项参数 options 如下:

```
listen-on-v6 port 53 {::1; any; };           ## 监听本机所有接口
allow-query {localhost; any; };              ## 允许任何客户端查询
recursion yes;                               ## 设置为递归查询
allow-recursion { 240e:0:1:16::/64; };       ## 允许本区域客户端递归查询
```

由于要求 linuxVM1 和 linuxVM2 域名服务器只能为本区域提供递归域名解析，因此，需要通过 allow-recursion 选项指定允许递归查询的 IPv6 网络地址。

如果允许任何客户端使用本域名服务器作为递归域名服务器，可以使用 any 替代 IPv6 网络地址，或者不定义 allow-recursion 选项。不定义 allow-recursion 选项相当于隐含定义 allow-recursion{ any; };。

4. 配置主域名服务器

将 linuxVM1 配置为主域名服务器，需要在 named.rfc1912.zones 中增加 900iot.com 正向解析和反向解析区域信息，配置区域类型为 master，同时配置区域对应区文件。

1）在 named.rfc1912.zones 中增加 900iot.com 域正反向解析信息

```
# vi /etc/named.rfc1912.zones
```

在文件末尾添加以下内容。

```
zone "900iot.com" IN {
  type master;
  file "900iot.com.zone";
  allow-update { 240e:0:1:16::22; };
};
zone "6.1.0.0.1.0.0.0.0.0.0.0.e.0.4.2.ip6.arpa" IN {
  type master;
  file "6.1.0.0.1.0.0.0.0.0.0.0.e.0.4.2.ip6.arpa.zone";
  allow-update { 240e:0:1:16::22; };
};
```

2）配置区文件 /var/named/900iot.com.zone

/var/named/900iot.com.zone 为正向解析区文件，内容如下：

```
$TTL 1D
$ORIGIN 900iot.com.
@ IN SOA linuxVM1.900iot.com. root.900iot.com. (
                2022052101 1D 60M 1W 3H )
    IN NS linuxVM1.900iot.com.
    IN NS linuxVM2.900iot.com.
linuxVM1 IN AAAA 240E:0:1:16::11
linuxVM2 IN AAAA 240E:0:1:16::22
linuxVM3.900iot.com. IN AAAA 240E:0:1:16::33
VM1    IN CNAME linuxVM1.900iot.com.
VM2    IN CNAME linuxVM2.900iot.com.
VM3.900iot.com.    IN CNAME linuxVM3.900iot.com.
```

3）配置区文件 /var/named/6.1.0.0.1.0.0.0.0.0.0.0.e.0.4.2.ip6.arpa.zone

/var/named/6.1.0.0.1.0.0.0.0.0.0.0.e.0.4.2.ip6.arpa.zone 为反向解析区文件，内容如下：

```
$TTL 1D
$ORIGIN 6.1.0.0.1.0.0.0.0.0.0.0.e.0.4.2.ip6.arpa.
@ IN SOA linuxVM1.900iot.com. root.900iot.com. (
                2022052101 1D 60M 1W 3H )
```

```
         IN NS linuxVM1.900iot.com.
         IN NS linuxVM2.900iot.com.
1.1.0.0.0.0.0.0.0.0.0.0.0.0.0.0 IN PTR LinuxVM1.900iot.com.
2.2.0.0.0.0.0.0.0.0.0.0.0.0.0.0 IN PTR LinuxVM2.900iot.com.
3.3.0.0.0.0.0.0.0.0.0.0.0.0.0.0 IN PTR LinuxVM3.900iot.com.
```

说明：

（1）$ORIGIN 用来定义相对域名的起点，管理员可以自行定义 $ORIGIN 的值。在区文件中，如果未定义 $ORIGIN 的值，则 $ORIGIN 的值为当前区域的域名部分。

（2）"@"作为一个特殊符号，代表当前域名起点（$ORIGIN 的值）。

（3）$TTL 是 BIND 软件 8.2 及以后版本支持用来在区文件中定义域名解析结果的缓存时间，表示其后的资源记录都以此 TTL 值为准，直到定义下一个 $TTL 值为止，一个区文件一般只会定义一个 $TTL 值。

（4）每个区文件，第一个资源记录都是 SOA 记录。SOA 的一个作用是确定区域的主域名服务器。另外，SOA 中的序列号 serial、刷新时间 refresh、重试时间 retry、过期时间 expire、最小值 minimum 的值，都是 32 位无符号整数。RFC1912 文件建议序列号 serial 采用 YYYYMMDDnn 的形式表示，nn 为修订号。刷新时间 refresh、重试时间 retry、过期时间 expire、最小值 minimum 的值，都以秒为单位。在 BIND 软件中，可以使用 M（分钟）、H（小时）、D（日）、W（星期）来代替。

（5）NS 用来指明负责解析的权威域名服务器和子域的权威域名服务器。

5. 配置从域名服务器

这里要求将 linuxVM2 配置为从域名服务器，负责为 900iot.com 提供域名解析服务备份。在 linuxVM2 中，需要在 named.rfc1912.zones 中增加 900iot.com 正向解析和反向解析区域信息，配置区域类型为 slave，指定区文件备份位置。注意：从域名服务器通过区传递获取区文件信息，不需要配置区文件。

在 named.rfc1912.zones 中增加 900iot.com 区域正向解析和反向解析信息：

```
# vi /etc/named.rfc1912.zones
```

在文件中添加以下内容。

```
zone "900iot.com" IN {                              ## 正向解区域
  type slave;                                       ## 设置从域名解析类型
  masters { 240e:0:1:16::11; };                     ## 指定主域名服务器
  file "slaves/900iot.com.zone";                    ## 指定备份区文件
};
zone "6.1.0.0.1.0.0.0.0.0.0.0.e.0.4.2.ip6.arpa" IN {
  type slave;
  masters { 240e:0:1:16::11; };
  file "slaves/6.1.0.0.1.0.0.0.0.0.0.0.e.0.4.2.ip6.arpa.zone";
};
```

说明：

（1）通过以上配置，linuxVM1 配置为主域名服务器，负责为 900iot.com 提供权威域名解析服务，linuxVM2 配置为从域名服务器，作为 900iot.com 备份权威域名服务器。

（2）linuxVM1 和 linxuVM2 还作为递归域名服务器为本区域中用户提供递归解析服务。但对 900iot.com 域外用户来说，linuxVM1 和 linxuVM2 域名服务器都只是 900iot.com 域的权威域名服务器。

（3）主从域名服务器之间在进行区传递发生在三种情况下，一是从域名服务器重启；二是主域名服务重启；三是区域数据文件中 SOA 记录定义的刷新时间 refresh 到了。

6. 对配置文件和区文件进行语法检测

BIND 软件有 named-checkconf、named-checkzone、named-compilezone 三个语法检查工具。named-checkconf 用于对 /etc/named.conf 配置文件进行语法检查。named-checkzone 用于对区域配置文件进行语法检查。named-compilezone 用于对区域数据文件进行编译并输出编译后的标准结果。

1）利用 named-checkconf 检测 linuxVM1 的 /etc/named.conf 配置文件

在配置完成的主域名服务器中，利用 named-checkconf 检查 /etc/named.conf 配置文件，在命令提示下输入 named-checkconf -z /etc/named.conf 命令。如果显示每个配置区域 zone 正常装载（loaded serial），则表示配置正确，如图 7-9 所示。

图 7-9 利用 named-checkconf 检查 /etc/named.conf 配置文件

2）利用 named-checkzone 检测区域配置文件

在配置完成的主域名服务器中，利用 named-checkzone 可以分别检查每个区域 zone 配置是否正确，例如，检查域 900iot.com。在命令提示下输入 named-checkzone 900iot.com /var/named/900iot.com.zone 命令，如果显示区域 zone 正常装载（loaded serial），则表示区域配置正确，如图 7-10 所示。

图 7-10 利用 named-checkzone 检查区域 zone 配置

3）利用 named-compilezone 对区域数据文件进行编译

在配置完成的主域名服务器中，利用 named-compilezone 可以分别编译区域配置文件并生成区域配置文件的标准配置。例如，在命令提示下输入 named-compilezone -o /var/named/900iot.com.zone.bak 900iot.com /var/named/900iot.com.zone 命令，则在 /var/named/ 下编译生成 900iot.com 区域标准配置文件 900iot.com.zone.bak，如图 7-11 和图 7-12 所示。

图 7-11 利用 named-conpilezone 编译区域配置文件

```
900iot.com.                     86400 IN SOA    linuxVM1.900iot.com. root.900iot.com. 2022052101 86400 3600 60
00 10800
900iot.com.                     86400 IN NS     linuxVM1.900iot.com.
                                86400 IN NS     linuxVM2.900iot.com.
linuxVM1.900iot.com.            86400 IN AAAA   240e:0:1:16::11
linuxVM2.900iot.com.            86400 IN AAAA   240e:0:1:16::22
linuxVM3.900iot.com.            86400 IN AAAA   240e:0:1:16::33
VM1.900iot.com.                 86400 IN CNAME  linuxVM1.900iot.com.
vm2.900iot.com.                 86400 IN CNAME  linuxVM2.900iot.com.
vm3.900iot.com.                 86400 IN CNAME  linuxvm3.900iot.com.
```

图 7-12　利用 named-conpilezone 编译生成的标准配置文件内容

7．开启主从域名服务

在 linuxVM1 和 linuxVM2 中分别开启 named.service 服务：

```
# systemctl enable named.service        ## 设置开机自动启用 BIND 服务
# systemctl start named.service         ## 启动 BIND 服务
```

或

```
# systemctl restart named.service       ## 重启 BIND 服务
```

8．域名解析测试

IPv6-DNS 配置完成后，可以利用 bind 提供的 dig、host、nslookup 测试工具进行客户端 IPv6 域名解析测试。

这里给出 dig、host、nslookup 简单测试的示例，以便参考使用。

1）利用 dig 进行测试

利用 BIND 的测试工具 dig 进行 DNS 系统测试，命令格式如下：

```
Dig  [-t RR_type] name [@server] [query options]
```

- -t RR_type：用于指定测试配型，如"-t aaaa"。
- @server：指定域名服务器，忽略则使用本机指定的域名服务器。
- Name：指定要检测的域名。
- -x ip：用于反向解析测试。

（1）正向解析测试。

在 linuxVM3 的命令提示符下输入：

```
# dig -t aaaa linuxvm2.900iot.com
```

IPv6-DNS 配置正确，显示如图 7-13 所示结果。

图 7-13 中显示域名"linuxvm2.900iot.com"对应的 IPv6 地址为 240e:0:1:16::22。特别强调的是，图中 QUESTION SECTION、ANSWER SECTION、AUTHORITY SECTION、ADDITIONAL SECTION 四部分对应 DNS 报文格式最后的"问题""应答""权威""附加信息"四部分。

（2）反向解析测试。

在 linuxVM3 的命令提示符下输入：

```
# dig -x 240e:0:1:16::22
```

IPv6-DNS 配置正确，显示如图 7-14 所示结果。图中显示 IPv6 地址为 240e:0:1:16::22，对应的域名为 linuxvm2.900iot.com。

```
[root@localhost ~]# dig -t aaaa linuxvm2.900iot.com

; <<>> DiG 9.11.4-P2-RedHat-9.11.4-26.P2.el7_9.9 <<>> -t aaaa linuxvm2.900iot.com
;; global options: +cmd
;; Got answer:
;; ->>HEADER<<- opcode: QUERY, status: NOERROR, id: 64712
;; flags: qr aa rd ra; QUERY: 1, ANSWER: 1, AUTHORITY: 2, ADDITIONAL: 2

;; OPT PSEUDOSECTION:
; EDNS: version: 0, flags:; udp: 4096
;; QUESTION SECTION:
;linuxvm2.900iot.com.           IN      AAAA

;; ANSWER SECTION:
linuxVM2.900iot.com.    86400   IN      AAAA    240e:0:1:16::22

;; AUTHORITY SECTION:
900iot.com.             86400   IN      NS      linuxVM1.900iot.com.
900iot.com.             86400   IN      NS      linuxVM2.900iot.com.

;; ADDITIONAL SECTION:
linuxVM1.900iot.com.    86400   IN      AAAA    240e:0:1:16::11

;; Query time: 1 msec
;; SERVER: 240e:0:1:16::11#53(240e:0:1:16::11)
;; WHEN: Sun May 22 09:41:15 CST 2022
;; MSG SIZE  rcvd: 150
```

图 7-13 利用 dig 命令正向解析

```
[root@localhost ~]# dig -x 240e:0:1:16::22

; <<>> DiG 9.11.4-P2-RedHat-9.11.4-26.P2.el7_9.9 <<>> -x 240e:0:1:16::22
;; global options: +cmd
;; Got answer:
;; ->>HEADER<<- opcode: QUERY, status: NOERROR, id: 54045
;; flags: qr aa rd ra; QUERY: 1, ANSWER: 1, AUTHORITY: 2, ADDITIONAL: 3

;; OPT PSEUDOSECTION:
; EDNS: version: 0, flags:; udp: 4096
;; QUESTION SECTION:
;2.2.0.0.0.0.0.0.0.0.0.0.0.0.0.0.6.1.0.0.1.0.0.0.e.0.4.2.ip6.arpa. IN PTR

;; ANSWER SECTION:
2.2.0.0.0.0.0.0.0.0.0.0.0.0.0.0.6.1.0.0.1.0.0.0.e.0.4.2.ip6.arpa. 86400 IN PTR linuxVM2.900iot.com.

;; AUTHORITY SECTION:
6.1.0.0.1.0.0.0.0.0.0.e.0.4.2.ip6.arpa. 86400 IN NS linuxVM2.900iot.com.
6.1.0.0.1.0.0.0.0.0.0.e.0.4.2.ip6.arpa. 86400 IN NS linuxVM1.900iot.com.

;; ADDITIONAL SECTION:
linuxVM1.900iot.com.    86400   IN      AAAA    240e:0:1:16::11
linuxVM2.900iot.com.    86400   IN      AAAA    240e:0:1:16::22

;; Query time: 1 msec
;; SERVER: 240e:0:1:16::11#53(240e:0:1:16::11)
;; WHEN: Sun May 22 09:42:13 CST 2022
;; MSG SIZE  rcvd: 227
```

图 7-14 利用 dig 命令反向解析

2）利用 host 进行测试

利用 BIND 的测试工具 host 进行 DNS 系统测试，命令格式如下：

```
host [-t RR_type ] name [server]
```

（1）正向解析测试。

在 linuxVM3 的命令提示符下输入：

```
# host -t aaaa linuxvm2.900iot.com
```

第 7 章 IPv6 域名系统

（2）反向解析测试。

在 linuxVM3 的命令提示符下输入：

```
# host -t ptr 240e:0:1:16::22
```

利用 host 命令正向解析和反向解析的结果显示如图 7-15 所示。

```
[root@localhost ~]# host -t aaaa linuxvm2.900iot.com
linuxVM2.900iot.com has IPv6 address 240e:0:1:16::22
[root@localhost ~]# host -t ptr 240e:0:1:16::22
2.2.0.0.0.0.0.0.0.0.0.0.0.0.0.0.6.1.0.0.1.0.0.0.0.0.0.0.e.0.4.2.ip6.arpa domain name pointer linuxVM2.900iot.com.
```

图 7-15　利用 host 命令测试的结果

3）利用 nslookup 进行测试

BIND 的测试工具 nslookup 是一个交互式命令。当用户输入 nslookup 命令进入交互模式后，直接输入域名则正向解析出 IPv6 地址；直接输入 IPv6 地址则反向解析出域名，如图 7-16 所示。

```
[root@localhost ~]# nslookup
> vm1.900iot.com
Server:         240e:0:1:16::11
Address:        240e:0:1:16::11#53

VM1.900iot.com  canonical name = linuxVM1.900iot.com.
Name:   linuxVM1.900iot.com
Address: 240e:0:1:16::11
> 240e:0:1:16::33
3.3.0.0.0.0.0.0.0.0.0.0.0.0.0.0.6.1.0.0.1.0.0.0.0.0.0.0.e.0.4.2.ip6.arpa     name = linuxVM3.900iot.com.
```

图 7-16　利用 nslookup 命令测试的结果

7.5　华为路由器 IPv6-DNS 转发配置

在定义域名服务器区域时，其中的 type 用于指定相关区域域名服务器类型，其中 forwarder 类型可以将域名服务器设置为转发域名服务器。将域名服务器配置为转发域名服务器之后，当用户将转发域名服务器设置为本地域名解析器。则转发域名服务器转发用户的所有域名解析请求到指定的递归域名服务器。

对于小型网络，如果用户没有申请专门的域名，可以不配置域名服务器，而使用互联网上公共的递归域名服务器作为本地域名服务器。这样就会出现不同的用户上网使用不同的本地域名服务器，不便于网络管理。因此，管理员可以在本地网络配置一个转发域名服务器，而用户使用这个转发域名服务器作为本地域名服务器，进行域名解析的转发工作。

华为的 AR 路由器支持将路由器配置为转发域名服务器。通过将 AR 路由器配置为转发域名服务器，可以使网络内部用户使用统一的本地域名服务器，有利于网络管理。

华为的 AR 路由器是通过 IPv6-DNS 代理 / 中继（DNS Proxy/Relay）实现转发域名服务器功能的。IPv6-DNS relay 和 IPv6-DNS proxy 功能相同，区别在于 IPv6-DNS proxy 接收到 IPv6-DNS 客户端的 IPv6-DNS 查询报文后会查找本地 cache，而 IPv6-DNS relay 不会查询本地 cache，而是直接转发给指定的递归域名服务器进行解析，从而节省 IPv6-DNS relay 上的 IPv6-DNS cache 开销。

如图 7-17 所示，将本地网络中 RouterA 路由配置为 IPv6-DNS proxy 域名服务器。本地主机 HostA 和 HostB 使用 RouterA 路由器作为本地域名服务器实现域名解析。

IPv6 技术与实践

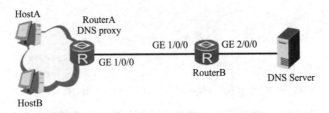

图 7-17　配置 IPv6-DNS proxy 组网图

在 RouterA 路由器系统视图下配置 IPv6-DNS proxy，具体配置方法如下：

（1）执行 system-view 命令，进入系统视图。

（2）执行 dns proxy enable 命令，使能 IPv6 DNS proxy 功能；或执行 dns relay enable 命令，使能 IPv6 DNS relay 功能。

（3）执行 dns resolve 命令，使能动态域名解析功能。

（4）执行 dns server ipv6 *ipv6-address* 命令，配置 IPv6 DNS proxy/relay 访问的 DNS 服务器。

当路由器使能 IPv6 DNS proxy/relay 功能后，如果路由器上没有配置指定的递归域名服务器地址或没有使能 DNS 动态域名解析功能，则路由器不会转发域名解析请求，也不会应答该请求。如果此时设备上同时使能了 IPv6-DNS spoofing（IPv6-DNS 欺骗）功能，则会利用 IPv6-DNS spoofing 配置命令中的 IPv6 地址作为域名解析结果，欺骗性地应答域名解析请求。

执行 dns spoofing ipv6 *ipv6-address* 命令，使能 IPv6 DNS spoofing 功能，指定应答的 IPv6 地址。缺省情况下，系统未使能 IPv6 DNS spoofing 功能。

小　结

IPv6-DNS 是支持 IPv6 协议的域名系统，经历了 RFC1886（1995）、RFC2874（2000）、RFC3152（2001）、RFC3363（2002），以及 RFC3596（2003）文档。2003 年发布的 RFC3596 成为支持 IPv6 域名系统的互联网标准文档。本章结合以上 IPv6-DNS 相关 RFC 文档以及支持 IPv4-DNS 的 RFC1034 和 RFC1035 文档介绍。

本章在回顾 IPv4 域名系统的基础上，介绍 IPv6-DNS 的实现、BIND 域名服务器软件，以及 IPv6 域名服务器的配置方法和实践。

IPv4 域名系统主要包括三个组件，分别是域名空间与资源记录、域名服务器、域名解析器。DNS 的域名解析过程采用 UDP 传输，而区域内主从域名服务器间的资源记录数据传输采用 TCP 传输，传输端口都是 53。

IPv6-DNS 系统是对 IPv4-DNS 系统的扩展，既支持 IPv4 域名解析，也支持 IPv6 域名解析。为支持 IPv6 网络的域名解析，先后定义 AAAA 记录类型和 A6 记录类型，IP6.INT 和 IP6.ARPA 反向域、半字节点分十六进制标签（nibble label）域名和位串标签（bit-string label）域名等概念。互联网标准文档 RFC3596 文档中只定义 AAAA 资源记录类型、半字节点分十六进制标签域名，以及 IP6.ARPA 反向域支持 IPv6 的域名解析。

BIND 软件包括三部分：DNS 服务器、DNS 解析库、测试服务器的工具集。最新的 BIND9 软件完全支持 IPv6 网络中域名到 IPv6 地址和 IPv6 地址到域名的查询。

习 题

1. 什么是域名系统,域名系统由哪几部分组成?
2. 简述域名系统的域名空间结构。
3. 域名服务器有哪些类型?分别有什么作用?
4. 什么是域名解析器?
5. 简述域名系统的解析过程。
6. 简述 IPv6 域名系统资源记录类型和记录格式。
7. 简述 2015 年 IPv6 根域名服务测试和运营实验项目——"雪人计划"的内容。
8. 简述 BIND 软件的组成部分。
9. 简述 CentOS 7 环境下安装的 BIND9 软件中支持 IPv6 域名系统的支撑文件。
10. 简述 BIND9 软件中 named.conf 文件的组成。

第 8 章

IPv6 路由技术与实践

路由协议是互联网协议族中的重要成员之一，用于创建路由器路由表项，描述网络拓扑结构。在 IPv6 网络环境下，大多数路由协议都需要重新设计或者开发，以便支持 IPv6 网络。目前各种常用单播路由协议和多播路由协议都已经支持 IPv6 网络。本章重点介绍 IPv6 网络环境下的单播路由协议原理与实践。

8.1 IPv6 路由概述

8.1.1 路由基本概念

在网络中，路由器根据所收到报文的目的地址选择一条合适的路径，并将报文转发到下一个路由器。路径中最后一个路由器负责将报文转发给目的主机。路由就是报文在转发过程中的路径信息，用来指导报文转发。

(1) 根据路由目的地址的不同，路由可划分为：
- 网段路由：目的地址为网段地址，IPv6 地址前缀长度小于 128 位。
- 主机路由：目的地址为主机地址，IPv6 地址前缀长度为 128 位。

(2) 根据路由的来源不同，路由可划分为：
- 直连路由：通过链路层协议发现的路由。目的地所在网络与路由器直接相连。
- 静态路由：通过网络管理员手动配置的路由，是一种间接路由（非直连路由）。
- 动态路由：通过动态路由协议发现的路由，是一种间接路由（非直连路由）。

(3) 根据目的地址类型不同，路由可划分为：
- 单播路由：表示将报文转发的目的地址是一个单播地址。

- 多播路由：表示将报文转发的目的地址是一个多播地址。

8.1.2　IPv6 路由表与转发表

路由器转发数据包的关键是路由表和转发表（Forwarding Information Base，FIB），每个路由器都至少保存着一张路由表和一张 FIB 表。路由器通过路由表选择路由，通过 FIB 指导报文进行转发。

1. IPv6 路由表

在开启 IPv6 功能的路由器上都保存着一张支持 IPv6 的本地核心路由表，同时各个 IPv6 动态路由协议也维护着自己的协议路由表。

1）IPv6 本地核心路由表

路由器的 IPv6 本地核心路由表是路由器用来选择路由指导数据转发的路由表。IPv6 核心路由表依据各种路由协议的优先级和度量值选取路由。华为设备显示 IPv6 核心路由表的概要信息使用命令如下：

```
display ipv6 routing-table        ## 显示 IPv6 核心路由表
```

图 8-1 所示为通过 display ipv6 routing-table 命令显示某路由器上的核心路由表信息。

```
<ar>disp ipv6 routing-table
Routing Table : Public
        Destinations : 7    Routes : 7

Destination   : ::1                        PrefixLength : 128
NextHop       : ::1                        Preference   : 0
Cost          : 0                          Protocol     : Direct
RelayNextHop  : ::                         TunnelID     : 0x0
Interface     : InLoopBack0                Flags        : D

Destination   : 240E:0:1:13::              PrefixLength : 64
NextHop       : 240E:0:1:13::2             Preference   : 0
Cost          : 0                          Protocol     : Direct
RelayNextHop  : ::                         TunnelID     : 0x0
Interface     : GigabitEthernet1/0/0       Flags        : D

Destination   : 240E:0:1:13::2             PrefixLength : 128
NextHop       : ::1                        Preference   : 0
Cost          : 0                          Protocol     : Direct
RelayNextHop  : ::                         TunnelID     : 0x0
Interface     : GigabitEthernet1/0/0       Flags        : D
```

图 8-1　路由器 IPv6 核心路由表

根据提供的 IPv6 路由表信息，可以看到，IPv6 路由表由多条路由信息组成，每条路由信息包括：Destination、PrefixLength、NextHop、Preference、Cost、Protocol、RelayNextHop、TunnelID、Interface、Flags 等。

- Destination：IPv6 目的网络或主机地址。用来确定入站数据包的目的地址是否与该路由项匹配。
- PrefixLength：前缀长度。IPv6 地址的前缀长度。
- NextHop：下一跳地址。去往下一台路由器的 IPv6 地址（通常是链路本地地址）。

- Preference：优先级。用于不同路由源路由的比较，优先级越小，越优先。
- Cost：路由开销。用于相同路由源路由的比较，路由开销越小，越优先。
- Protocol：路由源，又称路由协议。表示路由的来源。
- RelayNextHop：迭代的下一跳地址。
- TunnelID：隧道 ID。值为 0x0 表示没有使用隧道或隧道建立不成功。
- Interface：转发接口。用来到达下一跳地址的本地路由器接口。
- Flags：路由标志。R 标识该路由是迭代路由；D 标识该路由下发到 FIB 表。

路由器对于每一个入站的 IPv6 数据包来说，路由器会检测其目的地址并在核心路由表中进行查找。路由器找到匹配项之后，就根据该路由表项相关联的下一跳信息转发数据包。并将数据包中的 IPv6 包头的跳数限制值减 1。如果没有在路由表中找到匹配项或者跳数限制已经达到 0，那么就丢弃该报文。

2）IPv6 协议路由表

路由器每开启一个动态路由协议都会产生一个路由表，这个路由表就是对应的协议路由表。协议路由表中存放着该协议发现的路由信息。

路由协议可以引入并发布其他协议生成的路由。例如，在路由器上运行 OSPFv3 协议，需要使用 OSPFv3 协议通告直连路由、静态路由或者 IPv6 IS-IS 路由时，可将这些路由引入到 OSPFv3 协议的路由表中。

华为设备显示 IPv6 协议路由的命名如下。

```
Display ospfv3 [process ID] routing        ## 显示 OSPFv3 协议路由信息
Display ospfv3  lsdb                       ## 显示 OSPFv3 链路状态数据库
Display isis [process ID] route ipv6       ## 显示 IPv6 IS-IS 协议路由信息
Display isis lsdb                          ## 显示 IS-IS 链路状态数据库
Display ripng process ID route             ## 显示 RIPng 协议路由信息
Display ripng process ID database          ## 显示 RIPng 路由信息数据库
Display bgp ipv6 routing-table             ## 显示 BGP4+ 协议路由表
```

2. IPv6 转发表 FIB

路由器中的转发表，是根据核心路由表产生的。当报文到达路由器时，路由器会通过路由表选择路由，然后根据转发表转发数据。

IPv6 转发表中每条转发项都指明到达某网段或某主机的报文应通过路由器的哪个物理接口或逻辑接口发送。华为路由器设备使用如下命令查看 IPv6 转发表。

```
Display ipv6 fib                           ## 显示路由设备 IPv6 转发表
```

IPv6 转发表的匹配，遵循最长匹配原则。路由器在查找 IPv6 转发表时，报文的目的地址根据 FIB 中各表项的前缀长度形成前缀地址，形成的前缀地址如果符合 FIB 表项中的目的网络地址则匹配。最终选择一个最长匹配的 IPv6 的 FIB 表项转发报文。

图 8-2 所示为通过 display ipv6 fib 命令显示某路由器上的 IPv6 转发表 FIB 信息。

第 8 章　IPv6 路由技术与实践

```
[ar]display ipv6 fib
 IPv6 FIB Table:
 Total number of Routes : 7

Destination:   ::1                          PrefixLength : 128
Nexthop    :   ::1                          Flag         : HU
Interface  :   InLoopBack0                  Tunnel ID    : 0x0
TimeStamp  :   1970-01-01 00:00:06-08:00

Destination:   FE80::                       PrefixLength : 10
Nexthop    :   ::                           Flag         : BU
Interface  :   NULL0                        Tunnel ID    : 0x0
TimeStamp  :   1970-01-01 00:00:14-08:00

Destination:   240E:0:1:20::2               PrefixLength : 128
Nexthop    :   ::1                          Flag         : HU
Interface  :   InLoopBack0                  Tunnel ID    : 0x0
TimeStamp  :   1970-01-01 00:00:16-08:00
```

图 8-2　路由器 IPv6 转发表

8.2　IPv6 静态路由

路由可通过手动配置和使用动态路由算法计算产生，其中手动配置产生的路由就是静态路由。静态路由不会自动更新，且当网络发生故障或者拓扑发生变化时，必须手动重新配置静态路由。

8.2.1　IPv6 静态路由

当网络结构比较简单时，只需配置静态路由即可使网络正常工作。使用 ipv6 route-static 命令配置 IPv6 静态路由。使用 undo ipv6 route-static 命令删除已配置的静态路由。

华为设备 IPv6 静态路由配置命令格式为：

```
ipv6 route-static dest-ipv6-address prefix-length nexthop-ipv6-address [ {
preference preference | tag tag } ] [ description text ]
```

配置示例如下：

```
ipv6 route-static 240e:0:1:3::  64  240E:0:1:2::1
```

其中，240e:0:1:3:: 为 dest-ipv6-address，64 为 prefix-length，240E:0:1:2::1 为 nexthop-ipv6-address。本条静态路由表示，通过下一跳 IPv6 地址 240E:0:1:2::1，转发访问 240e:0:1:3::/64 网络的报文。

IPv6 静态路由配置命令还可以配置路由的优先级 preference 等信息。如果不指定优先级信息，则静态路由的默认优先级为 60。在创建相同目的地址的多条 IPv6 静态路由时，如果指定相同优先级，则可实现负载分担，如果指定不同优先级，则可实现路由备份。

8.2.2　IPv6 静态缺省路由

缺省路由是一种特殊的路由，是路由器在路由表中没有找到匹配的路由表项时才使用的路由。如果报文的目的地址不能与路由表的任何目的地址相匹配，那么该报文将选取缺省路由进行转发。如果没有缺省路由且报文的目的地址不在路由表中，那么该报文将被丢弃，并向源端返回一个 ICMP（Internet Control Message Protocol）报文或 ICMPv6 报文，报告该目的地址或网络不可达。

IPv6 缺省路由分为两种：一种是网络管理员手动配置的缺省路由，这里称为 IPv6 静态缺省路由；一种是动态路由协议（如 OSPFv3）生成的缺省路由。IPv6 动态路由协议产生的缺省路由是由路由能力比较强的路由器将缺省路由发布给其他路由器，其他路由器在自己的路由表中生成指向那台路由器的缺省路由。IPv6 动态路由协议产生的缺省路由的配置方法可参考各路由协议手册。这里介绍 IPv6 静态缺省路由及其配置方法。

在路由表中，IPv6 静态缺省路由是以目的地址和前缀长度为全 0（::/0）的路由形式出现。可通过 display ipv6 routing-table 命令查看当前是否设置了缺省路由。手工配置 IPv6 静态缺省路由的命令如下。

```
ipv6 route-static :: 0 nexthop-ipv6-address [ { preference preference | tag tag }] [ description text ]
```

例如：

```
ipv6 route-static :: 0 240E:0:1:2::1
```

其中，(:: 0) 表示任意网络。本条缺省路由表示，如果报文的目的地址不能与路由表的任何目的地址相匹配，那么该报文将通过下一跳 IPv6 地址 240E:0:1:2::1 进行转发。

8.3 RIPng 协议及实践

RIPng 是一种较为简单的内部网关协议，是 RIP 协议在 IPv6 网络中的应用。RIPng 主要用于规模较小的网络中。由于 RIPng 实现较为简单，因此在实际组网中仍有广泛应用。

8.3.1 RIPng 协议概述

1. RIPng 的特性

随着 IPv6 网络的建设，同样需要动态路由协议为 IPv6 报文的转发提供准确有效的路由信息。因此，IETF 在保留了 RIP 优点的基础上针对 IPv6 网络修改形成了 RIPng（RIP next generation，下一代 RIP 协议）。RIPng 主要用于在 IPv6 网络中提供路由功能，是 IPv6 网络中路由技术的一个重要组成协议。

为了实现在 IPv6 网络中应用，RIPng 对原有的 RIP 协议进行了修改。

- RIPng 使用 UDP 的 521 端口（RIP 使用 520 端口）发送和接收路由信息。
- RIPng 的目的地址使用 128 位的前缀长度。
- RIPng 使用 128 位的 IPv6 地址作为下一跳地址。
- RIPng 使用链路本地地址 FE80::/10 作为源地址发送 RIPng 路由信息更新报文。
- RIPng 使用多播方式周期性地发送路由信息，并使用 FF02::9 作为链路本地范围内的路由器多播地址。
- RIPng 报文由头部（Header）和多个路由表项（Route Table Entry，RTEs）组成。在同一个 RIPng 报文中，RTE 的最大数目根据接口的 MTU 值来确定。

2. RIPng 报文

RIPng 有两种报文：Request 报文和 Response 报文。

当 RIPng 路由器启动后或者需要更新部分路由表项时，便会发出 Request 报文，向邻居请求需要的路由信息。通常情况下以多播方式发送 Request 报文。

Response 报文包含本地路由表的信息，一般在下列情况下产生：
- 对某个 Request 报文进行响应；
- 作为更新报文周期性地发出；
- 在路由发生变化时触发更新。

收到 Request 报文的 RIPng 路由器会以 Response 报文形式发回给请求路由器。

收到 Response 报文的路由器会更新自己的 RIPng 路由表。为了保证路由的准确性，RIPng 路由器会对收到的 Response 报文进行有效性检查，比如源 IPv6 地址是否为链路本地地址、端口号是否正确等，没有通过检查的报文会被忽略。

3. RIPng 工作机制

RIPng 协议是基于距离矢量（Distance-Vector）算法的协议。它通过 UDP 报文交换路由信息，使用的端口号为 521。

RIPng 使用跳数衡量到达目的地址的距离。在 RIPng 中，从一个路由器到其直连网络的跳数为 0，通过与其相连的路由器到达另一个网络的跳数为 1，其余依此类推。当跳数大于或等于 16 时，目的网络或主机就被定义为不可达。

RIPng 每 30 s 发送一次路由更新报文。如果在 180 s 内没有收到网络邻居的路由更新报文，RIPng 将从邻居学到的所有路由标识为不可达。如果再过 120 s 内仍没有收到邻居的路由更新报文，RIPng 将从路由表中删除这些路由。

为了提高性能并避免形成路由环路，RIPng 既支持水平分割也支持毒性反转。此外，RIPng 还可以从其他路由协议引入路由。

每个运行 RIPng 的路由器都管理一个 RIPng 路由数据库，该路由数据库包含了到所有可达目的地的路由项，这些路由项包含下列信息：
- 目的地址：主机或网络的 IPv6 地址。
- 下一跳地址：为到达目的地，需要经过的相邻路由器接口的 IPv6 地址。
- 出接口：转发 IPv6 报文通过的出接口。
- 度量值：本路由器到达目的地的开销。
- 路由时间：从路由项最后一次被更新到现在所经过的时间，路由项每次被更新时，路由时间重置为 0。
- 路由标记（Route Tag）：用于标识外部路由，以便在路由策略中根据 Tag 对路由进行灵活的控制。

8.3.2 RIPng 的配置任务

RIPng 协议通常应用在小型 IPv6 网络，用于发现和生成路由信息。包含以下具体配置内容，配置 RIPng 的基本功能、防止路由环路、控制 RIPng 的路由选择，以及控制 RIPng 路由的发布和接口等。

1. 配置 RIPng 的基本功能

配置 RIPng 的基本功能主要包括启动 RIPng 进程和在接口下使能 RIPng 进程，是能够使用 RIPng 特性的前提。

1）启动 RIPng 进程

启动 RIPng 进程是配置 RIPng 的前提。只有在 RIPng 进程启动后，接口视图下配置的 RIPng 相关命令才会生效。在系统视图下执行命令：

```
ripng [ process-id ]                    ## 启动 RIPng 进程
```

2）在接口下使能 RIPng 协议

在接口下使能 RIPng 进程，可以使设备间通过该接口交换 RIPng 路由信息。执行 Interface interface-type interface-number 命令，进入接口视图，在接口视图下执行以下命令：

```
Ripng process-id  enable                ## 在指定接口下使能 RIPng
```

2. 配置 RIPng 路由相关属性

RIPng 协议相关属性参数，包括防止路由环路参数、选路参数、定时器参数等。可以根据需要选择执行以下命令，配置相关参数。

1）防止路由环路

RIPng 是一种基于距离矢量算法的路由协议，由于它向邻居通告的是本地 IPv6 路由表，所以存在路由环路的可能性。RIPng 通过水平分割和毒性反转防止路由环路。

- 水平分割：RIPng 从某个接口学到的路由，不会从该接口再发回给邻居设备。这样不但减少了带宽消耗，还可以防止路由环路。在接口视图下执行命令：

```
ripng split-horizon                     ## 启动水平分割
```

- 毒性反转：RIPng 从某个接口学到路由后，将该路由的开销设置为 16（不可达），并从原接口发回邻居路由器。利用这种方式，可以清除对方路由表中的无用信息，还可以防止路由环路。在接口视图下执行命令：

```
ripng poison-reverse                    ## 启动毒性反转
```

2）配置 RIPng 的选路参数

为了在现网中更灵活地应用 RIPng，可以通过配置不同的参数，实现对 RIPng 选路的控制。包括配置 RIPng 的协议优先级、最大等价路由跳数等。在系统视图下执行 ripng [process-id] 命令，进入 RIPng 视图。然后执行以下命令。

```
Preference   preference                 ## 设置 RIPng 优先级
maximum load-balancing number           ## 配置 RIPng 的最大等价路由条数
```

3）设置 RIPng 定时器、报文的发送间隔、最大数量等

通过配置 RIPng 定时器、报文的发送间隔、最大数量等，可以提升 RIPng 网络的性能。

缺省情况下，Update 定时器是 30 s，Age 定时器是 180 s，Garbage-collect 定时器则是 Update 定时器的 4 倍，即 120 s。RIPng 接口发送更新报文的时间间隔为 200 ms，每次发送报文的数量为 30。在系统视图下执行 ripng [process-id] 命令，进入 RIPng 视图。然后执行以下命令：

```
timers ripng update age garbage-collect
```

调整接口发送更新报文的数量和时间间隔，可以在系统视图下执行 ripng [process-id] 命令，进入 RIPng 视图。然后执行以下命令：

```
ripng pkt-transmit { interval interval | number pkt-count }
```

3. 配置 RIPng 路由聚合

使用路由聚合可以大大减小路由表的规模，另外通过对路由进行聚合，隐藏一些具体的路由，可以减少路由振荡对网络带来的影响。RIPng 使用 summary-address 命令进行 RIPng 路由汇聚。可以在系统视图下执行以下命令：

```
Interface interface-type interface-number          ### 进入接口视图
ripng summary-address ipv6-address prefix-length [void-feedback]
```

参数 avoid-feedback，表示禁止从此接口学习到相同的聚合路由。缺省情况下，没有配置 RIPng 路由器发布聚合的 IPv6 地址。

4. 配置 RIPng 发布缺省路由

在 IPv6 路由表中，缺省路由以到网络 ::/0 的路由形式出现。当报文的目的地址不能与路由表的任何目的地址相匹配时，路由器将选取缺省路由转发该报文。RIPng 缺省路由的发布有两种方式，only 和 originate 方式。可以在接口视图下执行以下命令：

```
ripng default-route { only | originate } [ cost cost ]
```

注意：only 表示只发布 IPv6 缺省路由（::/0），抑制其他路由的发布。而 originate 表示发布 IPv6 缺省路由（::/0），但不影响其他路由的发布。

5. 配置 RIPng 引入外部路由

RIPng 可以引入其他进程或其他协议学到的路由信息，从而丰富路由表项。在系统视图下执行 ripng [process-id] 命令，进入 RIPng 视图，然后执行以下命令：

```
import-route { { ripng | IS-IS | ospfv3 } [ process-id ] | bgp [ permit-ibgp
] | unr | direct | static } [ [ cost cost | inherit-cost ] | route-policy route-
policy-name ]
```

RIPng 可以引入直连路由、静态路由、内部动态路由、外部动态路由等。

另外，在配置路由时，可以使用 default-cost cost 命令，配置引入路由的缺省开销值。缺省情况下，RIPng 路由的缺省开销为 0。如果在引入路由时没有指定开销值，则使用缺省开销值。

8.3.3 RIPng 协议配置示例

实验名称： RIPng 配置实践

实验目的： 学习 RIPng 路由协议知识，掌握 RIPng 路由器协议的基本配置方法。

实验拓扑：

RIPng 配置示例采用前面章节引入的实验拓扑，如图 8-3 所示。其中左侧标识部分用于 RIPng 配置实践。

实验内容：

网络中标识部分的 AR1/AR2/AR3 采用 RIPng 路由协议，要求通过 RIPng 路由协议配置，使标识部分的网络互联互通。

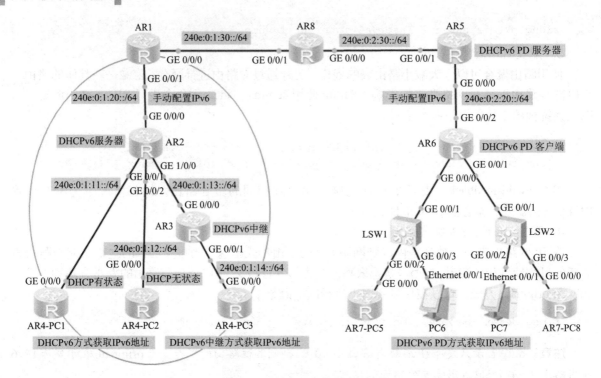

图 8-3　RIPng 配置实践拓扑图

实验步骤：

1. 初始配置

网络初始配置，包括配置每个设备的名称、使能 IPv6 支持功能，以及各互联接口的 IPv6 地址。拓扑图标示部分，除了 AR1 与 AR2 之间的链路需要进行初始配置，其他设备的初始配置采用 DHCPv6 服务实践中的配置信息。AR1 与 AR2 之间的链路采用手动分配 IPv6 地址方式，IPv6 网段地址为 240e:0:1:20::/64。

1）AR1 路由器初始配置

```
[huawei] sysname AR1
[AR1] ipv6
[AR1] interface GigabitEthernet0/0/1
    Ipv6 enable
    Ipv6 address auto link-local
    Ipv6 address 240e:0:1:20::1 64
```

2）AR2 路由器初始配置

```
[AR2] ipv6
[AR2] interface GigabitEthernet0/0/0
    Ipv6 enable
    Ipv6 address auto link-local
    Ipv6 address 240e:0:1:20::2 64
```

注意：其他设备的初始配置采用 DHCPv6 服务实践中的配置信息。

2. RIPng 路由协议配置
1）AR1 路由器 RIPng 配置

```
[AR1]ripng 1
  interface GigabitEthernet0/0/1
    ripng 1 enable
```

2）AR2 路由器 RIPng 配置

```
[AR2]ripng 1
  interface GigabitEthernet0/0/0
    ripng 1 enable
  interface GigabitEthernet0/0/1
    ripng 1 enable
  interface GigabitEthernet0/0/2
    ripng 1 enable
  interface GigabitEthernet1/0/0
    ripng 1 enable
```

3）AR3 路由器 RIPng 配置

```
[AR3]ripng 1
  interface GigabitEthernet0/0/0
    ripng 1 enable
  interface GigabitEthernet0/0/1
    ripng 1 enable
```

3. 查看 RIPng 路由表信息

以 AR1 路由器为例，可以通过执行 display ipv6 routing-table 命令，显示全局 IPv6 路由表，也可以执行 display ripng 1 route 命令，显示 RIPng 协议路由表。这里通过 display ripng 1 route 命令显示协议路由表，如图 8-4 所示。

```
[ar1]disp ripng 1 route
  Route Flags: R - RIPng
               A - Aging, G - Garbage-collect
----------------------------------------------------------
Peer FE80::2E0:FCFF:FE0F:6804 on GigabitEthernet0/0/1
Dest 240E:0:1:11::/64,
    via FE80::2E0:FCFF:FE0F:6804, cost  1, tag 0, RA, 26 Sec
Dest 240E:0:1:12::/64,
    via FE80::2E0:FCFF:FE0F:6804, cost  1, tag 0, RA, 26 Sec
Dest 240E:0:1:13::/64,
    via FE80::2E0:FCFF:FE0F:6804, cost  1, tag 0, RA, 26 Sec
Dest 240E:0:1:14::/64,
    via FE80::2E0:FCFF:FE0F:6804, cost  2, tag 0, RA, 26 Sec
```

图 8-4　AR1 路由器 RIPng 协议路由表

从 AR1 的 RIPng 协议路由表可以看出，AR1 通过 RIPng 协议获取了 AR2 的 3 个下连接口以及 AR3 下连接口网络的路由信息。

以 AR2 为例，可以通过 display ripng 1 database 命令显示路由器管理的 RIPng 路由数据库，如图 8-5 所示。

```
[ar2]display ripng 1 database
 240E:0:1:11::/64,
        GigabitEthernet0/0/1, cost 0, RIPng-interface
 240E:0:1:12::/64,
        GigabitEthernet0/0/2, cost 0, RIPng-interface
 240E:0:1:13::/64,
        GigabitEthernet1/0/0, cost 0, RIPng-interface
 240E:0:1:14::/64,
        via FE80::2E0:FCFF:FE84:4265, GigabitEthernet1/0/0, cost 1
 240E:0:1:20::/64,
        GigabitEthernet0/0/0, cost 0, RIPng-interface
```

图 8-5　AR2 路由器 RIPng 路由数据库

实验测试：

利用 PING 命令测试 AR4-PC3 是否能够与 AR1 通信，如果能够 PING 通，则说明 RIPng 路由协议配置成功。测试结果如图 8-6 所示。

```
[ar4-pc3]ping ipv6 240e:0:1:20::1
  PING 240e:0:1:20::1 : 56  data bytes, press CTRL_C to break
    Reply from 240E:0:1:20::1
    bytes=56 Sequence=1 hop limit=62  time = 30 ms
    Reply from 240E:0:1:20::1
    bytes=56 Sequence=2 hop limit=62  time = 20 ms
    Reply from 240E:0:1:20::1
    bytes=56 Sequence=3 hop limit=62  time = 50 ms
    Reply from 240E:0:1:20::1
    bytes=56 Sequence=4 hop limit=62  time = 20 ms
    Reply from 240E:0:1:20::1
    bytes=56 Sequence=5 hop limit=62  time = 30 ms

  --- 240e:0:1:20::1 ping statistics ---
    5 packet(s) transmitted
    5 packet(s) received
    0.00% packet loss
    round-trip min/avg/max = 20/30/50 ms
```

图 8-6　AR4-PC3 与 AR1 之间 PING 命令结果

图中，240e:0:1:20::1 是 AR1 的 g0/0/0 接口的 IPv6 地址，可以看到，AR4-PC3 能够与 AR1 通信。

8.4　OSPFv3 协议及实践

视频

OSPFv3 协议及实践

8.4.1　OSPFv3 协议概述

OSPF（Open Shortest Path First）是一个基于链路状态的内部网关协议（Interior Gateway Protocol）。目前针对 IPv4 协议使用的是 OSPF Version 2，针对 IPv6 协议使用 OSPF Version 3，是一个独立的路由协议。

OSPFv3 是运行于 IPv6 的 OSPF 路由协议（RFC5340）。OSPFv3 在 OSPFv2 基础上进行了修改，是一个独立的路由协议，除了提供对 IPv6 的支持外，还充分考虑了协议的网络无关性和可扩展性，进一步理顺了拓扑与路由的关系，使得 OSPF 的协议逻辑更加简单清晰，大大提高了 OSPF 的可扩展性。

第 8 章　IPv6 路由技术与实践

1. OSPFv3 与 OSPFv2 的异同

1）OSPFv3 和 OSPFv2 的相同点

（1）路由器 ID（Router ID）和区域 ID（Area ID）都是 32 位 IPv4 地址形式。

（2）具有相同类型的报文：Hello 报文、DD（Database Description）报文、LSR（Link State Request）报文、LSU（Link State Update）报文和 LSAck（Link State Acknowledgment）报文。

（3）采用相同的邻居发现机制和邻接形成机制。

（4）采用相同的 LSA 扩散机制和老化机制。

2）OSPFv3 和 OSPFv2 的不同点

（1）OSPFv3 是基于链路运行；OSPFv2 是基于网段运行。在配置 OSPFv3 时，不需要考虑是否配置在同一网段，只要在同一链路，就可以直接建立联系。

（2）OSPFv3 在同一条链路上可以运行多个实例，即一个接口可以使能多个 OSPFv3 进程（使用不同的实例）。

（3）OSPFv3 通过 Router ID 标识邻居；OSPFv2 则通过 IPv4 地址标识邻居。

（4）OSPFv3 可以采用单播或多播方式发送报文，当以多播方式发送报文时采用的 IPv6 多播地址为 FF02::5。

（5）OPSFv3 协议本身不提供认证功能，而是通过 IPv6 的扩展报头提供安全机制来保证 OSPFv3 报文的合法性。

注意：IPv6 使用链路本地（Link-local）地址在同一链路上发现邻居及自动配置等。运行 IPv6 的路由器不转发目的地址为链路本地地址的 IPv6 报文，此类报文只在同一链路有效。OSPFv3 是运行在 IPv6 上的路由协议，也使用链路本地地址维持邻居，同步 LSA 数据库。除虚连接（Vlink）外的所有 OSPFv3 接口都使用链路本地地址作为源地址及下一跳发送 OSPFv3 报文。

2. OSPFv3 协议报文

OSPFv3 协议和 OSPFv2 协议一样，有五种报文类型。分别是 Hello 报文、DD（Database Description）报文、LSR（Link State Request）报文、LSU（Link State Update）报文和 LSAck（Link State Acknowledgment）报文。

（1）Hello 报文：周期性发送，用来发现和维持 OSPFv3 邻居关系，以及进行 DR（Designated Router，指定路由器）/BDR（Backup Designated Router，备份指定路由器）的选举。

（2）DD（Database Description，数据库描述）报文：描述了本地 LSDB（Link State DataBase，链路状态数据库）中每一条 LSA（Link State Advertisement，链路状态通告）的摘要信息，用于两台路由器进行数据库同步。

（3）LSR（Link State Request，链路状态请求）报文：向对方请求所需的 LSA。两台路由器互相交换 DD 报文之后，得知对端的路由器有哪些 LSA 是本地的 LSDB 所缺少的，这时需要发送 LSR 报文向对方请求所需的 LSA。

（4）LSU（Link State Update，链路状态更新）报文：向对方发送其所需要的 LSA。

（5）LSAck（Link State Acknowledgment，链路状态确认）报文：用来对收到的 LSA 进行确认。

3. OSPFv3 的 LSA 类型

LSA（Link State Advertisement，链路状态通告）是 OSPFv3 协议计算和维护路由信息的主要来源，OSPFv3 中常用的 LSA 有以下几种类型：

（1）Router LSA（Type-1）：由每个路由器生成，描述本路由器的链路状态和开销，只在路由器所处区域内传播。

（2）Network LSA（Type-2）：由广播网络和NBMA（Non-Broadcast Multi-Access，非广播多路访问）网络的DR（Designated Router，指定路由器）生成，描述本网段接口的链路状态，只在DR所处区域内传播。

（3）Inter-Area-Prefix LSA（Type-3）：由ABR（Area Border Router，区域边界路由器）生成，在与该LSA相关的区域内传播，描述一条到达本自治系统内其他区域的IPv6地址前缀的路由。

（4）Inter-Area-Router LSA（Type-4）：由ABR生成，在与该LSA相关的区域内传播，描述一条到达本自治系统内的ASBR（Autonomous System Boundary Router，自治系统边界路由器）的路由。

（5）AS External LSA（Type-5）：由ASBR生成，描述到达其他AS（Autonomous System，自治系统）的路由，传播到整个AS（Stub区域除外）。缺省路由也可以用AS External LSA描述。

（6）Link LSA（Type-8）：路由器为每条链路生成一个Link-LSA，在本地链路范围内传播，描述该链路上所连接的IPv6地址前缀及路由器的Link-local地址。

（7）Intra-Area-Prefix LSA（Type-9）：包含路由器上的IPv6前缀信息，Stub区域信息或穿越区域（Transit Area）的网段信息，该LSA在区域内传播。由于Router LSA和Network LSA不再包含地址信息，导致了Intra-Area-Prefix LSA的引入。

（8）Grace LSA（Type-11）：是由Restarter在重启时生成的，在本地链路范围内传播。这个LSA描述了重启设备的重启原因和重启时间间隔，目的是通知邻居本设备将进入GR（Graceful Restart，平滑重启）。

其中，Link LSA（Type-8）和Intra-Area-Prefix LSA（Type-9）是新增加的两种LSA类型。

8.4.2 OSPFv3配置任务

通过组建OSPFv3网络，可以在自治域内发现并计算路由信息。OSPFv3可以应用于大规模网络，最多可支持几百台路由器。配置内容包括配置OSPFv3基本功能、配置建立和维护OSPFv3邻居或邻接关系、配置OSPFv3虚连接、配置OSPFv3的路由聚合、配置OSPFv3引入外部路由信息等。

1. OSPFv3基本功能配置

在OSPFv3的各项配置任务中，必须先启动OSPFv3，指定接口与区域号，并指定Router ID，之后才能配置其他功能特性。

1）启动OSPFv3进程，配置路由器ID

OSPFv3支持多进程，一台路由器上启动的多个OSPFv3进程之间由不同的进程号区分。OSPFv3进程号在启动OSPFv3时进行设置，它只在本地有效，不影响与其他路由器之间的报文交换。Router ID是一个32位无符号整数，采用IPv4地址形式，是一台路由器在自治系统中的唯一标识。OSPFv3的Router ID必须手工配置，如果没有配置ID号，OSPFv3无法正常运行。如果在同一台路由器上运行了多个OSPFv3进程，必须为不同的进程指定不同的Router ID。可在需要运行OSPFv3协议的每台路由器的系统视图下执行以下命令：

```
ospfv3 [ process-id ]           ## 启动OSPFv3并进入OSPFv3视图
router-id router-id             ## 配置Router ID
```

2）在接口下使能OSPFv3协议并配置接口网络类型

在系统视图使能OSPFv3后，需要在接口使能OSPFv3。在接口视图下执行以下命令：

```
ospfv3 process-id area area-id                          ## 在接口上使能 OSPFv3
ospfv3 network-type { broadcast| nbma| p2mp[ non-broadcast] |p2p}
                                                        ## 配置接口的网络类型（可选）
```

2．配置 OSPF 路由相关属性

OSPF 路由相关参数很多，包括建立、维持 OSPFv3 邻居或邻接关系的参数，路由属性参数等。可以根据需要选择执行以下命令，配置相关参数。

1）配置建立或维持 OSPFv3 邻居或邻接关系

通过建立、维持 OSPFv3 邻居或邻接关系，可以组建 OSPFv3 网络。可以配置发送 HELLO 报文的时间间隔，相连路由器失效时间、重传 LSA 的间隔和延时等。在接口视图下执行以下配置命令：

```
ospfv3 timer hello interval             ## 配置接口发送 Hello 报文的时间间隔
ospfv3 timer dead interval              ## 配置相邻路由器间失效时间
ospfv3 timer retransmit interval        ## 配置相邻路由器重传 LSA 的时间间隔
ospfv3 trans-delay interval             ## 配置接口的 LSA 传送延迟时间
```

2）配置 OSPFv3 的路由属性

通过配置 OSPFv3 的路由属性改变 OSPFv3 的选路策略，以满足复杂网络环境中的需要。这里介绍设置 OSPFv3 接口的开销值和使用多条等价路由进行负载分担。

在接口视图下执行以下命令：

```
ospfv3 cost cost                                        ## 设置 OSPFv3 接口的开销
```

在 OSPFv3 视图下执行以下命令：

```
maximum load-balancing number                           ## 配置最大等价路由条数
```

3．配置 OSPFv3 虚连接

OSPFv3 要求所有非骨干区域必须与骨干区域保持连通，并且骨干区域自身也要保持连通。但在实际应用中，因为各方面条件的限制，可能无法满足这个要求。这时可以通过配置 OSPFv3 虚连接予以解决。在 OSPFv3 视图下，执行以下命令。

```
Area area-id                                            ## 进入 OSPFv3 区域视图
vlink-peer router-id [hello hello-interval]...          ## 创建并配置虚连接
```

4．配置 OSPFv3 路由聚合

如果区域中存在多个连续的网段，则可以使用 abr-summary 命令聚合成一个网段，ABR 只发送一条聚合后的 LSA，可减少其他区域中 LSDB 的规模。

当大量路由被引入时，可以使用 asbr-summary 命令对引入的路由进行聚合，这样可以确保每次发布的聚合路由信息携带更多有效路由，避免由于不正确的路由信息造成的网络振荡。

1）在 ABR 上配置路由聚合

在系统视图下，执行 area area-id 命令，进入 OSPFv3 区域视图。然后执行以下命令：

```
abr-summary ipv6-address prefix-length [ cost cost | not-advertise]
                                                        ## 配置 OSPFv3 区域路由聚合
```

如果在命令中使用了关键字 not-advertise，则属于这一网段的路由信息将不会被发布出去。

2）在 ASBR 上配置路由聚合

在系统视图下，执行 ospfv3 [process-id] 命令，进入 OSPFv3 视图。然后执行以下命令：

```
asbr-summary ipv6-address summary-prefix-length [ cost summary-cost | tag
summary-tag | not-advertise ]              ## 配置 OSPFv3 的 ASBR 路由聚合
```

5. 配置 OSPFv3 引入外部路由

由于 OSPFv3 是基于链路状态的路由协议，不能直接对发布的 LSA 进行过滤，只能在 OSPFv3 引入路由时进行过滤，只有符合条件的路由才能变成 LSA 发布出去。配置路由引入在 OSPFv3 视图下执行以下命令。

```
import-route { bgp [ permit-ibgp ] | unr | direct | ripng help-process-id |
static | IS-IS help-process-id | ospfv3 help-process-id } [ { cost cost | type
type | tag tag | route-policy route-policy-name ]         ### 引入外部路由信息
```

另外，还可以配置调整和优化 OSPFv3 网络，包括设置 SPF 定时器、配置接口 LSA 的时间间隔、配置抑制接口和发送 OSPFv3 报文、配置接口 DR 的优先级等。这里不做介绍，有兴趣的同学可以参考华为网站相关资料。

8.4.3 OSPFv3 协议配置示例

实验名称：OSPFv3 配置实践

实验目的：学习 OSPFv3 路由协议知识，掌握 OSPFv3 路由器协议的基本配置方法。

实验拓扑：

OSPFv3 协议配置示例采用前面章节引入的实验拓扑，如图 8-7 所示。其中右侧标识部分用于 OSPFv3 配置实践。

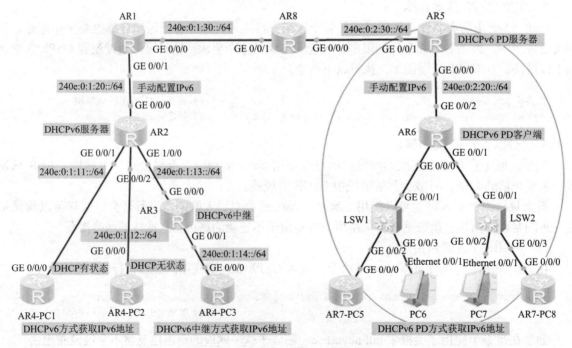

图 8-7　OSPFv3 配置实践拓扑图

第 8 章　IPv6 路由技术与实践

实验内容：

网络中标识部分的 AR5/AR6 采用 OSPFv3 路由协议，要求通过 OSPFv3 路由协议配置，使标识部分的网络互联互通。

实验步骤：

1. 初始配置

网络初始配置，包括配置每个设备的名称、使能 IPv6 支持功能，以及各互联接口的 IPv6 地址。本示例涉及的初始配置采用 DHCPv6 PD 服务配置实践中的配置信息。

2. OSPFv3 路由协议配置

采用单区域 OSPFv3 配置，其中 AR5 和 AR6 互联组成骨干区域 AREA 0 区域。AR5 和 AR6 路由器具体配置如下：

1) AR5 路由器 OSPFv3 配置

```
[AR5]ospfv3 1
    router-id 5.5.5.5                      ##配置路由器 ID
  interface GigabitEthernet0/0/0
    ospfv3 1 area 0                        ##接口使能 OSPFv3 且配置 AREA 0
```

2) AR6 路由器 OSPFv3 配置

```
[AR6]ospfv3 1
    router-id 6.6.6.6                      ##配置路由器 ID
  interface GigabitEthernet0/0/0
    ospfv3 1 area 0                        ##接口使能 OSPFv3 且配置 AREA 0
  interface GigabitEthernet0/0/1
    ospfv3 1 area 0                        ##接口使能 OSPFv3 且配置 AREA 0
  interface GigabitEthernet0/0/2
    ospfv3 1 area 0                        ##接口使能 OSPFv3 且配置 AREA 0
```

3. 查看 OSPFv3 路由表信息

以 AR5 路由器为例，可以通过执行 display ipv6 routing-table 命令，显示全局 IPv6 路由表，也可以执行 display ospfv3 routing 命令，显示 OSPFv3 协议路由表。这里通过执行 display ospfv3 routing 命令显示协议路由表，如图 8-8 所示。

```
[ar5]display ospfv3 1 routing

Codes : E2 - Type 2 External, E1 - Type 1 External, IA - Inter-Area,
        N - NSSA, U - Uninstalled

OSPFv3 Process (1)
    Destination                                                 Metric
     Next-hop
    240E:0:2:11::/64                                              2
     via FE80::2E0:FCFF:FE1B:2D47, GigabitEthernet0/0/0
    240E:0:2:12::/64                                              2
     via FE80::2E0:FCFF:FE1B:2D47, GigabitEthernet0/0/0
    240E:0:2:20::/64                                              1
     directly connected, GigabitEthernet0/0/0
```

图 8-8　AR5 中 OSPFv3 协议路由表

从 AR5 的 OSPFv3 协议路由表可以看出，AR5 通过 OSPFv3 协议获取了 AR6 路由器下连接口 2 个网络的路由信息。

实验测试：

利用 PING 命令测试 AR7-PC8 是否能够与 AR5 通信，如果能够 PING 通，则说明 OSPFv3 路由协议配置成功。测试结果如图 8-9 所示。

```
[ar7-pc8]ping ipv6 240e:0:2:20::5
  PING 240e:0:2:20::5 : 56  data bytes, press CTRL_C to break
    Reply from 240E:0:2:20::5
    bytes=56 Sequence=1 hop limit=63  time = 50 ms
    Reply from 240E:0:2:20::5
    bytes=56 Sequence=2 hop limit=63  time = 50 ms
    Reply from 240E:0:2:20::5
    bytes=56 Sequence=3 hop limit=63  time = 60 ms
    Reply from 240E:0:2:20::5
    bytes=56 Sequence=4 hop limit=63  time = 60 ms
    Reply from 240E:0:2:20::5
    bytes=56 Sequence=5 hop limit=63  time = 50 ms

  --- 240e:0:2:20::5 ping statistics ---
   5 packet(s) transmitted
   5 packet(s) received
   0.00% packet loss
   round-trip min/avg/max = 50/54/60 ms
```

图 8-9　AR7-PC8 与 AR5 之间 PING 命令结果

图中，240e:0:2:20::5 是 AR5 的 g0/0/0 接口的 IPv6 地址，可以看到，AR7-PC8 能够与 AR5 通信。

8.5　IPv6 IS-IS 协议及实践

● 视频

IPv6 IS-IS 协议及实践

中间系统到中间系统（Intermediate System to Intermediate System，IS-IS）是国际标准化组织 ISO 为无连接网络协议（ConnectionLess Network Protocol，CLNP）设计的一种动态路由协议。随着 TCP/IP 协议的流行，为了提供对 IP 路由的支持，IETF（Internet Engineering Task Force）在 RFC1195 中对 IS-IS 协议进行了扩充和修改，使它能够同时应用在 TCP/IP 和 OSI（Open System Interconnection）环境中，即 IPv4 IS-IS 协议。IPv4 IS-IS 属于内部网关协议。IPv4 IS-IS 也是一种链路状态协议，使用最短路径优先（Shortest Path First，SPF）算法进行路由计算。

8.5.1　IPv6 IS-IS 协议概述

随着 IPv6 网络的建设，IETF 在建议标准 RFC5308 文档中定义了 IS-IS 支持 IPv6 网络而新增的内容。支持 IPv6 网络的 IS-IS 协议又称 IPv6 IS-IS 协议。IPv6 IS-IS 协议新增了两个 TLV（Type-Length-Value）和一个新的 NLPID（Network Layer Protocol Identifier，网络层协议标识符）。

新增的两个 TLV 分别是 236 号 TLV（IPv6 Reachability）和 232 号 TLV（IPv6 Interface Address）。236 号 TLV 通过定义路由信息前缀、度量值等信息来说明网络的可达性。232 号 TLV 相当于 IPv4 中的 "IP Interface Address" TLV，只不过把原来的 32 位的 IPv4 地址改为 128 位的 IPv6 地址。

NLPID 是标识网络层协议报文的一个 8 位字段，IPv6 的 NLPID 值为 142（0x8E）。如果 IS-IS

支持 IPv6，那么向外发布 IPv6 路由时必须携带 NLPID 值。

IS-IS 支持的网络类型为点对点网络 P2P 和广播网络。点对点网络如采用 PPP 和 HDLC 链路层协议的网络，广播网络比如 Ethernet 网络。对于 NBMA 网络，如帧中继，需配置子接口，并注意子接口类型应配置为 P2P。IS-IS 不能在点到多点网络 P2MP 上运行。

缺省情况下，接口网络类型根据物理接口决定。对可以在使能 IS-IS 的接口上，通过命令 IS-IS circuit-type p2p，可以将接口类型设置为点对点网络。

8.5.2　IPv6 IS-IS 配置任务

IPv6 IS-IS 配置任务包括配置 IPv6 IS-IS 基本功能、配置 IS-IS 路由相关属性、配置 IS-IS 的路由聚合、配置 IS-IS 的引入外部路由信息等。

1. 配置 IPv6 IS-IS 基本功能

只有配置了 IPv6 IS-IS 基本功能，才可组建基于 IPv6 IS-IS 路由协议的网络。在配置 IPv6 IS-IS 的基本功能之前，使能设备的 IPv6 转发能力。并配置接口的 IPv6 地址，使相邻节点的网络层可达。

IPv6 的 IS-IS 基本功能配置包括启动 IPv6 IS-IS 进程、配置网络实体名、配置全局 Level 级别，以及接口使能 IS-IS 功能。

1) 启动 IPv6 IS-IS 进程、配置 network-entity、Level 级别

启动 OSPFv3 进程需要在系统视图下，配置 network-entity、使能 IS-IS 进程 IPv6 功能、Level 级别需要在 IS-IS 视图下配置。在系统视图下执行以下命令：

```
[AR]Isis [process-id]                          ##创建 IS-IS 进程
    network-entity net                         ##设置网络实体名称
    ipv6 enable                                ##使能 IPv6 IS-IS 能力
    is-level { level-1| level-1-2| level-2}    ##设置设备 Level 级别
```

注意：建议将 LoopBack 接口的地址转化为网络实体名称（net），保证网络实体名称在网络中的唯一性。如果网络中的网络实体名称不唯一，容易引发路由振荡，因此要做好前期网络规划。IS-IS 在建立 Level-2 邻居时，不检查区域地址是否相同，而在建立 Level-1 邻居时，区域地址必须相同，否则无法建立邻居。

2) 接口使能 IS-IS 协议，建立 IS-IS 邻居

IS-IS 在广播网中和 P2P 网络中建立邻居的方式不同，因此，针对不同类型的接口，可以配置不同的 IS-IS 属性。

在广播网中，IS-IS 需要选择 DIS（Designated Intermediate System，指定中间系统），因此通过配置 IS-IS 接口的 DIS 优先级，可以使拥有接口优先级最高的设备优先为 DIS。缺省情况下，广播网接口在 Level-1 和 Level-2 级别的 DIS 优先级为 64。

在 P2P 网络中，IS-IS 不需要选择 DIS，因此无须配置接口的 DIS 优先级。但是为了保证 P2P 链路的可靠性，可以配置 IS-IS 使用 P2P 接口在建立邻居时采用 3-way 模式，以检测单向链路故障。

通常情况下，IS-IS 会对收到的 Hello 报文进行 IP 地址检查，只有这个地址和本地接收报文的接口地址在同一网段时，才会建立邻居。但当两端接口 IP 地址不在同一网段，如果均配置了 isis peer-ip-ignore 命令，就会忽略对对端 IP 地址的检查，此时链路两端的 IS-IS 接口间可以建立正常的邻居关系。

(1) 在广播链路上建立 IS-IS 邻居。

通过执行 interface interface-type interface-number 命令，进入接口视图，然后执行以下命令：

```
IPv6 enable                                          ## 使能指定接口 IPv6 功能
Isis ipv6 enable [ process-id ]                      ## 使能指定接口 IPv6 IS-IS 能力
Isis circuit-level [level-1 |level-1-2 |level-2]     ## 设置接口 Level 级别
```

接口级别的默认值为 level-1-2。两台 Level-1-2 设备建立邻居关系时，缺省情况下，会分别建立 Level-1 和 Level-2 邻居关系。如果只希望建立 Level-1 或者 Level-2 的邻居关系，可以通过修改接口的 Level 级别实现。

作为可选配置，执行 Isis dis-priority priority [level-1 | level-2] 命令，可以在接口视图下设置选举 DIS 的优先级，以便选举 DIS。

作为可选设置，执行 Isis silent [advertise-zero-cost] 命令，将接口设置为抑制状态，以便抑制接口接收和发送 IS-IS 报文。但此接口所在网段的路由可以被发布出去。advertise-zero-cost 参数用于指定发布链路开销值为 0 的路由。缺省情况下 IS-IS 路由的链路开销值为 10。

(2) 在 P2P 链路上建立 IS-IS 邻居。

通过执行 interface interface-type *interface-number* 命令，进入接口视图，然后执行以下命令：

```
IPv6 enable                                          ## 使能指定接口 IPv6 功能
Isis ipv6 enable [ process-id ]                      ## 使能指定接口 IPv6 IS-IS 能力
Isis circuit-level [level-1 |level-1-2 |level-2]     ## 设置接口 Level 级别
Isis circuit-type p2p                                ## 设置接口的网络类型为 P2P
```

在使能 IS-IS 的接口上，当接口网络类型发生改变时，相关配置也会发生变化。比如使用 Isis circuit-type p2p 命令将广播网接口模拟成 P2P 接口时，接口发送 Hello 报文的间隔时间、宣告邻居失效前 IS-IS 没有收到的邻居 Hello 报文数目、点到点链路上 LSP 报文的重传间隔时间以及 IS-IS 各种认证均恢复为缺省配置，而 DIS 优先级、DIS 名称、广播网络上发送 CSNP 报文的间隔时间等配置均失效；使用 undo isis circuit-type 命令恢复接口的缺省网络类型时，接口发送 Hello 报文的间隔时间、宣告邻居失效前 IS-IS 没有收到的邻居 Hello 报文数目、点到点链路上 LSP 报文的重传间隔时间、IS-IS 各种认证、DIS 优先级和广播网络上发送 CSNP 报文的间隔时间均恢复为缺省配置。

作为可选设置，执行 isis ppp-negotiation { 2-way | 3-way [only]} 命令，指定接口使用的协商模型。缺省情况下，使用 3-way 协商模式。

作为可选设置，执行 isis peer-ip-ignore 命令，配置对接收的 Hello 报文不作 IP 地址检查。缺省情况下，IS-IS 检查对端 Hello 报文的 IPv6 地址。

2. 配置 IS-IS 路由相关属性

IS-IS 路由相关参数较多，这里介绍 IPv6 IS-IS 协议的优先级配置、路由开销配置、等价路由处理方式配置、IS-IS 路由渗透配置，以及是否生成缺省路由配置等参数的配置命令。可以根据需要，在 IS-IS 视图下选择执行以下命令，配置相关参数。

```
ipv6 preference  preference                          ## 配置 IS-IS 协议生成 IPv6 路由的优先级
cost-style {narrow |wide |wide-compatible |{narrow-compatible | ompatible }}
                                                     ## 设置 IS-IS 开销的类型
ipv6 maximum load-balancing number                   ## 配置 IS-IS 等价路由最大数量
ipv6 import-route isis level-2 into level-1          ## 配置 IPv6 路由渗透
```

```
ipv6 import-route isis level-1 into level-2         ##配置IPv6路由渗透
attached-bit advertise { always|never }             ##设置ATT比特位的置位情况
```

缺省情况下，IS-IS 协议生成 IPv6 路由的优先级为 15。IS-IS 接收和发送路由的开销类型为 narrow。等价路由最大数默认值不同时设备不同，一般为 4 条或者 8 条。缺省情况下，Level-1 的 IS-IS IPv6 路由信息（除了缺省路由的信息）都将渗透 Level-2 区域中。Level-2 区域的 IS-IS IPv6 路由信息不渗透 Level-1 区域。

attached-bit advertise 命令用来设置 Level-1-2 设备发布的 LSP 报文中 ATT 比特位的置位情况。always 参数用来设置 ATT 比特位永远置位，收到该 LSP 的 Level-1 设备会生成缺省路由。never 参数用来设置 ATT 比特位永远不置位，可以避免 Level-1 设备生成缺省路由，减小路由表的规模。

3. 配置 IS-IS 的路由聚合

在部署 IS-IS 的大规模网络中，路由条目过多，会导致在转发数据时降低路由表查找速度，通过配置路由聚合，可以减小路由表的规模。在 IS-IS 视图下执行以下命令：

```
ipv6 summary ipv6-address prefix-length [avoid-feedback |generate_null0_route
|tag tag |[ level-1| level-1-2 | level-2 ]]
```

用于 IPv6 IS-IS 路由协议生成 IPv6 聚合路由。在配置路由聚合后，本地 IS-IS 设备的路由表保持不变。其他 IS-IS 设备路由表中将只有一条聚合路由，没有具体路由。

4. 配置 IS-IS 的引入外部路由

配置引入外部路由后，IS-IS 设备将把引入的外部路由全部发布到 IS-IS 路由域。在 IS-IS 视图下，通过配置以下命令，可以引入外部路由。

```
ipv6 import-route { static | direct | unr| ospfv3 | ripng | isis ) [ process-
id ] | bgp [ permit-ibgp ] } [ cost cost | tag tag | route-policy route-policy-
name | [ level-1 | level-2 | level-1-2 ] ]       ##配置IS-IS引入外部IPv6路由
```

在引入其他协议路由时，可以设置引入路由的开销值和开销类型，也可以配置 IS-IS 在引入外部路由时保留路由的原有开销值，在路由发布和路由计算时，采用这些路由的原有开销值。当需要保留引入路由的原有开销时，IS-IS 不能配置引入路由的开销类型和开销值，且引入的外部路由协议不能是静态路由。

8.5.3 IPv6 IS-IS 协议配置示例

实验名称：IPv6 IS-IS 配置实践

实验目的：学习 IPv6 IS-IS 路由协议知识，掌握 IPv6 IS-IS 路由协议的基本配置方法。

实验拓扑：

IPv6 IS-IS 协议配置示例采用前面章节引入的实验拓扑，如图 8-10 所示。其中上侧标示部分用于 IPv6 IS-IS 配置实践。

实验内容：

网络中标识部分的 AR1/AR8/AR5 路由器采用 IPv6 IS-IS 路由协议，要求通过 IPv6 IS-IS 路由协议配置，使标示部分的网络互联互通。

IPv6 技术与实践

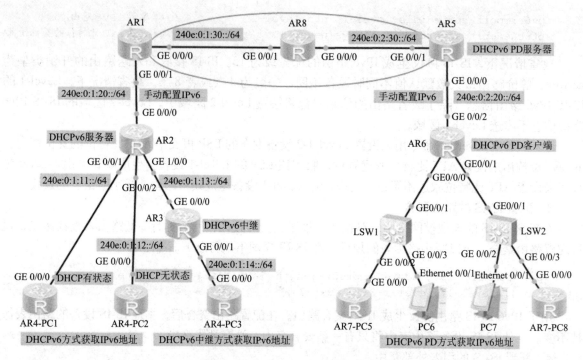

图 8-10 IPv6 IS-IS 配置实践拓扑图

实验步骤：

1. 初始配置

网络初始配置，包括配置每个设备的名称、使能 IPv6 支持功能，以及各互联接口的 IPv6 地址。使各链路互通。本实验拓扑涉及 AR1/AR8/AR5 的初始配置。AR1/AR8 之间采用 IPv6 网段地址 240e:0:1:30::/64，AR8/AR5 之间采用 IPv6 网段地址 240e:0:2:30::/64。各链路接口地址采用手动配置方式。

1）AR1 路由器初始配置

```
[AR1] ipv6
[AR1] interface GigabitEthernet0/0/0          ##与AR8相连接口
    Ipv6 enable
    Ipv6 address auto link-local
    Ipv6 address 240e:0:1:30::1 64
```

2）AR8 路由器初始配置

```
[AR8] ipv6
[AR8] interface GigabitEthernet0/0/1
    Ipv6 enable
    Ipv6 address auto link-local
    Ipv6 address 240e:0:1:30::8 64
[AR8] interface GigabitEthernet0/0/0
    Ipv6 enable
    Ipv6 address auto link-local
```

第 8 章　IPv6 路由技术与实践

```
    Ipv6 address 240e:0:2:30::8 64
```

3) AR5 路由器初始配置

```
[AR5] ipv6
[AR5] interface GigabitEthernet0/0/1          ## 与 AR8 相连接口
    Ipv6 enable
    Ipv6 address auto link-local
    Ipv6 address 240e:0:2:30::5 64
```

2. IPv6 IS-IS 路由协议配置

这里 AR1/AR8/AR5 互连组成的区域为 IS-IS 骨干区域，AR1/AR8/AR5 都采用 Level-2 类型。各路由器具体配置如下。

1) AR1 路由器 IPv6 IS-IS 配置

```
[AR1] isis 1
    is-level level-2
    network-entity 49.0001.0000.0000.0001.00
    ipv6 enable                               ## 使能 IPv6 IS-IS 功能
    interface GigabitEthernet0/0/0
    Isis ipv6 enable 1                        ## 使能接口 IS-IS 功能
```

2) AR8 路由器 IPv6 IS-IS 配置

```
[AR8] isis 1
    is-level level-2
    network-entity 49.0001.0000.0000.0008.00
    ipv6 enable                               ## 使能 IPv6 IS-IS 功能
    interface GigabitEthernet0/0/1
    Isis ipv6 enable 1                        ## 使能接口 IS-IS 功能
    interface GigabitEthernet0/0/0
    Isis ipv6 enable 1                        ## 使能接口 IS-IS 功能
```

3) AR5 路由器 IPv6 IS-IS 配置

```
[AR5] isis 1
    is-level level-2
    network-entity 49.0001.0000.0000.0005.00
    ipv6 enable                               ## 使能 IPv6 IS-IS 功能
    interface GigabitEthernet0/0/1
    Isis ipv6 enable 1                        ## 使能接口 IS-IS 功能
```

3. 查看 IPv6 IS-IS 路由表信息

以 AR1 路由器为例，可以通过执行 display ipv6 routing-table 命令，显示全局 IPv6 路由表，也可以执行 display isis route 命令，显示 IPv6 IS-IS 协议路由表。这里通过执行 display isis route 命令显示协议路由表，如图 8-11 所示。

从 AR1 的 IPv6 IS-IS 协议路由表可以看出，AR1 通过 IPv6 IS-IS 协议获取了 1 条 AR8/AR5 之间网络的路由信息。

图 8-11　AR1 中 IPv6 IS-IS 协议路由表

实验测试：

利用 Ping 命令测试 AR1 是否能够与 AR5 通信，如果能够 PING 通，则说明 IPv6 IS-IS 路由协议配置成功。测试结果如图 8-12 所示。

图 8-12　AR1 与 AR5 之间执行 PING 命令的结果

图中，240e:0:2:20::5 是 AR5 的 g0/0/1 接口的 IPv6 地址，可以看到，AR1 能够与 AR5 通信。

8.6　BGP4+ 协议及实践

BGP4+ 协议及实践

8.6.1　MP-BGP 协议概述

边界网关协议（Border Gateway Protocol，BGP）是一种实现自治系统（Autonomous System，AS）之间的路由可达，并选择最佳路由的距离矢量路由协议。

传统的 BGP-4（RFC4271）只能管理 IPv4 单播路由信息，对于使用其他网络层协议（如 IPv6、多播等）的应用，在跨 AS 传播时就受到一定限制。BGP 多协议扩展 MP-BGP

（MultiProtocol BGP）就是为了提供对多种网络层协议的支持，是对 BGP-4 进行的扩展，使用扩展属性和地址族实现对 IPv6、多播和 VPN 相关内容的支持，BGP 协议原有的报文机制和路由机制并没有改变。MP-BGP 协议由 IETF 草案标准文档 RFC4760 定义。

BGP-4 使用的报文中，与 IPv4 相关的三处信息都由 Update 报文携带，这三处信息分别是：NLRI（Network Layer Reachability Information，网络层可达性信息）、路径属性中的 Next_Hop（下一跳的 IP 地址）、路径属性中的 Aggregator(该属性中包含造成聚合路由的 BGP 发言者的 IP 地址）。

为实现对多种网络层协议的支持，BGP-4 需要将网络层协议的信息反映到 NLRI 及 Next_Hop 字段中。因此 MP-BGP 引入了两个新的路径属性,MP_REACH_NLRI 和 MP_UNREACH_NLRI。MP_REACH_NLRI（Multiprotocol Reachable NLRI）多协议可达 NLRI。用于发布可达路由及下一跳信息。MP_UNREACH_NLRI（Multiprotocol Unreachable NLRI）多协议不可达 NLRI，用于撤销不可达路由。两个属性都是可选非传递属性（optional and non-transitive）。所以，不提供多协议能力的 BGP 发言者将忽略这两个属性的信息，不把它们传递给其他邻居。

MP-BGP 采用地址族（Address Family）区分不同的网络层协议，目前支持的地址族视图包括 BGP-IPv4 单播地址族视图、BGP-IPv4 多播地址族视图、BGP-IPv6 单播地址族视图、BGP-VPN 实例 IPv6 地址族视图等。

MP-BGP 对 IPv6 单播网络的支持特性称为 BGP4+，对 IPv4 多播网络的支持特性称为 MBGP（Multicast BGP）。MP-BGP 为 IPv6 单播网络和 IPv4 多播网络建立独立的拓扑结构，并将路由信息存储在独立的路由表中，保持单播 IPv4 网络、单播 IPv6 网络和多播网络之间路由信息相互隔离，也就实现了用单独的路由策略维护各自网络的路由。

8.6.2 BGP4+ 协议工作原理

MP-BGP 对 IPv6 单播网络的支持特性称为 BGP4+。BGP4+ 的协议流程与 BGP-4 的协议流程基本相同。

建立 BGP4+ 会话连接的两个路由器可以位于一个自治域内，也可以位于不同的自治域边界上，前者构成了两个 IBGP4+ 对等体，后者构成了两个 EBGP4+ 对等体。两个 BGP4+ 对等体之间使用 TCP 协议建立传输层的连接，本地 TCP 端口号为 179，在 TCP 连接之上传送 BGP4+ 协议报文。通过传递交换 BGP4+ 协议信息，生成单播 IPv6 的 BGP 路由表。

BGP4+ 对等体的建立、更新和删除等交互过程主要有 5 种报文、6 种状态机和 5 个原则。

1. BGP4+ 报文

BGP4+ 对等体间通过以下 5 种报文进行交互，其中 Keepalive 报文为周期性发送，其余报文为触发式发送：

- Open 报文：用于建立 BGP 对等体连接。
- Update 报文：用于在对等体之间交换路由信息。
- Notification 报文：用于中断 BGP 连接。
- Keepalive 报文：用于保持 BGP 连接。
- Route-refresh 报文：用于在改变路由策略后请求对等体重新发送路由信息。只有支持路由刷新（Route-refresh）能力的 BGP4+ 设备会发送和响应此报文。

2. BGP4+ 状态机

如图 8-13 所示，BGP4+ 对等体的交互过程中存在 6 种状态机:空闲（Idle）、连接（Connect）、活跃（Active）、Open 报文已发送（OpenSent）、Open 报文已确认（OpenConfirm）和连接已建立（Established）。在 BGP4+ 对等体建立的过程中，通常可见的 3 个状态是：Idle、Active 和 Established。

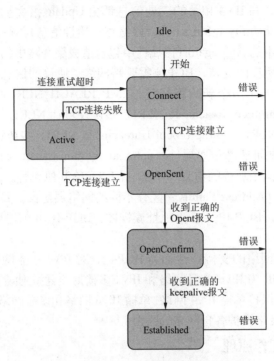

图 8-13　BGP4+ 对等体交互过程

3. BGP4+ 对等体之间的交互原则

BGP4+ 设备将最优路由加入 BGP4+ 路由表，形成 BGP4+ 路由。BGP4+ 设备与对等体建立邻居关系后，采取以下交互原则：

（1）从 IBGP 对等体获得的 BGP4+ 路由，BGP4+ 设备只发布给它的 EBGP 对等体。

（2）从 EBGP 对等体获得的 BGP4+ 路由，BGP4+ 设备发布给它所有 EBGP 和 IBGP 对等体。

（3）当存在多条到达同一目的地址的有效路由时，BGP4+ 设备只将最优路由发布给对等体。

（4）路由更新时，BGP4+ 设备只发送更新的 BGP4+ 路由。

（5）所有对等体发送的路由，BGP4+ 设备都会接收。

8.6.3　BGP4+ 协议配置任务

配置 BGP4+ 路由协议，部分 BGP4+ 功能在 BGP 视图下即可完成配置，而另一部分 BGP4+ 的功能需要进入 IPv6 单播地址族视图才能配置。配置 BGP4+ 时需要在 BGP 视图下完成的配置有：路由器 ID、EBGP 对等体、IBGP 对等体、BGP 联盟等；配置 BGP4+ 时需要进入 IPv6 单播地址族视图的功能有：路由引入、负载分担、BGP 路由聚合中的手动路由聚合、路由衰减、团体、简化 IBGP 网络连接中的路由反射器等。

1. 配置 BGP4+ 协议基本功能

BGP4+ 基本功能主要涉及 BGP 视图配置路由器 ID、BGP 对等体配置，以及 IPv6 单播地址族视图的路由引入配置。

第 8 章 IPv6 路由技术与实践

1) 启动 BGP 并配置路由器 ID

在系统视图下,启动 BGP,并进入 BGP 视图,然后可以配置路由器 ID。

```
bgp { as-number-plain | as-number-dot }    ## 启动 BGP
router-id ipv4-address                     ## 配置 BGP 的 Router ID
```

2) 配置 BGP 对等体

在系统视图下,启动 BGP,并进入 BGP 视图,然后可以配置 BGP 对等体。

```
bgp { as-number-plain | as-number-dot }    ## 启动 BGP
Peer ipv6-address as-number { as-number-plain | as-number-dot }
                                           ## 创建 BGP 对等体
Peer ipv6-address connect-interface interface-type interface-number
                                           ## 指定发送 BGP 报文源接口(可选)
Ipv6-family unicast                        ## 进入 BGP-IPv6 单播地址族视图
    Peer ipv6-address enable               ## 使成为 MP-BGP 对等体
```

3) 配置 IPv6 路由引入

BGP 协议本身不发现路由,因此需要将其他路由(如 IGP 路由等)引入 BGP 路由表中,从而将这些路由在 AS 之内和 AS 之间传播。BGP 协议支持通过 Import 方式和 Network 方式引入路由。

注意:通过 Import 方式引入的路由显示的 path/ogn 值为(?),而通过 Network 方式引入的路由显示的 path/ogn 值为(i)。

(1) Import 方式:按协议类型,将 RIP 路由、OSPF 路由、IS-IS 路由等协议的路由引入 BGP 路由表中。为了保证引入的 IGP 路由的有效性,Import 方式还可以引入静态路由和直连路由。在 BGP 视图下执行 ipv6-family unicast 命令,进入 IPv6 地址族视图。然后执行以下命令:

```
import-route protocol [ process-id] [ med med | route-policy route-policy-name ]
                                  ## 配置 BGP 引入其他协议的路由
default-route imported            ## 允许 BGP 引入本地 IP 路由表中的缺省路由
```

(2) Network 方式:逐条将 IP 路由表中已经存在的路由引入 BGP 路由表中,比 Import 方式更精确。在 BGP 视图下执行 ipv6-family unicast 命令,进入 IPv6 地址族视图。然后执行以下命令:

```
Network ipv6-address prefix-length [ route-policy route-policy-name]
                                  ## 配置 BGP 逐条引入 IPv6 路由表中的路由
```

2. 配置 BGP4+ 路由相关属性

通过配置 BGP 定时器、去使能 EBGP 连接快速复位和路由振荡抑制可以提高 BGP 网络的收敛速度,提高 BGP 的稳定性。

在系统视图下执行 bgp { as-number-plain | as-number-dot } 命令,进入 BGP 视图。在 BGP 视图下,可以根据需要选择执行以下命令,配置相关参数。

```
timer connect-retry connect-retry-time        ##BGP 全局连接重传定时器
Timer keepalive keepalive-time hold hold-time [ min-holdtime min-holdtime]
                 ## 配置 BGP 定时器,缺省情况下,存活时间为 60 s,保持时间为 180 s
undo ebgp-interface-sensitive                 ## 去使能 EBGP 连接快速复位
```

```
nexthop recursive-lookup delay [ delay-time ]    ##BGP 响应变化延迟时间
```

在 BGP 视图下执行 ipv6-family unicast 命令，进入 IPv6 地址族视图。在 IPv6 地址族视图下，可以根据需要选择执行以下命令，配置相关参数。

```
Peer  ipv6-address route-update-interval interval    ##配置更新报文定时器
Dampening [ half-life-reach reuse suppress ceiling | route-policy route-
policy-name ]                                        ##配置BGP 路由振荡抑制参数
```

3. 配置 BGP4+ 路由反射器和路由联盟

1) 配置 BGP 路由反射器

在 AS 内部，为保证 IBGP 对等体之间的连通性，需要在 IBGP 对等体之间建立全连接关系。当 IBGP 对等体数目很多时，建立全连接网络的开销很大。使用路由反射器（Route Reflector, RR）可以解决这个问题。

在 BGP 视图下执行 ipv6-family unicast 命令，进入 IPv6 地址族视图。在 IPv6 地址族视图下，执行以下命令，配置 BGP 路由反射器。

```
Peer { group-name | ipv6-address } reflect-client    ##配置路由反射器
reflector cluster-id cluster-id                      ##配置路由反射器的集群 ID
```

2) 配置 BGP 联盟

联盟将一个自治系统划分为若干个子自治系统，子自治系统内部的 IBGP 对等体建立全连接关系或者配置反射器，子自治系统之间建立 EBGP 连接关系。大型 BGP 网络中，配置联盟不但可减少 IBGP 连接的数量，还可简化路由策略管理，提高路由发布效率。

在系统视图下执行 bgp { as-number-plain | as-number-dot} 命令，进入 BGP 视图。在 BGP 视图下，执行以下命令，配置 BGP 联盟。

```
confederation id { as-number-plain | as-number-dot }    ##配置联盟 ID
confederation peer-as { as-number-plain | as-number-dot } &<1-32>
                                                        ##指定属于同一个联盟的子 AS 号
```

4. 配置 BPG4+ 路由聚合

IPv6 网络仅支持手动聚合方式。在 BGP 视图下执行 ipv6-family unicast 命令，进入 IPv6 地址族视图。在 IPv6 地址族视图下，执行以下命令，配置 BPG4+ 路由聚合。

```
Aggregate ipv6-address prefix-length             ##发布所有聚合路由和被聚合路由
Aggregate ipv6-address prefix-length detail-suppressed
                                                 ##发布聚合路由的同时抑制被聚合路由
Aggregate ipv6-address prefix-length as-set      ##发布检测环路的聚合路由
```

8.6.4 BGP4+ 基本功能配置示例

实验名称：BGP4+ 基本功能配置实践

实验目的：学习 BGP4+ 路由协议知识，掌握 BGP4+ 路由协议的基本功能配置方法。

实验拓扑：

BGP4+ 基本功能配置实践采用前面章节引入的实验拓扑，如图 8-14 所示。AR1/AR2/AR3 组成自治系统 AS100，AR8 自身组成自治系统 AS200，AR5 与 AR6 组成自治系统 AS300。

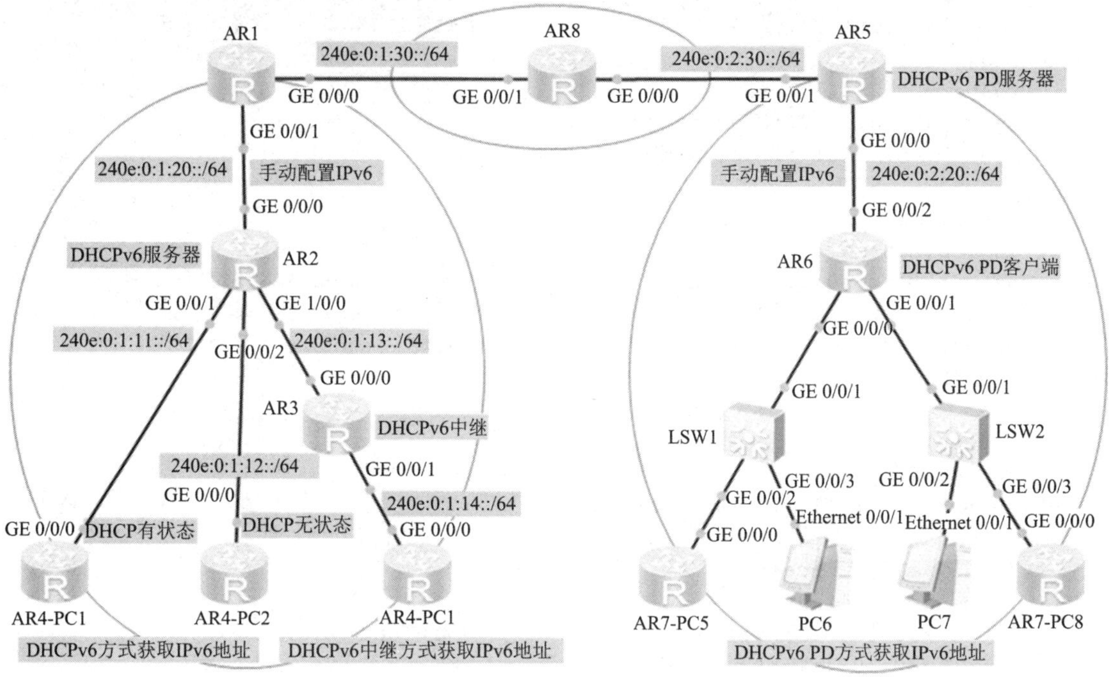

图 8-14　BGP4+ 基本功能配置实践拓扑图

实验内容：
要求采用 BGP4+ 路由协议配置，使拓扑图中包含三个自治系统网络互联互通。

实验步骤：

1. 初始配置

BGP4+ 路由协议是外部路由协议，在配置 BGP4+ 网络协议之前，需要保证各自治系统 AS 内部互联互通。拓扑图中各区域内部互通配置采用前面 RIPng、OSPFv3、IPv6 IS-IS 内部路由协议的配置。初始配置前期已配置完成。

2. BGP4+ 路由协议基本配置

由于 AR6 路由器下游接口采用 DHCPv6 PD 方式获取 IPv6 网段地址，网段前缀地址可能存在变化。因此 AR6 中采用 import-route direct 方式引入直连路由。其他路由器直连的网段采用固定前缀，可以采用 network 方式引入，也可以采用 import-route direct 方式引入网段地址。

1）自治系统 AS100 中路由器 BGP4+ 基本配置

```
[AR1] bgp 100
    router-id 1.1.1.1                        ##定义router-id
    peer 240E:0:1:30::8 as-number 200        ##创建对等体并指定AS号
    peer 240E:0:1:20::2 as-number 100        ##创建对等体并指定AS号
    #
    ipv6-family unicast                      ##进入IPv6地址族
    undo synchronization                     ##关闭BGP与IGP的同步
```

```
        network 240e:0:1:20:: 64              ## 通过 network 引入路由
        peer 240e:0:1:30::8 enable            ## 使能对等体之间交换路由信息
        peer 240e:0:1:20::2 enable            ## 使能对等体之间交换路由信息
[AR2] bgp 100
    router-id 2.2.2.2
    peer 240e:0:1:20::1 as-number 100
    Peer 240e:0:1:13::3 as-number 100
    #
    ipv6-family unicast
    undo synchronization
    network 240e:0:1:11:: 64                  ## 通过 network 引入路由
    network 240e:0:1:12:: 64                  ## 通过 network 引入路由
    network 240e:0:1:13:: 64                  ## 通过 network 引入路由
    peer 240e:0:1:20::1 enable
    peer 240e:0:1:13::3 enable
[AR3] bgp 100
    router-id 3.3.3.3
    Peer 240e:0:1:13::2 as-number 100
    #
    ipv6-family unicast
    undo synchronization
    network 240e:0:1:14:: 64                  ## 通过 network 引入路由
     peer 240e:0:1:13::2 enable
```

2）自治系统 AS200 中路由器 BGP4+ 基本配置

```
[AR8] bgp 200
    router-id 8.8.8.8
    peer 240E:0:1:30::1 as-number 100
    peer 240e:0:2:30::5 as-number 300
    #
    ipv6-family unicast
    undo synchronization
    network 240E:0:1:30:: 64                  ## 通过 network 引入路由
    network 240E:0:2:30:: 64                  ## 通过 network 引入路由
    peer 240E:0:1:30::1 enable
    peer 240E:0:2:30::5 enable
```

3）自治系统 AS300 中路由器 BGP4+ 基本配置

```
[AR5] bgp 300
    router-id 5.5.5.5
    peer 240e:0:2:30::8 as-number 200
    peer 240e:0:2:20::6 as-number 300
    #
    ipv6-family unicast
    undo synchronization
    network 240E:0:2:20:: 64                  ## 通过 network 引入路由
    peer 240E:0:2:30::8 enable
    peer 240E:0:2:20::6 enable
```

```
[AR6] bgp 300
    router-id 6.6.6.6
    peer 240E:0:2:20::5 as-number 300
    #
    ipv6-family unicast
    undo synchronization
    import-route direct                        ## 引入直连路由
    peer 240E:0:2:20::5 enable
```

3. BGP4+ 路由 Next_Hop 属性配置

BGP4+ 路由信息的下一跳 Next_Hop 属性，在传递过程中，不一定是自动修改为邻居路由器的 IPv6 地址。具体来说，BGP 路由信息在传递过程中不修改下一跳 Next_Hop 属性，存在两种情况：一是 BGP4+ 发言者把从 EBGP 邻居得到的路由信息发送给 IBGP 邻居时，并不改变该路由信息的下一跳属性；二是 IBGP 路由信息在联盟内部传递时不会修改下一跳 Next_Hop 属性。

本示例中，在 AR1 和 AR5 路由器中，存在着 BGP4+ 发言者从 EBGP 邻居接口获取 BGP4+ 路由信息并在 IBGP 中传递的情况，因此需要配置 BGP 路由的 Next_Hop 属性配置。注意，Next_Hop 属性只需要在 ASBR 路由器中配置。

1）AR1 路由器中 Next_Hop 属性配置

```
[AR1] bgp 100
    ipv6-family unicast
    peer 240E:0:1:20::2 next-hop-local
```

2）AR5 路由器中 Next_Hop 属性配置

```
[AR5] bgp 300
    ipv6-family unicast
    peer 240E:0:2:20::6 next-hop-local
```

4. BGP 反射器配置

在 AS100 中，AR1 路由器从 AS200 获取的 EBGP 路由信息需要经过 AR2 路由器传递到 AR3 路由器。根据 BGP4+ 设备与对等体建立邻居关系后的交互原则，AR2 路由器从 AR1 获取的 EBGP 路由信息是不会自动传递给 AR3 路由器。因此需要采用适当措施，使 AR2 路由器从 AR1 获取的 EBGP 路由信息传递给 AR3 路由器。

本示例中，可以将 AR2 定义为反射器，而将 AR1 和 AR3 作为反射器客户端即可解决这一问题。AR2 反射器配置如下：

```
[AR2] bgp 100
    ipv6-family unicast
    peer 240e:0:1:20::1 reflect-client
    peer 240e:0:1:13::3 reflect-client
```

5. 查看 BGP4+ 路由表信息

以 AR8 路由器为例，可以通过执行 display ipv6 routing-table 命令，显示全局 IPv6 路由表，也可以执行 display bgp ipv6 routing-table 命令，显示 BGP4+ 协议路由表。

IPv6 技术与实践

首先通过执行 display bgp ipv6 routing-table 命令显示 BGP4+ 协议路由表，如图 8-15 所示。可以看到引入 BPG4+ 路由表的路由信息有 10 条。

```
[ar8]disp bgp ipv6 routing-table

BGP Local router ID is 8.8.8.8
Status codes: * - valid, > - best, d - damped,
              h - history, i - internal, s - suppressed, S - Stale
              Origin : i - IGP, e - EGP, ? - incomplete

Total Number of Routes: 10
*>  Network  : 240E:0:1:11::              PrefixLen : 64
    NextHop  : 240E:0:1:30::1             LocPrf    :
    MED      :                            PrefVal   : 0
    Label    :
    Path/Ogn : 100 i
*>  Network  : 240E:0:1:12::              PrefixLen : 64
    NextHop  : 240E:0:1:30::1             LocPrf    :
    MED      :                            PrefVal   : 0
    Label    :
    Path/Ogn : 100 i
*>  Network  : 240E:0:1:13::              PrefixLen : 64
    NextHop  : 240E:0:1:30::1             LocPrf    :
    MED      :                            PrefVal   : 0
    Label    :
    Path/Ogn : 100 i
*>  Network  : 240E:0:1:14::              PrefixLen : 64
    NextHop  : 240E:0:1:30::1             LocPrf    :
    MED      :                            PrefVal   : 0
    Label    :
    Path/Ogn : 100 i
*>  Network  : 240E:0:1:20::              PrefixLen : 64
    NextHop  : 240E:0:1:30::1             LocPrf    :
    MED      : 0                          PrefVal   : 0
    Label    :
    Path/Ogn : 100 i
*>  Network  : 240E:0:1:30::              PrefixLen : 64
    NextHop  : ::                         LocPrf    :
    MED      : 0                          PrefVal   : 0
    Label    :
    Path/Ogn : i
*>  Network  : 240E:0:2:11::              PrefixLen : 64
    NextHop  : 240E:0:2:30::5             LocPrf    :
    MED      :                            PrefVal   : 0
    Label    :
    Path/Ogn : 300 ?
*>  Network  : 240E:0:2:12::              PrefixLen : 64
    NextHop  : 240E:0:2:30::5             LocPrf    :
    MED      :                            PrefVal   : 0
    Label    :
    Path/Ogn : 300 ?
*>  Network  : 240E:0:2:20::              PrefixLen : 64
    NextHop  : 240E:0:2:30::5             LocPrf    :
    MED      : 0                          PrefVal   : 0
    Label    :
    Path/Ogn : 300 i
*>  Network  : 240E:0:2:30::              PrefixLen : 64
    NextHop  : ::                         LocPrf    :
    MED      : 0                          PrefVal   : 0
    Label    :
    Path/Ogn : i
```

图 8-15　AR8 中 BGP4+ 协议路由表信息

路由表每个路由表项前面的"*"表示有效路由，">"表示最优路由，"i"表示路由条目来自 IBGP。

仅显示"i"的路由，表示路由来自 IBGP，但不是可用最优路由。

显示"*>"的路由，为可用最优路由，是有效路由信息，会注入 IPv6 核心路由表。

显示"*>i"的路由，为来自 IBGP 的可用最优路由。

第 8 章 IPv6 路由技术与实践

从 AR8 的 BGP4+ 协议路由表可以看出，AR8 通过 BGP4+ 协议获取了 10 个网络可用最优 BGP4+ 路由信息。

6. 配置 BGP4+ 路由聚合

通过配置 BGP4+ 路由聚合，可以建设 BGP4+ 路由表项。这里将 AS100 中 AR2 下连的各网络进行聚合，同时抑制被聚合路由的发布，可以达到减少 BGP4+ 路由表项的目的。在 AR1 中进行 BGP4+ 路由聚合配置。

AR1 路由器中 BGP4+ 路由聚合配置：

```
[AR1] bgp 100
    ipv6-family unicast
    Aggregate 240e:0:1:10:: 60 detail-suppressed
                    ##发布聚合路由的同时抑制发布被聚合路由
    quit
```

通过以上配置后，再次在 AR8 中执行 display bgp ipv6 routing-table 命令，显示 BGP4+ 协议路由表，如图 8-16 所示。可见 AR8 中 BGP4+ 路由信息减少为 7 条。

```
[ar8]disp bgp ipv6 routing-table

BGP Local router ID is 8.8.8.8
Status codes: * - valid, > - best, d - damped,
              h - history, i - internal, s - suppressed, S - Stale
              Origin : i - IGP, e - EGP, ? - incomplete

Total Number of Routes: 7
 *>  Network  : 240E:0:1:10::                    PrefixLen : 60
     NextHop  : 240E:0:1:30::1                   LocPrf    :
     MED      :                                  PrefVal   : 0
     Label    :
     Path/Ogn : 100  i
 *>  Network  : 240E:0:1:20::                    PrefixLen : 64
     NextHop  : 240E:0:1:30::1                   LocPrf    :
     MED      : 0                                PrefVal   : 0
     Label    :
     Path/Ogn : 100  i
 *>  Network  : 240E:0:1:30::                    PrefixLen : 64
     NextHop  : ::                               LocPrf    :
     MED      : 0                                PrefVal   : 0
     Label    :
     Path/Ogn : i
 *>  Network  : 240E:0:2:11::                    PrefixLen : 64
     NextHop  : 240E:0:2:30::5                   LocPrf    :
     MED      :                                  PrefVal   : 0
     Label    :
     Path/Ogn : 300  ?
 *>  Network  : 240E:0:2:12::                    PrefixLen : 64
     NextHop  : 240E:0:2:30::5                   LocPrf    :
     MED      :                                  PrefVal   : 0
     Label    :
     Path/Ogn : 300  ?
 *>  Network  : 240E:0:2:20::                    PrefixLen : 64
     NextHop  : 240E:0:2:30::5                   LocPrf    :
     MED      : 0                                PrefVal   : 0
     Label    :
     Path/Ogn : 300  i
 *>  Network  : 240E:0:2:30::                    PrefixLen : 64
     NextHop  : ::                               LocPrf    :
     MED      : 0                                PrefVal   : 0
     Label    :
     Path/Ogn : i
```

图 8-16 AR8 中通过路由聚合后的 BGP4+ 协议路由表信息

实验测试：

利用 PING 命令测试整个网络的互联。本实验利用自治系统 AS300 中 AR7-PC8 计算机 PING 自治系统 AS100 中 AR4-PC2 计算机。如果能够 PING 通，则说明 BGP4+ 路由协议配置成功。测试结果如图 8-17 所示。

```
[ar7-pc8]ping ipv6 240E:0:1:12:2E0:FCFF:FE04:1DD3
  PING 240E:0:1:12:2E0:FCFF:FE04:1DD3 : 56  data bytes, press CTRL_C to break
    Reply from 240E:0:1:12:2E0:FCFF:FE04:1DD3
    bytes=56 Sequence=1 hop limit=59  time = 80 ms
    Reply from 240E:0:1:12:2E0:FCFF:FE04:1DD3
    bytes=56 Sequence=2 hop limit=59  time = 70 ms
    Reply from 240E:0:1:12:2E0:FCFF:FE04:1DD3
    bytes=56 Sequence=3 hop limit=59  time = 60 ms
    Reply from 240E:0:1:12:2E0:FCFF:FE04:1DD3
    bytes=56 Sequence=4 hop limit=59  time = 80 ms
    Reply from 240E:0:1:12:2E0:FCFF:FE04:1DD3
    bytes=56 Sequence=5 hop limit=59  time = 70 ms

  --- 240E:0:1:12:2E0:FCFF:FE04:1DD3 ping statistics ---
    5 packet(s) transmitted
    5 packet(s) received
    0.00% packet loss
    round-trip min/avg/max = 60/72/80 ms
```

图 8-17　AR7-PC8 与 AR4-PC2 之间执行 PING 命令的结果

图 8-17 中，IPv6 地址为 240E:0:1:12:2E0:FCFF:FE04:1DD3，是 AR4-PC2 计算机的 IPv6 地址，可以看到，AR7-PC8 能够与 AR4-PC2 通信。

小　结

在 IPv6 网络环境下，大多数路由协议都需要重新设计或者开发，以便支持 IPv6 网络。支持 IPv6 网络的单播路由协议由不同的 RFC 文档定义，其中，支持 IPv6 的内部路由协议 RIPng 协议由 RFC2080 文档定义，OSPFv3 协议由 RFC5340 文档定义，IPv6 IS-IS 协议由 RFC5308 文档定义；支持 IPv6 的外部路由协议 BGP4+ 协议由 RFC4760 文档定义。

本章重点介绍 IPv6 网络环境下的路由协议原理与实践。

路由就是报文在转发过程中的路径信息，用来指导报文转发。根据路由的来源不同，路由可以划分为直连路由、静态路由和动态路由。

RIPng 协议通常应用在小型 IPv6 网络，是基于距离矢量（Distance-Vector）算法的路由协议，通过 UDP 报文交换路由信息，生成路由表项。RIPng 有两种报文，分别是 Request 报文和 Response 报文。

OSPFv3 是运行于 IPv6 的 OSPF 路由协议，是一个基于链路状态的内部网关协议。OSPFv3 协议和 OSPFv2 协议一样，有五种报文类型。分别是 Hello 报文、DD（Database Description）报文、LSR（Link State Request）报文、LSU（Link State Update）报文和 LSAck（Link State Acknowledgment）报文。

第 8 章　IPv6 路由技术与实践

IPv6 IS-IS 协议是支持 IPv6 网络的 IS-IS 协议，IPv6 IS-IS 协议新增了两个 TLV（Type-Length-Value）和一个新的 NLPID（Network Layer Protocol Identifier，网络层协议标识符），以便支持 IPv6 网络。

MP-BGP 协议是一种边界网关协议，MP-BGP 引入了两个新的路径属性 MP_REACH_NLRI 和 MP_UNREACH_NLRI，以便支持多种网络层协议。MP-BGP 对 IPv6 单播网络的支持特性称为 BGP4+，BGP4+ 的协议流程与 BGP-4 的协议流程基本相同。BGP4+ 有五种报文类型，分别是 Open 报文、Update 报文、Notification 报文、Keepalive 报文和 Route-refresh 报文。

习　题

1. 根据路由的来源不同，路由可以分为哪几种路由？
2. IPv6 路由表记录由哪些信息组成？
3. IPV6 网络包括哪些常用的动态路由协议？
4. 简述 RIPng 协议针对 RIP 协议有哪些改进。
5. 简述 RIPng 协议的工作机制。
6. 简述 OSPFv3 与 OSPFv2 协议的异同。
7. 简述 OSPFv3 协议报文类型。
8. 简述 OSPFv3 协议链路状态通告 LSA 的类型。
9. IS-IS 协议为支持 IPv6 协议有哪些变化？
10. BGP4 协议为支持 IPv6 协议有哪些变化？

第 9 章

IPv6 过渡技术与实践

由于 IPv4 地址的枯竭和 IPv6 协议的先进性，IPv4 网络过渡到 IPv6 网络势在必行。但是 IPv6 协议与 IPv4 协议是不兼容的，需要对原有的 IPv4 网络设备进行替换，如果贸然将 IPv4 网络设备大量替换，所需成本会非常巨大，且现网运行的业务也会中断，显然并不可行。所以，IPv4 网络向 IPv6 网络的过渡是一个渐进的过程。在当前 IPv4 协议为主的网络环境下，IPv4 网络向 IPv6 网络的平滑过渡就成为 IPv6 技术能否成功的关键。

本章重点介绍了双栈技术、隧道技术、翻译技术等 IPv6 过渡技术实现原理，以及隧道技术和翻译技术的类型，并通过示例演示了 IPv6 over IPv4 手动隧道、IPv4 over IPv6 手动隧道、6to4 自动隧道、ISATAP 自动隧道，以及 6RD 中继方式等过渡技术配置方法。

9.1 IPv6 过渡技术概述

在国际上，IPv6 技术相关标准主要以 IETF 为主体来制定。除了 IETF 外，其他国际组织，如宽带论坛（Broadband Forum，BBF）、3GPP、ITU-T 等，也针对 IPv6 的应用制定了一些标准。在国内，IPv6 标准化工作由中国通信标准化协会（CCSA）具体负责，2021 年 9 月，中国通信标准化协会牵头成立 IPv6 标准工作组，统筹推进 IPv6 国家标准、行业标准和团体标准的制定。

IPv6 相关技术标准主要分为五类，分别是资源类、网络类、应用类、安全类、过渡类等。其中资源类标准是区分 IPv6 和 IPv4 的核心标准，主要包含编址技术标准及域名技术标准。网络类标准是涉及 IPv6 网络层技术的标准，主要包括路由技术标准和移动 IPv6 标准。应用类标准是 IPv6 技术应用于移动互联网、物联网等应用时所遵循的标准规范。安全类标准是主要涉及 IPv6 的安全机制、安全协议和安全设备方面的标准。过渡类标准是从 IPv4 网络向 IPv6 网络过渡过程中涉及的技术标准。

目前 IPv6 核心标准已经完成。但在 IPv4 网络向 IPv6 网络过渡技术上，标准尚未成熟，还需要补充和完善。总体来看，在 IPv6 过渡技术方面的标准数量较多，已有数十种。主要分为三大类，双栈技术、隧道技术和翻译技术，其中双栈技术和隧道技术的标准方案较为完善，但翻译技术虽然有多种备选技术方案，但这些备选技术方案本身尚未成熟且未经过大规模网络应用的验证。

9.1.1　IPv6 过渡技术

针对 IPv4 网络过渡到 IPv6 网络的技术，主要分为三大类：双栈技术、隧道技术和翻译技术。

（1）双栈技术。双栈技术是指通信节点同时安装并支持 IPv4 协议和 IPv6 协议。IPv6/IPv4 双栈节点与 IPv4 节点通信时使用 IPv4 协议栈，与 IPv6 节点通信时使用 IPv6 协议栈。双栈技术是所有过渡技术的基础。

（2）隧道技术。隧道技术提供了两个 IPv6 站点之间通过 IPv4 网络实现通信连接，以及两个 IPv4 站点之间通过 IPv6 网络实现通信连接的技术。包括 IPv6 over IPv4 隧道技术，IPv4 over IPv6 隧道技术等。

（3）翻译技术。翻译技术是一种提供了 IPv4 网络与 IPv6 网络之间的互访技术，是通过在转换网关中进行 IPv4 地址和 IPv6 地址的转换，以及进行 IPv4 协议和 IPv6 协议的转换和翻译，来实现纯 IPv4 网络和纯 IPv6 网络之间的互访。

9.1.2　IPv4 网络向 IPv6 网络过渡的三个阶段

当前，大量的网络仍然是 IPv4 网络，随着 IPv6 网络的部署，很长一段时间是 IPv4 网络和 IPv6 网络共存的过渡阶段，通常把 IPv4 网络向 IPv6 网络过渡分为 3 个阶段。

"IPv6 孤岛，IPv4 海洋"阶段。这一阶段 IPv4 网络占绝对的主导地位，是 IPv4 网络向 IPv6 网络过渡的初始阶段。在 IPv4 网络向 IPv6 网络过渡的初期，基于 IPv6 的业务带有相当程度的试验和探索性质，Internet 上的绝大部分应用仍然是基于 IPv4 的，Internet 主体也仍然采用 IPv4 协议，IPv6 网络仅在局部构成中小型网络。这一阶段的问题，首先是使各个相对孤立的 IPv6 网络之间能够相互通信；其次，IPv6 孤岛需要访问的资源大部分仍然处在基于 IPv4 协议的 Internet 主体网络中，需要解决 IPv6 网络中的主机访问 IPv4 网络的问题；最后，为了 IPv6 网络的推广应用，资源访问是最重要的，对于基于 IPv4 协议的 Internet 主体网络中的用户，还需要解决如何访问 IPv6 孤岛中信息资源的问题。

"IPv4 与 IPv6 并存"阶段。这一阶段 IPv6 网络得到大规模部署和应用。当基于 IPv6 的业务普遍实现大规模应用以后，IPv4 网络向 IPv6 网络的过渡就进入了"IPv4 与 IPv6 并存"的中期阶段。在这一阶段，IPv6 网络已经形成规模，构成了独立于 IPv4 网络的从接入网、驻地网到核心网的完整网络结构。这一阶段最重要的任务是如何解决 IPv4 和 IPv6 网络中的主机和资源互访过程中出现的问题，其次是如何将 IPv4 网络中的节点升级到 IPv6 网络中，以及如何将 IPv4 网络中的资源和业务、应用迁移到 IPv6 网络中。这一阶段不但要使用双栈技术、隧道技术，还需要使用翻译技术。

"IPv4 孤岛，IPv6 海洋"阶段。这一阶段 IPv6 网络占主导地位。当 IPv4 网络中的绝大部分业务和应用都迁移到 IPv6 网络以后，IPv4 网络到 IPv6 网络的过渡就进入了后期阶段，局部仅存的 IPv4 网络称为孤岛。这一阶段要解决的问题，变成了如何连接互不相连的 IPv4 网络，如何让 IPv4 孤岛中的主机能够访问 IPv6 网络中的资源。如何让基于 IPv6 的 Internet 网络中的主机访问 IPv4 孤岛中的信息资源。

从网络部署方面来看，目前 IPv6 网络的部署还处于初始阶段。首先部署 IPv6 网络的主要是业务量需求大的核心城市，以及大学、科研院所、政府机关、大企业等大客户，待网络层次成型、产业链逐渐成熟后，再逐步将 IPv6 引入业务量稀疏地区和普通用户。

9.2 双栈技术

双栈技术由 IETF 建议标准 RFC4213 文档定义，是指在网络节点上同时运行 IPv4 和 IPv6 两种协议，从而在 IP 网络中形成逻辑上相互独立的两种网络：IPv4 网络和 IPv6 网络。网络中的节点同时支持 IPv4 和 IPv6 协议栈，源节点根据目的节点 IP 地址的不同选用不同的协议栈，而网络设备根据报文的协议类型选择不同的协议栈进行处理和转发。双栈技术是重要的过渡技术，同时也是其他过渡技术的技术基础。

9.2.1 双栈协议结构

IPv6/IPv4 双协议栈技术使网络节点同时支持 IPv6 和 IPv4 协议，具有一个 IPv6 协议栈和一个 IPv4 协议栈，两者都应用在相同的数据链路层和物理层协议平台之上，并承载相同的运输层协议 TCP 和 UDP。双协议栈可以在一个单独的设备上实现，也可以在一个网络中实现双栈。对于双栈网络，其中的所有设备必须同时支持 IPv4/IPv6 协议栈，连接双栈网络的接口必须同时配置 IPv4 地址和 IPv6 地址。双协议栈结构如图 9-1 所示。

IPv4应用	IPv6应用
TCP/UDPv4	TCP/UDPv6
IPv4	IPv6
数据链路层	
物理层	

图 9-1　IPv6/IPv4 双栈协议结构

具有双栈结构的节点的接口具有两种 IP 地址，分别是 IPv4 地址和 IPv6 地址。IPv4 地址用于与 IPv4 主机进行通信，IPv6 地址用于与 IPv6 主机进行通信。

采用双协议栈部署 IPv6，不存在 IPv4 和 IPv6 网络部署时的相互影响，可以按需部署。因此双栈技术目前被认为是部署 IPv6 网络最简单的方法，也被国内外运营商广泛采用。双协议栈可以实现 IPv4 和 IPv6 网络的共存，但是不能解决 IPv4 和 IPv6 网络之间的互通问题。而且双栈技术不会节省 IPv4 地址，不能解决 IPv4 地址用尽问题。

9.2.2 双栈协议的典型应用场景

新部署的网络包括网络设备、系统软件等一般都支持双栈技术。支持双栈技术的网络节点称为 IPv4/IPv6 节点，它既需要配置 IPv4 地址，也需要配置 IPv6 地址，这类节点在与 IPv6 网络通信时，充当纯 IPv6 节点，在与 IPv4 节点通信时，充当纯 IPv4 节点。双栈技术通过在一个设备中同时支持 IPv4 协议栈和 IPv6 协议栈，实现在同一节点上支持 IPv4 网络和 IPv6 网络。

采用双栈协议的主机在向目的节点发送报文时，首先需要确定使用网络层的哪个协议版本。

主要依据的是目的节点的 IP 地址类型。如果目的节点的 IP 地址是 IPv4 地址，则使用 IPv4 协议，如果目的节点的 IP 地址是 IPv6 地址，则使用 IPv6 协议。

双栈协议的典型应用场景如图 9-2 所示。主机向 DNS 服务器发送 DNS 请求报文，请求域名对应的 IP 地址。DNS 服务器将回复该域名对应的 IP 地址。该 IP 地址可能是 IPv4 地址，也可能是 IPv6 地址。若主机系统发送的是 A 类查询，则向 DNS 服务器请求域名对应的 IPv4 地址；若系统发送的是 AAAA 查询，则向 DNS 服务器请求域名对应的 IPv6 地址。

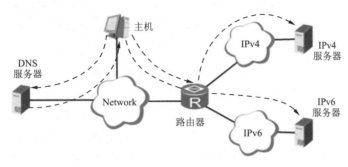

图 9-2　双栈协议的典型应用场景

图 9-2 中，主机、DNS 服务器、路由器等都支持双协议栈功能。如果主机访问地址为 IPv4 的地址，则通过路由器的 IPv4 协议栈访问 IPv4 服务器。如果主机访问地址为 IPv6 的地址，则通过路由器的 IPv6 协议栈访问 IPv6 服务器。

9.3　隧道技术

隧道（Tunnel）技术是通过将一种 IP 协议数据包嵌套在另一种 IP 协议数据包中进行网络传递的技术，只要求隧道两端的设备采用双栈技术，同时支持 IPv6 协议和 IPv4 协议。

隧道技术本质上只是提供一个点到点的透明传送通道，无法实现 IPv4 节点和 IPv6 节点之间的通信。因此，隧道技术适用于同协议类型网络孤岛之间的互联。采用隧道技术，不用把所有网络设备都升级为双栈，只要求 IPv4/IPv6 网络的边缘设备实现双栈和隧道功能。其他节点不需要支持双协议栈也可以实现信息孤岛之间的互联互通。

隧道技术

隧道类型有多种，按照隧道协议的不同分为两大类隧道：一种是 IPv4 over IPv6 隧道；另一种是 IPv6 over IPv4 隧道。

9.3.1　IPv6 over IPv4 隧道

IPv6 协议不可能在一夜间完全替代 IPv4 协议，在这之前，那些采用 IPv6 协议的设备就成为 IPv4 海洋中的 IPv6 "孤岛"。IPv6 over IPv4 隧道技术的目的是利用现有的 IPv4 网络，使各个分散的 IPv6 "孤岛"可以跨越 IPv4 网络相互通信。

1. IPv6 over IPv4 隧道原理

在过渡初期，IPv4 网络已经大量部署，而 IPv6 网络只是散落在各地的 "孤岛"，IPv6 over IPv4 隧道就是通过隧道技术，使 IPv6 报文在 IPv4 网络中传输，实现 IPv6 网络之间的孤岛互连。在 IPv6 报文通过 IPv4 网络时，隧道发送端将该 IPv6 报文封装在 IPv4 包中，将此 IPv6 包视为

IPv4 包的负荷，然后在 IPv4 网络上传送该封装包，当封装包到达隧道接收端时，该端点解封装包 IPv4 包头，取出 IPv6 封装包继续处理。IPv6 over IPv4 隧道技术的基本原理如图 9-3 所示。

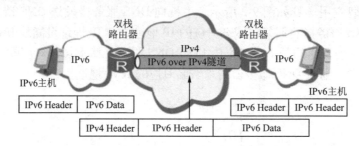

图 9-3　IPv6 over IPv4 隧道技术的基本原理图

IPv6 over IPv4 隧道的工作过程如下：

（1）边界设备启动 IPv4/IPv6 双协议栈，并配置 IPv6 over IPv4 隧道。

（2）边界设备在收到从 IPv6 网络侧发来的报文后，如果报文的目的地址不是自身且下一跳出接口为 Tunnel 接口，就要把收到的 IPv6 报文作为数据部分，加上 IPv4 报文头，封装成 IPv4 报文。

（3）在 IPv4 网络中，封装后的报文被传递到对端的边界设备。

（4）对端边界设备对报文解封装，去掉 IPv4 报文头，然后将解封装后的 IPv6 报文发送到 IPv6 网络中。

一个隧道需要有一个起点和一个终点，起点和终点确定了以后，隧道也就可以确定了。IPv6 over IPv4 隧道起点的 IPv4 地址必须为手工配置，终点的确定有手工配置和自动获取两种方式。根据隧道终点的 IPv4 地址的获取方式不同可以将 IPv6 over IPv4 隧道分为手动隧道和自动隧道。

（1）手动隧道：手动隧道即边界设备不能自动获得隧道终点的 IPv4 地址，需要手工配置隧道终点的 IPv4 地址，报文才能正确发送至隧道终点。

（2）自动隧道：自动隧道即边界设备可以自动获得隧道终点的 IPv4 地址，所以不需要手工配置终点的 IPv4 地址。一般的做法是隧道两个接口的 IPv6 地址采用内嵌 IPv4 地址的特殊 IPv6 地址形式，这样路由设备可以从 IPv6 报文中的目的 IPv6 地址中提取出 IPv4 地址。

注意：手动隧道需要手工配置，当隧道较多时，配置工作量大、网络扩展性差。自动隧道自动建立，采用特殊的 IPv6 地址形式，主要用于 IPv6 信息孤岛之间的互联，或者信息孤岛与 IPv6 的 Internet 网络互联。

2. IPv6 over IPv4 隧道技术

IPv6 over IPv4 隧道技术针对的是 IPv6 网络通过 IPv4 网络实现互联，已经提出并使用的 IPv6 over IPv4 隧道技术有：

- IPv6 over IPv4 手动隧道（RFC2893，2000 年）
- IPv6 over IPv4 GRE 隧道（RFC1701/RFC1702，1994 年）
- IPv4 兼容 IPv6 自动隧道（RFC2893，2000 年）
- 6to4 自动隧道（RFC3056，2001 年）
- ISATAP 自动隧道 (RFC4214/2005 年，RFC5214/2008 年)
- 隧道代理 TB（Tunnel Broker，RFC3053，2001 年）

第 9 章　IPv6 过渡技术与实践

- 6over4 隧道（IPv4 多播隧道，RFC2529，1999 年）
- Teredo 隧道（RFC4380，2006 年）
- 6PE/6VPE 隧道（RFC4798/2007 年，RFC4659/2006 年）
- 6RD 隧道（RFC5569，2010 年）

下面介绍 IPv6 over IPv4 手动隧道技术、IPv6 over IPv4 GRE 隧道技术、IPv4 兼容 IPv6 自动隧道技术、6to4 自动隧道技术、ISATAP 自动隧道技术，以及 6RD 隧道技术和 6PE/6VPE 隧道技术。

1）IPv6 over IPv4 手动隧道

手动隧道直接把 IPv6 报文封装到 IPv4 报文中去，IPv6 报文作为 IPv4 报文的净载荷。手动隧道的源地址和目的地址也是手工指定的，它提供了一个点到点的连接。手动隧道的边界设备必须支持 IPv6/IPv4 双协议栈。其他设备只需实现单协议栈即可。手动隧道通常用于两个边界路由器之间，为两个 IPv6 网络提供连接。

IPv6 over IPv4 手动隧道的封装格式如图 9-4 所示，采用 IPv6 over IPv4 手动隧道，IPv4 封装的首部协议编号为 41，标识封装的是 IPv6 分组。

| IPv4 Header | IPv6 Header | IPv6 Data |

图 9-4　IPv6 over IPv4 手动隧道封装格式

IPv6 over IPv4 手动隧道的转发机制是这样的，当隧道边界设备的 IPv6 侧收到一个 IPv6 报文后，根据 IPv6 报文的目的地址查找 IPv6 路由转发表，如果该报文是从虚拟隧道接口转发出去，则根据隧道接口配置的隧道源端和目的端的 IPv4 地址进行封装。封装后的报文变成一个 IPv4 报文，交给 IPv4 协议栈处理。报文通过 IPv4 网络转发到 IPv6 over IPv4 手动隧道的终点。隧道终点收到一个隧道协议报文后，进行隧道解封装，并将解封装后的报文交给 IPv6 协议栈处理。

2）IPv6 over IPv4 GRE 隧道

IPv6 over IPv4 GRE 隧道使用标准的 GRE 隧道技术提供点到点连接服务，需要手工指定隧道的端点地址。GRE 隧道本身并不限制被封装的协议和传输协议，一个 GRE 隧道中被封装的协议可以是协议中允许的任意协议（IPv4、IPv6、MPLS 等）。IPv6 over IPv4 GRE 隧道封装和传输过程如图 9-5 所示。IPv6 over IPv4 GRE 隧道的转发机制与 IPv6 over IPv4 手动隧道的转发机制相同。

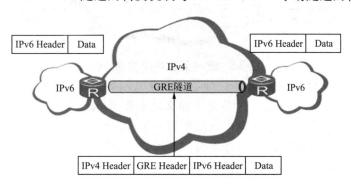

图 9-5　IPv6 over IPv4 GRE 隧道

在 IPv6 over IPv4 GRE 隧道的封装过程中，IPv6 数据包首先被封装在 GRE 数据包中，再被封装在 IPv4 数据包中，若 IPv4 协议封装的首部协议编号为 47，则表示下一个首部为 GRE 协议首部，若 GRE 协议首部中协议字段值为 41，则表示下一个首部为 IPv6 分组。IPv6 over IPv4 GRE 隧道数据封装格式如图 9-6 所示。

图 9-6　IPv6 over IPv4 GRE 隧道封装格式

3）IPv4 兼容 IPv6 自动隧道

自动隧道中，用户仅需要配置设备隧道的起点，隧道的终点由设备自动生成。为了使设备能够自动产生终点，隧道接口的 IPv6 地址采用内嵌 IPv4 地址的特殊 IPv6 地址形式。设备从 IPv6 报文中的目的 IPv6 地址中解析出 IPv4 地址，然后以这个 IPv4 地址代表的节点作为隧道的终点。

IPv4 兼容 IPv6 自动隧道，其承载的 IPv6 报文的目的地址（即自动隧道所使用的特殊地址）是 IPv4 兼容 IPv6 地址。IPv4 兼容 IPv6 地址的前 96 位全部为 0，后 32 位为 IPv4 地址。其格式如图 9-7 所示。

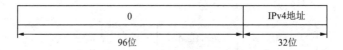

图 9-7　IPv4 兼容 IPv6 地址

下面以图 9-8 为例，说明 IPv4 兼容 IPv6 自动隧道的转发机制：

需要经过 Router A 发给 Router B 的 IPv6 报文到达 Router A 后，以目的地址 ::2.1.1.1 查找 IPv6 路由，发现路由的下一跳为虚拟的 Tunnel 口。由于 Router A 上配置的隧道类型是 IPv4 兼容 IPv6 自动隧道。于是 Router A 对 IPv6 报文进行了封装。封装时，IPv6 报文被封装为 IPv4 报文，IPv4 报文中的源地址为隧道的起始点地址 1.1.1.1，而目的 IP 地址直接从 IPv4 兼容 IPv6 地址 ::2.1.1.1 的后 32 位复制过来，即 2.1.1.1。这个报文被路由器从隧道口发出后，在 IPv4 的网络中被路由转发到目的地 2.1.1.1，也就是 Router B。Router B 收到报文后，进行解封装，把其中的 IPv6 报文取出，送给 IPv6 协议栈进行处理。Router B 返回 Router A 的报文也是按照这个过程进行的。

图 9-8　IPv4 兼容 IPv6 自动隧道

如果 IPv4 兼容 IPv6 地址中的 IPv4 地址是广播地址、多播地址、网络广播地址、出接口的子网广播地址、全 0 地址、环回地址，则该 IPv6 报文被丢弃。

由于 IPv4 兼容 IPv6 隧道要求每个主机都要有一个合法的 IPv4 地址，而且通信的主机要支持双栈、支持 IPv4 兼容 IPv6 隧道，不适合大面积部署。该类地址已被 RFC4291 废止。该技术已经被 6to4 隧道所代替。注意：华为 AR 路由器支持此项技术。

4）6to4 自动隧道

6to4 隧道属于一种自动隧道，隧道是使用路由器外网接口的全局 IPv4 地址建立的。而 6to4 自动隧道连接的 IPv6 网络是一组特殊的 IPv6 地址网络，IPv6 网络的前 16 位固定为 2002::/16，前 48 位为 2002：IPv4 地址 ::/48。6to4 的 IPv6 地址网络前缀为 64 位，其中前 48 位（2002：a.b.c.d）被分配给路由器上的 IPv4 地址决定，后 16 位作为站点内区分子网的子网 ID，又称站点级聚合标识符（Site Level Aggregator，SLA），由用户自己定义。6to4 的 IPv6 地址格式如图 9-9 所示。

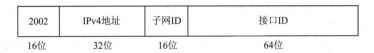

图 9-9　6to4 的 IPv6 地址格式

6to4 自动隧道支持两种应用场景：一种是 6to4 网络与 6to4 网络互通场景；另一种是 6to4 网络与 IPv6 Internet 网络互通场景。

（1）6to4 网络与 6to4 网络互通场景：利用 6to4 隧道连接两个 6to4 网络，边界设备称为 6to4 Router，如图 9-10 所示。需要注意的是，一个 IPv4 地址只能用于一个 6to4 隧道的源地址，如果一个边界设备连接了多个 6to4 网络，使用同样的 IPv4 地址作为隧道的源地址，则使用 6to4 地址中的子网 ID 来区分，但它们共用一个隧道。

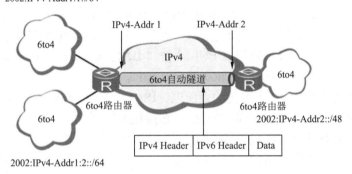

图 9-10　6to4 网络与 6to4 网络互通场景

（2）6to4 网络与 IPv6 Internet 网络互通场景：这种场景称为 6to4 中继方式。采用中继方式时，6to4 隧道转发的 IPv6 报文的目的地址不是 6to4 地址，而是普通 IPv6 网络地址，但转发的下一跳地址为 6to4 地址，该下一跳路由器称为 6to4 中继（6to4 Relay），如图 9-11 所示。

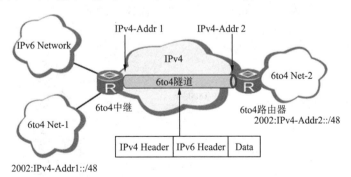

图 9-11　6to4 网络与 IPv6 Internet 网络互通场景

在图 9-11 中，如果 6to4 网络 2 中的主机要与普通 IPv6 网络互通，在其边界路由器上配置路由指向的下一跳为 6to4 中继路由器的 6to4 地址，中继路由器的 6to4 地址是与中继路由器的 6to4 隧道的源地址相匹配的。6to4 网络 2 中去往普通 IPv6 网络的报文都会按照路由表指示的下一跳发送到 6to4 中继路由器。6to4 中继路由器再将此报文转发到纯 IPv6 网络中去。当报文返回时，6to4 中继路由器根据返回报文的目的地址（6to4 地址）进行 IPv4 报文头封装，数据就可以顺利到达 6to4 网络，并返回给 6to4 网络 2 中的主机。

5）ISATAP 自动隧道

ISATAP（Intra-Site Automatic Tunnel Addressing Protocol）是另外一种自动隧道技术。ISATAP 隧道同样使用了内嵌 IPv4 地址的特殊 IPv6 地址形式，和 6to4 隧道不同的是，6to4 隧道是用 IPv4 地址作为网络前缀，而 ISATAP 用 IPv4 地址作为 EUI-64 接口标识的一部分。其 EUI-64 接口 ID 格式如图 9-12 所示。

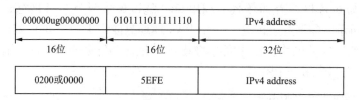

图 9-12 ISATAP 隧道接口 EUI-64 接口 ID 格式

如果 IPv4 地址是全局唯一的，则 u 位为 1，否则 u 位为 0。g 位是 IEEE 多播/单播标志。如果 IPv4 采用全球唯一 IPv4 地址，则形成 EUI-64 接口 ID 为 0200:5EFE:IPv4 address。如果 IPv4 采用私有地址，则形成 EUI-64 接口 ID 为 0000:5EFE:IPv4 address。

由于 ISATAP 是通过接口 ID 来表现的，所以，ISATAP 隧道 IPv6 地址可以有全局单播地址、链路本地地址、ULA 地址（本地唯一单播地址）、多播地址等形式。

ISATAP 地址的前 64 位网段地址是通过向 ISATAP 路由器发送请求得到的，它可以进行地址自动配置。在 ISATAP 隧道的两端设备之间可以运行 ND 协议。ISATAP 隧道将 IPv4 网络看作一个非广播的点到多点的链路（NBMA）。

ISATAP 过渡机制允许在现有 IPv4 网络内部署 IPv6，该技术简单而且扩展性很好，可以用于本地站点的过渡。ISATAP 支持 IPv6 站点本地路由和全局 IPv6 路由域，以及自动 IPv6 隧道。ISATAP 同时还可以与 NAT 结合，从而可以使用站点内部非全局唯一的 IPv4 地址。典型的 ISATAP 隧道应用是在站点内部，所以，其内嵌的 IPv4 地址不需要是全局唯一的。ISATAP 隧道的典型应用场景如图 9-13 所示。

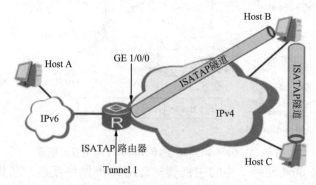

图 9-13 ISATAP 隧道典型应用场景

对于站点内主机，需要首先配置 ISATAP 隧道接口，使其根据 IPv4 地址生成 ISATAP 类型的

EUI-64 接口 ID。并利用 ISATAP 接口生成链路本地 IPv6 地址，使其具有 IPv6 通信能力。进一步通过自动地址配置，可获取 IPv6 全球单播地址。

当站内主机与其他 IPv6 主机通信时，从隧道接口转发，并从报文的下一跳 IPv6 地址中取出 IPv4 地址作为目的 IPv4 地址。如果目的主机在本站内，则下一跳就是目的主机本身。如果目的主机不在本站内，则下一跳是 ISATAP 路由器的地址。

6) 6RD 隧道技术

6RD（IPv6 Rapid Deployment）隧道技术由法国运营商 FREE 提出，是基于 IPv4 网络快速引入 IPv6 的方案，现有城域网络的宽带接入服务器等设备不用升级改造就能支持 IPv6。6RD 隧道通过运营商 IPv4 网络连接 IPv6 站点，是点到多点的隧道。6RD 隧道目前已逐渐广泛应用在运营商网络中，华为的 NE 路由器支持 6RD 技术。

6to4 方案中的 IPv6 地址前缀为 2002，而 6RD 的 IPv6 的地址前缀是由互联网服务提供商 ISP 自己获得的 IPv6 地址前缀来替代 2002::/16，作用域局限在运营商的管理范围内，解决了 6to4 方案中存在的 IPv4 地址短缺问题。6RD 网络地址格式如图 9-14 所示。

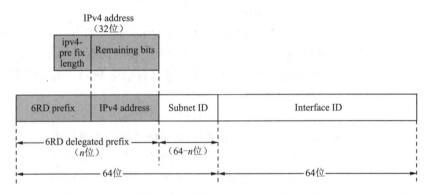

图 9-14 6RD 网络地址格式

6RD 网络前缀由运营商划分出的用于 6RD 地址使用的 IPv6 前缀，与部分或全部 IPv4 地址一起，形成 6RD 委托前缀。6RD 委托前缀生成后，应用在 6RD 域内，为设备或主机分配 IPv6 地址前缀。同一个 6RD 域内，配置相同的 6RD 前缀。

6RD 是基于对 6to4 方案的改进，也支持两种应用场景，一种是 6RD 网络与 6RD 网络互通场景，一种是 6RD 网络与 IPv6 Internet 网络互通场景，如图 9-15 所示。

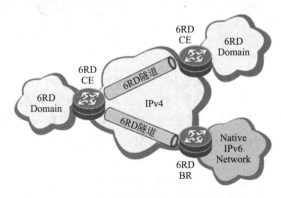

图 9-15 6RD 隧道和 6RD 中继

6RD 网络与 6RD 网络互通场景，利用 6RD 隧道连接两个不同的 6RD 网络，隧道两端的设备均为 6RD CE(Customer Edge) 设备。通过在两个 6RD CE 设备间建立基于 IPv4 网络的 6RD 隧道，实现不同 6RD 网络中主机或设备间的互相访问。

6RD 网络与 IPv6 Internet 网络互通场景，利用 6RD 隧道连接 6RD 网络和 IPv6 Internet 网络，隧道两端的设备分别为 6RD CE(Customer Edge) 设备和 6RD BR（Border Relay）设备。通过在 6RD CE 设备和 6RD BR 设备间建立基于 IPv4 网络的 6RD 隧道，实现 6RD 网络与 IPv6 Internet 网络中主机或设备间的互相访问。

两种工作场景中，通过扩展的 DHCP 选项，6RD CE 设备的 WAN 接口可得到运营商为其分配的 IPv6 前缀、IPv4 地址（公有或私有）以及 6RD BR 的 IPv4 地址等参数。6RD CE 在 LAN 接口上通过将获得的 6RD IPv6 前缀与 IPv4 地址相拼接构造出用户的 IPv6 前缀。当用户开始发起 IPv6 会话，IPv6 报文到达 6RD CE 后，6RD CE 用 IPv4 包头将其封装进隧道，被封装的 IPv6 报文通过 IPv4 包头进行路由，中间的设备对其中的 IPv6 报文不感知。隧道对端的 6RD CE 或 6RD BR 设备，对收到的 IPv4 数据包后进行解封装，将解封装后的 IPv6 报文转发到 6RD 网络或 IPv6 Internet 网络中，从而实现 6RD 网络用户对 IPv6 业务的访问。

6RD 建立在 6to4 的基础之上，但 6to4 站点与 IPv6 Internet 站点的互通需借助于 6to4 中继路由器，6to4 中继为避免路由泄露问题，不能把比 2002::/16 更长的前缀通告给外部纯 IPv6 网络。而 6RD BR 对外通告的是该 ISP 的特定 IPv6 前缀，能保证来自全球 IPv6 网络的数据包只要进入该 ISP 的 6RD 设备，则目的地一定是该 ISP 的用户站点。

7）6PE/6VPE 隧道

6PE（IPv6 Provider Edge）是一种 IPv4 网络到 IPv6 网络过渡的隧道技术。对于不连续的 IPv6 网络之间需要通信，且 IPv6 网络之间是 IPv4/MPLS 网络的情况下，可以借助 6PE 特性实现。将被分割的 IPv6 网络利用隧道技术连接起来的方式很多，6PE 方式的隧道是在 ISP 的 PE 设备上实现 IPv4/IPv6 双协议栈，利用 MP-BGP 为其分配的标签标识 IPv6 路由，并通过 PE 之间建立的 LSP 实现 IPv6 之间的互通。6PE 网络如图 9-16 所示，CE1、CE2 所在的 IPv6 网络被 IPv4/MPLS 网络所隔离，通过配置 6PE 可以使 CE1 和 CE2 之间跨 IPv4 网络实现通信。

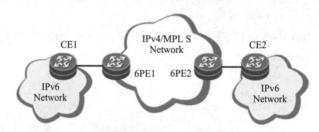

图 9-16　6PE 网络示例

6PE 的工作原理就是在 IPv6 报文外层封装两层 MPLS 标签，使得带有 MPLS 标签的 IPv6 报文能够穿越 IPv4 核心网，正确地转发到目的地。所以 6PE 的工作可以概括为两个过程：在控制平面上，基于 MP-BGP 协议给 IPv6 路由信息分发 MPLS 标签；在转发平面上，基于外层 MPLS 的标签对 IPv6 报文进行转发。

6PE 技术是将所有通过 6PE 连接的 IPv6 网络都放在一个 VPN 内，无法进行逻辑隔离，因此只能用于开放的、无保护的 IPv6 网络互联，如果需要对所连接的 IPv6 网络做逻辑隔离，即实现

IPv6 VPN,就需要进一步借助于 6VPE 技术。

6VPE(IPv6 VPN Provider Edge)是一种 VPN 技术,又称 BGP/MPLS IPv6 VPN 组网,即通过 IPv4 公有网络或骨干网连接多个私有 IPv6 站点,并确保属于不同用户的私有 IPv6 站点间的业务相互隔离。6VPE 功能的部件主要包含骨干网边缘路由器(PE)、用户边缘路由器(CE)和骨干网核心路由器(P)。PE 上存储有 VPN 的虚拟路由转发表(VRF-IPv6),用来处理私有站点内的 IPv6 路由,是 VPN 功能的主要实现者。CE 上分布着用户路由,通过一个单独的物理或逻辑端口连接到 PE;P 设备是骨干网设备,负责对隧道封装的 VPN 报文进行转发。6VPE 网络结构如图 9-17 所示。

与 6PE 技术相比,6VPE 技术增加了 VPN-IPv6 地址族和 VRF-IPv6 的概念,实现不同 IPv6 网络之间的逻辑隔离,提高了 IPv6 网络的安全性。

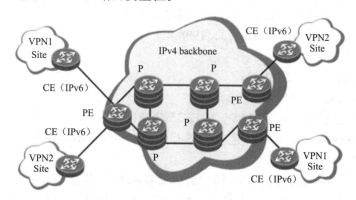

图 9-17　6VPE 网络示例

9.3.2　IPv4 over IPv6 隧道

在 IPv4 网络向 IPv6 网络过渡后期,IPv6 网络已被大量部署,而 IPv4 网络只是被 IPv6 网络隔离开的局部网络。采用专用的线路将这些 IPv4 网络互联起来,显然是不经济的,通常的做法是采用隧道技术。利用隧道技术可以在 IPv6 网络上创建隧道,使 IPv4 网络能通过 IPv6 公网访问其他 IPv4 网络,从而实现 IPv4 网络之间的互联,这种隧道称为 IPv4 over IPv6 隧道。

1. IPv4 over IPv6 隧道原理

在 IPv4 网络向 IPv6 网络过渡的后期,可以利用隧道技术在 IPv6 网络上创建隧道,从而实现 IPv4 孤岛的互联。在 IPv6 网络上用于连接 IPv4 孤岛的隧道,称为 IPv4 over IPv6 隧道。IPv4 over IPv6 隧道技术的原理如图 9-18 所示。

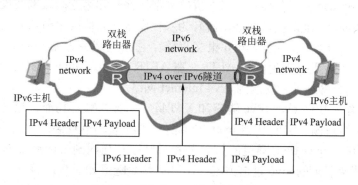

图 9-18　IPv4 over IPv6 隧道原理

IPv4 over IPv6 隧道的工作过程如下。

（1）边界设备启动 IPv4/IPv6 双协议栈，并配置 IPv4 over IPv6 隧道。

（2）边界设备在收到从 IPv4 网络侧发来的报文后，如果报文的目的地址不是自身，就要把收到的 IPv4 报文作为负载，加上 IPv6 报文头，封装到 IPv6 报文中。

（3）在 IPv6 网络中，封装后的报文被传递到对端的边界设备。

（4）对端边界设备对报文解封装，去掉 IPv6 报文头，然后将解封装后的 IPv4 报文发送到 IPv4 网络。

2．IPv4 over IPv6 隧道技术

IPv4 over IPv6 隧道是利用隧道技术在 IPv6 网络上创建隧道，实现 IPv4 孤岛能通过 IPv6 公网访问其他 IPv4 网络。已经提出的 IPv4 over IPv6 隧道技术有：

- IPv4 over IPv6 手动隧道（RFC2473，1998 年）
- DS-Lite（RFC6333，2011 年）
- 464XLAT（RFC6877，2013 年）
- Public 4over6（RFC7040，2013 年）
- MAP-T/MAP-E（RFC7599/2015 年，RFC7597/2015 年）

下面分别介绍 IPv4 over IPv6 手动隧道、DS-Lite、Public 4over6、MAP-T/MAP-E 隧道技术。

1）IPv4 over IPv6 手动隧道

IPv4 over IPv6 手动隧道直接把 IPv4 报文封装到 IPv6 报文中去，IPv4 报文作为 IPv6 报文的净载荷。手动隧道的源地址和目的地址也是手工指定的，它提供了一个点到点的连接。手动隧道的边界设备必须支持 IPv6/IPv4 双协议栈。其他设备只需实现单协议栈即可。手动隧道通常用于两个边界路由器之间，为两个 IPv4 网络提供连接。IPv4 over IPv6 手动隧道通过配置 Tunnel 接口的隧道协议类型、隧道源 IPv6 地址、隧道目的 IPv6 地址，Tunnel 接口的 IPv4 地址，从而建立起一条 IPv4 over IPv6 隧道。IPv4 over IPv6 手动隧道的封装格式如图 9-19 所示。

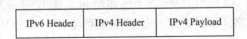

图 9-19　IPv4 over IPv6 手动隧道封装格式

2）DS-Lite 技术

DS-lite 被称为轻量级双栈，由双栈主机和 IPv6 网络构成。DS-lite 网络中只有家庭网关设备 B4（Basic Bridging Broadband Element，基本桥宽带元件）和运营商级网关设备 AFTR（Address Family Translation Router，地址族转换路由器）为双栈设备，其他网络节点只支持 IPv6。家庭用户可获得 IPv6 和私有 IPv4 地址，这样 IPv6 报文直接穿越家庭网关进入 IPv6 网络；IPv4 报文通过 B4 和 AFTR 间的 IPv4-in-IPv6 隧道到达 AFTR，在 AFTR 上实现 Tunnel 的解封装，并将 IPv4 私有地址通过 NAT 转化为公网地址，发送到 IPv4 Internet 网络。

DS-lite 技术集合了 IPv4 over IPv6 隧道和 NAT44（一次 NAT）功能，包含两个功能实体，家庭网关设备 B4 位于用户侧，实现 IPv4 over IPv6 隧道的封装和解封装。运营商级网关设备 AFTR 位于网络侧，实现 IPv4 over IPv6 隧道的解封装和封装以及私网到公网地址 NAT44 转换。DS-lite 关注度比较高，是未来长期的 ipv6 过渡方案。DS-lite 场景隧道如图 9-20 所示。

第 9 章　IPv6 过渡技术与实践

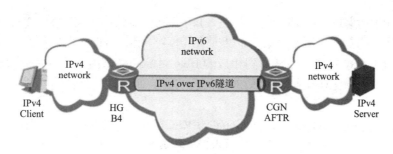

图 9-20　DS-lite 场景隧道技术原理图

DS-lite 网络主要由三部分组成，分别是用户端设备 B4、地址族转换路由器 AFTR、DS-Lite 隧道。

B4：又称家庭网关 HG 或用户端设备 CPE（Customer Premises Equipment），位于用户网络侧，用来连接 ISP（Internet Service Provider，互联网服务提供商）网络的设备，通常为用户网络的网关。B4 作为 IPv4 over IPv6 隧道的端点，负责将用户网络的 IPv4 报文封装成 IPv6 报文发送给隧道的另一个端点，同时将从隧道接收到的 IPv6 报文解封装成 IPv4 报文发送给用户网络。某些用户网络的主机本身也可以作为 B4 终端，直接连接到 ISP 网络，这样的主机称为 DS-lite 主机。

AFTR：是 ISP 网络中的网关设备，也是运营商级 NAT 设备 CGN（Carrier Grade NAT）。AFTR 同时作为 IPv4 over IPv6 隧道端点和 NAT 网关设备。AFTR 负责将解封装后的用户网络报文的源 IPv4 地址（私网地址）转换为公网地址，并将转换后的报文发送给目的 IPv4 主机；同时负责将目的 IPv4 主机返回的应答报文的目的 IPv4 地址（公网地址）转换为对应的私网地址，并将转换后的报文封装成 IPv6 报文通过隧道发送给 B4。AFTR 进行 NAT 转换时，同时记录 NAT 映射关系和 IPv4 over IPv6 隧道对端设备的 IPv6 地址，从而实现不同 B4 终端连接的用户网络地址可以重叠。

DS-lite 隧道：DS-lite 隧道是 B4 和 AFTR 之间的 IPv4 over IPv6 隧道，用来实现 IPv4 报文跨越 IPv6 网络传输。

3）Public 4over6 技术

Public 4over6 过渡技术由清华大学等提出，主要适用于 IPv6 网络逐步成熟的阶段，尤其是 IPv6 成为大规模骨干网络的情形下，在多个自治系统之间使用 BGP 进行互联互通的情况。目前，大多数 IPv4/IPv6 网络过渡方案主要是解决基于 IPv4 主干网的小规模 IPv6 接入网络之间的互联问题以及 IPv4/IPv6 网络之间的互联互通性问题。Public 4over6 提出了基于 IPv6 的 IPv4 网络互联机制，解决 IPv4 网络通过纯 IPv6 主干网络实现互联的问题。PE 路由器在主干网内使用 IPv6 协议连接纯 IPv6 主干网，对接入网络则使用 IPv4 协议栈与边缘网络的 IPv4 单协议栈 CE 路由器连接，从而对已有 IPv4 网络提供接入服务。在 CE 路由器上只运行 IPv4 协议，而 IPv6 主干网作为传送 IPv4 分组的传输网络。

总体来说，Public 4over6 机制包括两方面的问题：控制平面和数据平面。控制平面需要解决的问题是如何通过隧道端点发现机制建立 Public 4over6 隧道。由于多个 PE 路由器连接到 IPv6 传输网上，为了准确地封装 IPv4 分组并转发到某个出口 PE 路由器，入口 PE 路由器需要知道具体哪个 PE 路由器是出口路由器。该机制扩展 MP-BGP 协议，在 IPv6 骨干网上携带 IPv4 目的网络的信息和隧道端点信息并发送到 IPv6 骨干网的另一端，以此来在 PE 路由器上建立无状态的 Public 4over6 隧道。PE 与 CE 之间可以通过域内或域间 IPv4 路由协议来交互 IPv4 路由，也可以由 CE 路由器配置缺省路由到 PE 路由器，视具体使用场景而定。在建立 Public 4over6 隧道的基础上，数据平面主要关注包括封装和解封装的分组转发处理。在入口 PE 路由器找到恰当的出口路由器后，入口路由器需要采用某一特定的封装机制来封装并转发原始 IPv4 分组。出口路由器从 IPv6 传输网络收到封装分组后，对分组进行解封装，并转发到相应的 IPv4 目的网络。由于 Public 4over6 机制主要运行在 PE 路由器上，且只涉及对 IPv4 分组最外层头部的封装处理，因此也同样适用于 IPv4 网络中使用 NAT 机制的场景。

Public 4over6 机制由 IETF 的 Informational 类 RFC7040 文档记载。该文档引言中强调，Public 4over6 在某些环境中被部署，特别是在中国下一代互联网（CNGI）和中国教育和研究网络 2（CERNET2）中被部署，但不建议新的部署。记录这种方法旨在使现有部署的用户和运营商以及读者受益。

4）MAP-T/MAP-E 技术

在 IPv4 向 IPv6 网络演进的过程中，存在着两对主要矛盾的较量，一是 IPv4 地址短缺和 IPv4 业务蓬勃发展之间的矛盾；二是 IPv6 海量的地址空间和 IPv6 应用的匮乏之间的矛盾。在 IPv4 方面，通过地址复用方式似乎缓解了 IPv4 快速消耗的压力，但是 NAT 设备投入巨大，各类业务应用也或多或少受到影响。在 IPv6 发展方面，用户、ICP（Internet Content Provider，互联网内容服务商）、ISP 对 IPv4 地址枯竭的敏感度不一致，从而导致 IPv6 产业链发展不平衡，ICP 和 ISP 在积极推动 IPv6 发展的同时都或多或少存在顾虑。同时两对矛盾又互相制约，IPv4 地址共享机制似乎又减缓了 IPv6 产业链的发展，IPv6 产业链的不断发展似乎又在考验着 IPv4 地址共享机制的部署规模。为了保持 IPv4 业务持续性和 IPv6 产业的发展性，IPv4 over IPv6 场景凭借其兼顾 IPv4 业务和 IPv6 发展的特性，成为长期演进方案研究的焦点。在 IPv4 over IPv6 场景中，也产生了较多的过渡技术，其中，MAP 技术结合了无状态和双重翻译/封装技术，成为 IETF 关注较高的解决方案。

MAP（Mapping Address and Port）技术定义了在纯 IPv6 网络（IPv6-only）中承载 IPv4 业务和 IPv6 业务无状态地址封装/翻译的机制，是一种无状态、分布式、隧道方式的过渡技术。

（1）MAP-T/MAP-E 技术网络架构。在采用 MAP-T/MAP-E 技术的网络中，作为 MAP 边界设备的 MAP-CE 和 MAP-BR 之间划定为 MAP-Domain 域。MAP-Domain 域内采用 IPv6 数据，IPv4 数据仅仅出现在 MAP-Domain 域外。MAP-Domain 域内包含 BRAS 设备，它作为 DHCPv6 服务器通过 DHCPv6 PD 方式给 MAP-CE 设备下发 MAP 地址和映射规则。MAP-BR 设备处于 MAP-Domain 域的边缘，支持 MAP-CE 设备穿越 MAP-Domain 域的 IPv6 网络访问 IPv4 公网，也支持 MAP-CE 之间使用对方的公网 IPv4 地址通过 MAP-BR 相互访问。MAP-T/MAP-E 场景基本网络架构如图 9-21 所示。

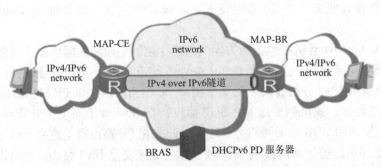

图 9-21　MAP-T/MAP-E 基本架构示意图

(2) MAP-T/MAP-E 报文处理流程。MAP-Domain 域中，网络部署 IPv6 单栈协议。对于 IPv6 终端的业务流量采用纯 IPv6 进行承载。对于 IPv4 终端的业务流量，需要在 MAP-CE 和 MAP-BR 之间（或者 MAP-CE 和 MAP-CE 之间）建立 IPv6 隧道实现。根据对 IPv4 报文的分装方式不同，可以分为 MAP-T（无状态双重翻译）和 MAP-E（无状态双重封装）两种方式。MAP-T 为翻译方式，及将 IPv4 报头翻译为 IPv6 报头，只有一层 IPv6 报头。MAP-E 为封装方式，及将 IPv4 报文再封装一层 IPv6 报头，外层为 IPv6 报头，内层为 IPv4 报头。

(3) MAP-T/MAP-E 的地址映射。MAP-T/MAP-E 中 IPv4 地址和 IPv6 地址的映射较为复杂。MAP-T/MAP-E 技术中，IPv4 地址映射的用户 IPv6 地址中的地址前缀（End-user IPv6 Prefix）是将 IPv4 地址后缀部分（IPv4-Addr-suffix）和 16 位的端口特征值端口集 ID（Port-set ID）组合形成 EA 字段（EA-bits），并拼接到规则 IPv6 地址前缀（Rule-IPv6-prefix）之后形成的。IPv4 地址映射的用户 IPv6 地址其中的接口标识（Interface ID）采用 [16 位二进制 0]+[IPv4 address]+[Port-Set ID] 的值组合形成。Interface ID 再与 End-user IPv6 prefix 以及 Subnet-ID 一起合成 IPv6 地址，作为 MAP-CE 在 MAP Domain 中的唯一标识。不管是 MAP-CE 还是 MAP-BR，只要获得 End-user IPv6-prefix、Rule-IPv6-prefix、EA-bits、Rule-IPv4-prefix（规则 IPv4 地址前缀）、Port-Set ID offset（端口集 ID 偏移量）就能推导出公网 IPv4 地址和端口序列。

在 MAP 技术中有三种 MAP 规则：BMR（Basic Mapping Rule）、FMR（Forwarding Mapping Rule）和 DMR（Default Mapping Rule）。其中 BMR 为必选映射规则，用于计算 MAP-CE 的 IPv4 地址和 Port-Set 以及 IPv6 地址。BMR 在 MAP-CE 和 MAP-BR 上都需要配置，配置在 MAP-CE 上用于将 IPv4 用户数据进行 NAT44 和 IPv6 翻译/封装，配置在 MAP-BR 上用于将 IPv4 地址从 IPv6 报文中解封装/解隧道，以及将回程流量的 IPv4 地址 +Port 进行 IPv6 翻译和封装后，在 MAP-Domain 域中按照 IPv6 路由转发到 MAP-CE 上。BMR 配置的基本参数包括：Rule-IPv6-prefix、Rule-IPv4-prefix、EA-bits-length、Port-Set ID-offset，这些参数配置在 MAP-CE 上可以计算出共享的 IPv4 地址和端口序列，以及 MAP-CE 的 IPv6 地址。在 MAP-Domain 中可以按照 IPv4 子网逻辑划分多个 sub-domain，每个 IPv4 子网段作为一个 sub-domain，这样在 sub-domain 中所有 MAP-CE 配置的 MR 可简化为一条。每个 MAP-CE 配置不同的 End-user IPv6-prefix 和相同的 BMR 即可。

(4) MAP-T/MAP-E 的 IPv6 前缀获取和用户识别。用户的 IPv6 前缀，目前只能通过 DHCPv6 PD 方式分配，不支持通过 ND 方式获取。MAP-T/MAP-E 用户通过 DHCPv6 PD 方式获取 IPv6 地址前缀时，在 DHCPv6 请求报文的 ORO 选项中包含 MAP Option（option94、option95）选项。请求 option94 的用户识别为 MAP-E 用户，请求 option95 的用户识别为 MAP-T 用户。DHCPv6 PD 服务器为用户分配 IPv6 前缀后，在 DHCPv6 回应报文中封装 option94（MAP-E）、option95（MAP-T），将相关的 MAP 参数带给用户。

9.4 翻译技术

翻译技术是另外一种 IPv6 过渡技术，这种技术首先在 RFC2765 和 RFC2766（2000 年）中定义，对应于 SIIT 翻译技术和 NAT-PT 翻译技术。按照翻译技术实现的方式，可以分为网络层、传输层、应用层协议的翻译转换。早期的翻译技术有 SIIT、NAT-PT、BIS、BIA、TRT、SOCKs64 等。

翻译技术

2011年，IETF密集发布一系列涉及翻译技术的文档，包括RFC6219、RFC6146、RFC6147、RFC6535等文档，涉及无状态地址映射机制IVI技术、有状态转换NAT64技术、DNS64扩展技术、PNAT/BIH双重翻译技术等。

注意：IPv4/IPv6网络翻译技术可以分为无状态翻译技术（Stateless Translation）和有状态翻译技术（Stateful Translation）两种。有状态地址翻译通过存储相应的地址、端口状态映射表实现IPv4地址的复用，在这种方式中，状态表基于连接而建立，因而状态表非常庞大，且动态性显著。无状态地址翻译中，IPv4地址和端口范围直接内嵌到IPv6地址中，这样就不需要有状态表来维护地址、端口的对应关系，但无状态方式中IPv6地址格式受限，不能够支持灵活的IPv6地址分配。

翻译技术解决的是IPv4网络和IPv6网络共存阶段互访的问题。是推动IPv4网络向IPv6网络过渡的重要技术。已经提出的IPv4/IPv6网络翻译转换技术有：

- SIIT（RFC2765/RFC6145/RFC7915，2000年/2011年/2016年）
- NAT-PT（RFC2766，2000年，RFC4966废弃RFC2766）
- BIS技术（RFC2767，2000年）
- BIA技术（RFC3338，2002年）
- TRT技术（RFC3142，2001年）
- SOCKs64（RFC3089，2001年）
- IVI（RFC6219，2011年）
- NAT64/DNS64（RFC6146/RFC6147，2011年）
- PNAT/BIH技术（RFC6535，2012年，RFC6535废弃RFC2767和RFC3338）

到目前为止，还没有一种方案能够适用于所有情况，各种过渡机制都有其特定的使用环境，实际的过渡方案应该是各种技术的组合。在部署IPv6网络的过程中，需要明确具体的适用场景、过渡效果，然后选择合适的过渡策略进行设计和实施。下面介绍NAT-PT技术、IVI技术、NAT64/DNS64技术、PNAT/BIH技术。

1. NAT-PT技术

NAT-PT（Network Address Translation-Protocol Translation，网络地址转换-协议转换）是由SIIT（Stateless IP/ICMP Translation，无状态协议转换）技术和动态地址翻译（NAT）技术结合和演进而来，SIIT提供IPv4协议和IPv6协议一对一的映射转换，NAT-PT支持在SIIT基础上实现多对一或多对多的地址转换。NAT-PT分为静态NAT-PT和动态NAT-PT两种形式。

1）静态NAT-PT

静态NAT-PT提供一对一的IPv6地址和IPv4地址的映射。IPv6单协议网络域内的节点要访问IPv4单协议网络域内的每个IPv4地址，都必须在NAT-PT网关中配置。每个目的IPv4地址在NAT-PT网关中被映射成一个具有预定义NAT-PT前缀的IPv6地址。在这种模式下，每个IPv6映射到IPv4地址需要一个源IPv4地址。静态配置适合经常在线，或者需要提供稳定连接的主机。

2）动态NAT-PT

动态NAT-PT网关向IPv6网络通告一个96位的地址前缀，并结合主机32位IPv4地址作为对IPv4网络中主机的标识。从IPv6网络中的主机向IPv4网络发送的报文，其目的地址前缀与NAT-PT发布的地址前缀相同，这些报文都被路由到NAT-PT网关，由NAT-PT网关对报文头进行修改，取出其中的 IPv4 地址信息，替换目的地址。同时，NAT-PT 网关定义了 IPv4 地址池，它从地址池中取出一个地址替换 IPv6 报文的源地址，从而完成从 IPv6 地址到 IPv4 地址的转换。动态 NAT-PT 支持多个 IPv6 地址映射为一个 IPv4 地址，节省了 IPv4 地址空间。

NAT-PT 支持 IPv4 和 IPv6 两种协议的相互翻译和转换，但是存在如下问题：一是属于同一会话的请求和响应都必须通过同一 NAT-PT 设备才能进行转换，比较适合单一出口设备的环境；二是不能转换 IPv4 报文头的可选项部分；三是缺少端到端的安全性。因此，NAT-PT 被 RFC4966 废弃，不推荐使用。

2. IVI 技术

IVI 是一种基于运营商路由前缀的无状态 IPv4/IPv6 网络翻译技术。IVI 方案是由清华大学李星教授提出的基于翻译的一种无状态过渡技术。

该方案的实质是将已有一部分 IPv4 的地址段用于构造特定的 IPv6 地址段，通过将 IPv4 地址嵌入 IPv6 地址段的方法使它们形成明显和特定的映射关系。IVI 功能主要有两个：一个是地址映射，即通过统一的规则实现 IPv4 地址与 IPv6 地址的一一映射，以进行地址的翻译；另一个是协议翻译，即根据标准规定，实现 IPv4/ICMPv4 协议和 IPv6/ICMPv6 协议各字段的对译，同时更新 TCP/UDP 协议的相关字段，完成完整的数据包翻译操作。获得 IVI6 地址的用户可以直接访问全球 IPv6 网络，通过 IVI 网关翻译器可将地址转换为 IVI4 地址，可以和全球 IPv4 网络通信，实现 IPv4 和 IPv6 的互访。在网络过渡的初期，IVI 过渡技术是一种经济合理的过渡方案。

3. NAT64/DNS64 技术

在过渡期间，IPv4 网络和 IPv6 网络共存的过程中，面临的一个主要问题是 IPv6 网络与 IPv4 网络之间如何互通。由于二者的不兼容性，因此无法实现二种不兼容网络之间的互访。为了解决这个难题，IETF 在早期设计了 NAT-PT 的解决方案，NAT-PT 通过 IPv6 网络与 IPv4 网络的网络地址与协议转换，实现了 IPv6 网络与 IPv4 网络的双向互访。但 NAT-PT 在实际网络应用中面临多种缺陷，IETF 推荐不再使用，为了解决 NAT-PT 中的缺陷，同时实现 IPv6 网络与 IPv4 网络之间的网络地址与协议转换技术，IETF 重新设计一项新的解决方案 NAT64/DNS64 技术。

NAT64/DNS64 是一种有状态的网络地址与协议转换技术，一般只支持通过 IPv6 网络侧用户发起连接访问 IPv4 侧网络资源。主要适用于 IPv6 过渡的后期阶段，在 IPv6 占主流的网络中，便于网络新增的 IPv6 单栈接入的终端用户可以穿越 IPv6 网络访问残存的 IPv4 业务。

NAT64 是一种将 IPv6 网络地址转换成 IPv4 网络地址的网络地址转换技术。NAT64 可实现 TCP、UDP、ICMP 协议下的 IPv6 与 IPv4 网络地址和协议转换。DNS64 则主要是配合 NAT64 工作，是将 DNS 查询信息中的 A 记录合成到 AAAA 记录中，返回合成的 AAAA 记录给 IPv6 网络侧用户，DNS64 也解决了 NAT-PT 中的 DNS-ALG（DNS 应用层网关）存在的缺陷。

1）NAT64/DNS64 转换方式

NAT64/DNS64 包括基于 PAT（Port-Address-Translation，端口地址转换）的转换方式和基于 NO-PAT 转换方式。基于 PAT 的 NAT64/DNS64 转发方式在转换过程中，对地址和端口同时进行转换。(IPv6 地址，端口) 与 (IPv4 地址，端口) 相互映射。即转换前后的地址是多对一的关系，多个 IPv6 地址可以转换成同一个 IPv4 地址（映射关系通过端口的不同来区分）。基于 NO-PAT 的 NAT64/DNS64 转换方式在转换过程中，对地址进行转换操作，不对端口进行转换操作，(IPv6 地址) 与 (IPv4 地址) 相互映射。即转换前后的地址是一对一的关系。

2）NAT64/DNS64 转换原理

基于 PAT 的 NAT64/DNS64 转发方式是常用的转换方式。下面介绍基于 PAT 的 NAT64/DNS64 转换原理，如图 9-22 所示。图中 CPE 为用户端设备，BRAS 为宽带接入服务器，CR 为核心路由器。

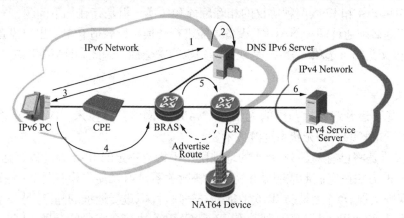

图 9-22　NAT64/DNS64 原理图

基于 PAT 的 NAT64/DNS64 转发方式转发过程如下。

（1）IPv6 单栈 PC 终端通过 IPv6 网络向 DNS IPv6 服务器发送对于网站 www.abc.com 的 AAAA 请求。

（2）由于 IPv6 网络中没有网站 www.abc.com 的 AAAA 地址，DNS IPv6 服务器获取网站 www.abc.com 的 A 地址作为解析结果。

（3）DNS IPv6 服务器在 A 请求返回的 IPv4 地址前面增加指定的 IPv6 前缀（假定为 64:FF9B::/32），形成的 IPv6 AAAA 解析结果给终端。假定 IPv4 的 A 地址为 200.1.1.1。则形成的 IPv6 的 AAAA 地址为 64:FF9B::C801:0101。

（4）IPv6 单栈 PC 发送 IPv6 报文。假定使用源 IPv6 地址 240E:0:0:1::11+ 源端口 2000，向目的地址 64:FF9B::C801:0101+ 目的端口 80 发送报文。

（5）报文在 IPv6 网络中转发到 NAT64 设备。NAT64 设备会将 64:FF9B/32 路由发布出去，以引导所有去往这个网段的流量都转发到 NAT64 设备。

（6）NAT64 设备对 IPv6 报文的目的地址除去 IPv6 前缀（64:FF9B），对于源地址和源端口进行 NAT64 转换（假定转后的源地址转换为 200.1.1.1，源端口转换为 3000），转换为 IPv4 报文后转发到 IPv4 网络。

说明：

（1）当内网流量进行正向的 NAT64 转换时，将在 NAT64 设备的 NAT64 映射表中创建一条表项，该映射表项的信息包括：①地址映射。内网 IPv6 地址 240E:0:0:1::11 映射外网地址 200.1.1.1。②端口映射。内网端口 2000 映射外网端口 3000。当外网流量返回时，将会命中该表项，通过反向的 NAT64 转换为 IPv6 报文，转发回 IPv6 网络。

（2）NAT64 设备利用预先定义的特定 IPv6 前缀判断是否进行 NAT64 转换，同时还利用 ACL 控制 NAT64 地址转换的使用范围。

3）NAT64 应用级网关 ALG

采用 NAT64 方式，对于一些特殊的协议，例如，ICMP 和 FTP 等，它们报文的数据部分可能包含 IP 地址或端口信息，如果对这些报文进行 NAT64 地址转换，就会出现报文头和数据部分的信息不一致的情况，导致错误。例如，一个使用内部 IP 地址的 FTP 服务器可能在和外部网络主机建立会话的过程中需要将自己的 IP 地址发送给对方。而这个地址信息放到 IP 报文的数据部分，NAT64 无法对其进行转换。外部网络主机接收了这个地址并使用它，这时 FTP 服务器将表现为不可达。解决这些特殊协议的 NAT64 转换问题的方法就是在 NAT64 实现中使用 NAT64 应用级网关（Application Level Gateway，ALG）功能。NAT64 ALG 是特定应用协议的转换代理，和 NAT64 交互，使用 NAT64 的状态信息来改变封装在 IP 报文数据部分的特定数据，并完成其他必需的工作以使相应的应用协议跨越内外网运行。NAT64 设备支持对 ICMP、FTP、HTTP 和 DNS 做应用级网关(ALG)。

4. PNAT/BIH 技术

在向 IPv6 网络过渡的过程中，大量已经成熟的 IPv4 应用程序还不能很快地支持 IPv6 技术，如何能够保证 IPv4 应用的兼容性是向 IPv6 平滑过渡的一个核心要求。正是基于这一点，中国移动提出 PNAT(Prefix NAT) 翻译技术。该技术实现了在纯 IPv6 或双栈承载网环境下，IPv4 应用仍能正常通信，对底层网络环境可以不感知。PNAT 技术可以支持 IPv4 应用程序通过 IPv6 网络访问 IPv4 业务，IPv4 应用访问 IPv6 业务，IPv6 应用访问 IPv4 业务等多种通信场景。

BIH（Bump-in-the-Host）是一种基于主机的 IPv4 网络到 IPv6 网络的有状态协议转换机制，这种机制支持 IPv4 应用程序与 IPv6 业务间的互通，从而在 IPv6 网络环境全面实现对 IPv4 应用兼容。BIH 继承和融合了 BIS（Bump-in-the-Stack）与 BIA（Bump-in-the-API），前者基于网络层 IPv4 数据包与 IPv6 数据包之间的转换，后者基于应用层 Socket API 函数之间的转换。

PNAT 采用 BIH（Bump-in-the-Host）的设计方式实现了 IPv4 应用透明运行在 IPv6 网络中，达到了 IPv4 业务流量向 IPv6 网络迁移的效果，并能够联合 NAT64 功能提升用户 IPv6 业务体验，从而为 IPv6 过渡开辟一条创新之路。主机的 PNAT 包括三个模块：扩展域名解析器（Extension Name Resolver，ENR）、地址映射器（Address Mapper）和对应于 BIA 的函数映射器（Function Mapper）及对应于 BIS 的翻译器（Translator）。扩展域名解析器用于处理 DNS 查询，实现 AAAA 记录与 A 记录之间的转换，类似于 DNS64 实现的功能。地址映射器用于维护 IPv4 地址池，记录 IPv6 地址与 IPv4 地址之间的映射表。函数映射器是在主机使用 BIA 扩展技术时负责在 IPv4 Socket API 函数与 IPv6 的 Socket API 函数之间转换。翻译器是在主机使用 BIS 扩展技术时使用 SIIT 技术负责 IPv4 数据包与 IPv6 数据包之间的转换。

PNAT/BIH 可以实现在部署 IPv6 的同时，保证传统 IPv4 应用能照常通信，做到了对应用程序的透明无感知。它满足多种通信场景，大大降低了 IPv6 网络的升级对业务带来的影响和冲击，有助于推动 IPv6 技术在全世界范围内的部署和应用。

9.5 IPv6 过渡技术选择

IPv6 过渡技术主要有三种，即双栈技术、隧道技术和翻译技术，其中双栈技术是隧道技术和翻译技术的基础。

（1）双栈技术是 IPv4 和 IPv6 协议在网络节点并存的方式。用户侧和网络侧设备需同时支持 IPv4 和 IPv6 协议栈，源节点根据目标节点选择不同的协议栈。双栈对网络设备要求较高，需要在网络的每个节点都启用 IPv4 和 IPv6 协议，增加了网络投资成本。

（2）隧道技术是解决 IPv4 网络与 IPv6 网络共存问题的主要方式。常用的隧道技术包括 6RD 技术、DS-Lite 技术和 MAP-T/MAP-E 技术。其中 6RD 是 IPv6 over IPv4 隧道技术，DS-Lite 和 MAP-T/MAP-E 是 IPv4 over IPv6 隧道技术。

（3）翻译技术用于解决 IPv6 和 IPv4 业务的互通问题，是解决 IPv4 网络和 IPv6 网络长期共存并逐步过渡到 IPv6 的重要保障。常用的翻译技术包括 NAT64/DNS64 技术和 PNAT/BIH 技术，NAT64/DNS64 和 PAT/BIH 技术都是有状态翻译技术。

对于营运商来说，IPv6 是解决 IPv4 地址短缺问题的根本方案，是一个逐步演进的过程，选择过渡技术要综合考虑保护现网投资，成本合理，网络改造难度适中，现有业务不受损，用户体验好等因素。IPv6 演进技术方案没有统一模式，不同的 IPv6 演进技术的采用和选择，其关键往往不仅仅是一个纯粹的技术思考，其更大的挑战是互联网发展与技术转型对运营和商业模式的影响。所以，应结合不同的业务应用场景和网络未来发展需求，综合考虑各种因素，结合多种过渡技术制定网络平滑演进的策略。

9.6 IPv6 过渡技术实践

IPv6 过渡技术中隧道技术和翻译技术是其中的主要技术手段。本书为设计实践项目学习隧道技术和翻译技术，把隧道技术和翻译技术分为基本隧道翻译技术（2000 年左右）和改进隧道翻译技术（2011 年左右）。

基本隧道翻译技术包含 IPv4 over IPv6 手动隧道、6to4 隧道、IPv4 over IPv6 手动隧道、ISATAP 隧道，NAT-PT 翻译技术等。这里利用华为 AR 路由器进行 IPv6 over IPv4 手动隧道、IPv4 over IPv6 手动隧道、6to4 隧道、ISATAP 隧道实践。

改进隧道翻译技术包括 6RD 隧道、DS-Lite 隧道、MAP-T/MAP-E 隧道，NAT64/DNS64 翻译技术等。华为 NE40E 路由器物理设备支持 6RD 隧道、DS-lite 隧道、NAT64/DNS64 翻译技术，但是华为 eNSP 网络设备仿真软件还不支持 6RD 隧道、DS-lite 隧道、NAT64/DNS64 翻译技术。这里提供基于 NE40E 路由器的 6RD 隧道配置方法。

9.6.1 基本隧道技术实践

实验名称：基本隧道技术配置实践

实验目的：学习 IPv6 over IPv4 手动隧道、IPv4 over IPv6 手动隧道、6to4 隧道、ISATAP 隧道原理知识，掌握基本隧道技术的配置方法。

实验拓扑：实验拓扑如图 9-23 所示，其中 PC1<->AR1<->AR2<->PC2 组成的网络用于学习 IPv6 over IPv4 手动隧道配置方法；AR5-PC4<->AR2<->AR3<->PC5 组成的网络用于学习 IPv4 over IPv6 手动隧道配置方法。PC2<->AR2<->AR4<->PC3 组成的网络用于学习 6to4 隧道配置方法；PC2<->AR2<->AR5-PC4 组成的网络用于学习 ISATAP 隧道配置方法。

实验内容：

（1）初始配置网络中每个设备的名称、各互联接口的 IPv6 地址或 IPv4 地址；

（2）在 AR2<->AR1 之间配置 IPv6 over IPv4 手动隧道；

第 9 章　IPv6 过渡技术与实践

（3）在 AR2<->AR3 之间配置 IPv4 over IPv6 手动隧道；
（4）在 AR2<->AR4 之间配置 6to4 隧道；
（5）在 AR2<->AR5-PC4 之间配置 ISATAP 隧道；
（6）配置路由信息，使整个网络中 IPv6 节点互联互通和 IPv4 节点互联互通。

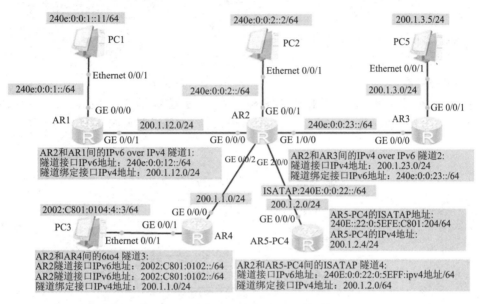

图 9-23　基本隧道技术配置实验拓扑图

实验步骤：

1. 初始配置

本实验为基本隧道技术实践，部分网段为 IPv6 地址，部分网段为 IPv4 地址。网络初始配置，包括配置每个设备的名称、全局使能 IPv6 支持功能，以及各互联接口的 IPv6 地址或 IPv4 地址，通过初始配置，保证各条链路互通。

各网段的接口地址按照图 9-24 所示的网段地址进行手工配置，路由器与路由器互联的接口，IPv6 地址接口 ID 采用路由器编号，IPv4 地址最后一个十进制数采用路由器编号。路由器连接某个末节网络（stub 网络）的接口，IPv6 地址接口 ID 采用网段起始编号 1，IPv4 地址最后一个十进制数采用起始编号 1。比如 AR2 路由器中，G0/0/0 接口的 IPv4 地址为 200.1.12.2/24，G0/0/1 接口的 IPv6 地址为 240e:0:0:2:1/64，G0/0/2 接口的 IPv4 地址为 200.1.1.2/24，G2/0/0 接口的 IPv4 地址为 200.1.2.1/24，G1/0/0 接口的 IPv6 地址为 240e:0:0:23:2/64。

这里给出 AR2 和 PC2 的初始配置，其他设备初始配置略。

视频

IPv6 过渡技术实践 (0)– 初始配置

1）AR2 初始配置

```
<huawei>system
[huawei]sysname AR2
[AR2]   int g0/0/0
    ip address 200.1.12.2 24
  int g0/0/1
    ipv6 enable
```

```
   Ipv6 address 240e:0:0:2::1 64
int g0/0/2
   ip address 200.1.1.2 24
int g2/0/0
   ip address 200.1.2.1 24
int g1/0/0
   ipv6 enable
   Ipv6 address 240e:0:0:23::2 64
   Quit
```

2）PC2 初始配置

PC2 需要设置 IPv6 地址，双击 PC2 图标，打开设置对话框，设置 PC2 的 IPv6 地址为 240e:0:0:2::2，前缀长度为 64，IPv6 网关为 240e:0:0:2::1。具体设置如图 9-24 所示。

图 9-24 PC2 中 IPv6 地址设置

2. IPv6 over IPv4 手动隧道配置

实验拓扑图中，PC1/AR1/AR2/PC2 组成网络用于实践 IPv6 over IPv4 手动隧道。其中 AR1<->AR2 之间的链路为 IPv4 链路，通过在 AR1<->AR2 之间配置 IPv6 over IPv4 手动隧道，使位于 IPv6 网络的 PC1 和 PC2 能够互访。具体配置如下。

1）AR1 中 IPv6 over IPv4 手动隧道配置

```
[AR1] interface Tunnel 0/0/1                  ## 创建 Tunnel 隧道
   ipv6 enable
   ipv6 address 240E:0:0:12::1/64             ## 配置隧道接口 IPv6 地址
   ipv6 address auto link-local               ## 配置隧道链路本地 IPv6 地址
   tunnel-protocol ipv6-ipv4                  ## 指定隧道类型为 IPv6-IPv4
   source GigabitEthernet0/0/1                ## 指定隧道源接口
   destination 200.1.12.2                     ## 指定隧道目的 IPv4 地址
   Quit
   ipv6 route-static 240E:0:0:2:: 64 240E:0:0:12::2   ## 配置 IPv6 静态路由
```

2）AR2 中 IPv6 over IPv4 手动隧道配置

```
[AR2] interface Tunnel 0/0/1
   ipv6 enable
   ipv6 address 240E:0:0:12::2/64
   ipv6 address auto link-local
   tunnel-protocol ipv6-ipv4
   source GigabitEthernet0/0/0
```

```
       destination 200.1.12.1
       Quit
       ipv6 route-static 240E:0:0:1:: 64 240E:0:0:12::1
```

通过以上配置，在 AR1<->AR2 之间 IPv4 链路上形成 IPv6 隧道，使 AR1 和 AR2 连接的 IPv6 网络可以互访。

3）AR1<->AR2 间的 IPv6 over IPv4 手动隧道连通测试

在 PC1 中，执行 PING 240e:0:0:2::2 命令，结果如图 9-25 所示，说明 AR1<->AR2 之间 IPv6 over IPv4 手动隧道建立成功。

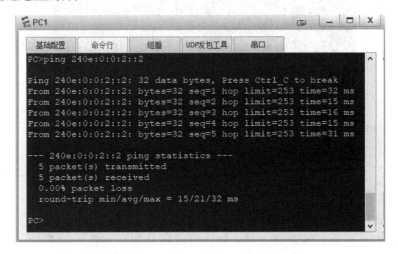

图 9-25　IPv6 over IPv4 手动隧道连通检测

3. IPv4 over IPv6 手动隧道配置

实验拓扑图中，AR5-PC4/AR2/AR3/PC5 组成网络用于实践 IPv4 over IPv6 手动隧道。其中 AR2<->AR3 之间的链路为 IPv6 链路，通过在 AR2<->AR3 之间配置 IPv4 over IPv6 手动隧道，使位于 IPv4 网络的 AR5-PC4 和 PC5 能够互访。具体配置如下。

1）AR2 中 IPv4 over IPv6 手动隧道配置

```
[AR2] interface Tunnel 0/0/2
    ip address 200.1.23.2 255.255.255.0
    tunnel-protocol ipv4-ipv6                    ##指定隧道类型为 IPv4-IPv6
    source GigabitEthernet 1/0/0
    destination 240e:0:0:23::3
    Quit
    ip route-static 200.1.3.0 255.255.255.0 200.1.23.3
```

2）AR3 中 IPv4 over IPv6 手动隧道配置

```
[AR3] interface Tunnel 0/0/2
    ip address 200.1.23.3 255.255.255.0
    tunnel-protocol ipv4-ipv6
    source GigabitEthernet 0/0/0
    destination 240e:0:0:23::2
    Quit
    ip route-static 200.1.2.0 255.255.255.0 200.1.23.2
```

通过以上配置，在 AR2-AR3 之间 IPv6 链路上形成 IPv4 隧道，使 AR2 和 AR3 连接的 IPv4 网络可以互访。

3）AR2<->AR3 间的 IPv4 over IPv6 手动隧道连通测试

在 PC5 中，执行 PING 200.1.2.4（AR5-PC4 的 IPv4 地址）命令，结果如图 9-26 所示，说明 AR2<->AR3 之间 IPv4 over IPv6 手动隧道建立成功。

图 9-26　IPv4 over IPv6 手动隧道连通检测

● 扫一扫

IPv6 过渡技术实践 (2)– 自动隧道配置

4. 6to4 中继方式隧道配置

实验拓扑图中，PC2/AR2/AR4/PC3 组成网络用于实践 6to4 隧道。其中 AR2<->AR4 之间为 IPv4 链路，通过在 AR2<->AR4 之间的链路上配置 6to4 中继方式隧道，使位于 6to4 类型的 IPv6 网络 PC3 通过 6to4 中继方式隧道访问 Internet IPv6 网络的 PC2。

注意：拓扑图中 PC2 所在 IPv6 网络模拟 Internet 网络，网段地址为 240e:0:0:2::/64。PC3 所在的网络模拟 6to4 网络，网段地址为 2002:C801:0104:4::/64，其中 32 位十六进制数（C801:0104）是 AR4 接口 G0/0/0 的 IPv4 地址 200.1.1.4 对应的十六进制数。AR2 和 AR4 相连的链路是 IPv4 网络，AR2 端 G0/0/0 接口 IPv4 地址为 200.1.1.2，对应 6to4 隧道接口 IPv6 地址为 2002:C801:0102::2/64，AR4 端 G0/0/0 接口 IPv4 地址为 200.1.1.4，对应 6to4 隧道接口 IPv6 地址为 2002:C801:0104::4/64。6to4 中继方式隧道具体配置如下。

1）普通 6to4 路由设备 AR4 隧道配置

```
[AR4]　interface g0/0/0
　　ip address 200.1.1.4 24
　interface g0/0/1
　　Ipv6 enable
　　Ipv6 address 2002:C801:0104:4::1 64          ## 配置 6to4 网络 IPv6 地址
　　##6to4 网络 IPv6 地址，其中 C801:0104 对应 g0/0/0 接口 IPv4 地址
[AR4]　interface Tunnel 0/0/3
　　ipv6 enable
　　ipv6 address 2002:C801:0104::4 /64           ## 配置 6to4 网络 IPv6 地址
　　##6to4 网络 IPv6 地址，其中 C801:0104 对应 g0/0/0 接口 IPv4 地址
```

```
    tunnel-protocol ipv6-ipv4 6to4
    source GigabitEthernet0/0/0
    Quit
Ipv6 route-static 2002:: 16 tunnel 0/0/3        ##到2002::/16静态路由
Ipv6 route-static :: 0  2002:C801:0102::2       ##使用对端隧道IPv6地址
##配置访问Internet IPv6网络的IPv6静态路由（中继方式）
```

注意：6to4中继路由设备与普通6to4路由设备之间隧道的配置方法，与普通6to4路由设备之间隧道的配置方法相同。但是为了让6to4网络与IPv6网络互访，需要在普通6to4路由设备配置IPv6网络的静态路由。

2）6to4中继路由设备AR2隧道配置

```
[AR2]   int g0/0/1
    ipv6 enable
    Ipv6 address 240e:0:0:2::1 64
  int g0/0/2
    ip address 200.1.1.2 24
[AR2]   interface Tunnel 0/0/3
    ipv6 enable
    ipv6 address 2002:C801:0102::2/64            ##配置6to4 网络IPv6地址
##6to4网络IPv6地址，其中C801:0102对应g0/0/2接口IPv4地址
    tunnel-protocol ipv6-ipv4 6to4
    source GigabitEthernet0/0/2
    Quit
    Ipv6 route-static 2002:: 16 tunnel 0/0/3     ##到2002::/16静态路由
```

通过在AR2和AR4间的IPv4链路中建立6to4中继方式隧道，可以实现双栈节点PC3通过IPv4链路，实现访问外部IPv6节点信息。

3）AR2<->AR4间6to4隧道连通测试

在PC3中，执行PING 240e:0:0:2::2（PC2的IPv6地址）命令，结果如图9-27所示。说明PC3利用6to4隧道能够与PC2通信，6to4隧道建立成功。

图9-27　6to4隧道连通检测

5. ISATAP 隧道配置

实验拓扑图中，PC2/AR2/AR5-PC4 组成网络用于实践 ISATAP 隧道。其中 AR2<->PC2 之间为 IPv6 链路，AR2<->AR5-PC4 之间为 IPv4 链路，AR2/AR5-PC4 都为双栈设备，但 AR2 和 AR5-PC4 之间为 IPv4 链路。通过在 AR2 和 AR5-PC4 间的 IPv4 链路中建立 ISATAP 隧道，使 AR5-PC4 通过 IPv4 链路访问 IPv6 设备。具体配置如下。

1）AR2 中 ISATAP 自动隧道配置

```
[AR2]  interface Tunnel 0/0/4
    ipv6 enable
    ipv6 address 240e:0:0:22::/64 eui-64           ## 利用 EUI-64 形成 IPv6 地址
    ipv6 address auto link-local                    ## 配置接口链路本地 IPv6 地址
    tunnel-protocol ipv6-ipv4 isatap                ## 指定隧道类型为 ISATAP
    source GigabitEthernet2/0/0
```

通过以上配置，AR2 中的 ISATAP 隧道 Tunnel0/0/4 接口的 IPv6 地址由网络前缀 240e:0:0:22::/64，以及隧道接口 EUI-64 标识符组成。而 ISATAP 隧道接口的 EUIT-64 标识符由 0000:5EFE 加上绑定接口 IPv4 地址对应的 32 位二进制数组成。最终 AR2 中的隧道 Tunnel0/0/4 接口的 IPv6 地址为 240E::22:0:5EFE:C801:201，如图 9-28 所示。

```
[ar2]display ipv6 int tunnel0/0/4
Tunnel0/0/4 current state : UP
IPv6 protocol current state : UP
IPv6 is enabled, link-local address is FE80::5EFE:C801:201
  Global unicast address(es):
    240E::22:0:5EFE:C801:201, subnet is 240E:0:0:22::/64
  Joined group address(es):
    FF02::1:FF01:201
    FF02::2
    FF02::1
  MTU is 1500 bytes
```

图 9-28　AR2 利用 EUI-64 形成的 ISATAP 隧道接口 IPv6 地址

2）AR5-PC4 中 ISATAP 隧道配置

```
[AR5-PC4] interface Tunnel 0/0/4
    ipv6 enable
    ipv6 address 240e:0:0:22::/64 eui-64           ## 利用 EUI-64 形成 IPv6 地址
    ipv6 address auto link-local
    tunnel-protocol ipv6-ipv4 isatap                ## 指定隧道类型为 ISATAP
    source GigabitEthernet0/0/0
    Quit
  Ipv6 route-static :: 0 240e:0:0:22:0:5EFE:C801:201    #配置缺省路由
```

通过在 AR2 和 AR5-PC4 之间的 IPv4 链路中建立 ISATAP 隧道，可以实现双栈节点 AR5-PC4 通过 IPv4 链路实现访问外部 IPv6 节点信息。不过，由于 ISATAP 隧道不支持 NAT 技术，因此 ISATAP 隧道技术主要用于实现站定内部 IPv4 节点通过 ISATAP 隧道访问站内 IPv6 节点信息。

3）AR2<->AR5-PC4 间的 ISATAP 隧道连通测试

在 AR5-PC4 中，执行 PING ipv6 240e:0:0:2::2（PC2 的 IPv6 地址）命令，结果如图 9-29 所示。说明 AR5-PC 利用 ISATAP 隧道能够与 PC2 通信，ISATAP 隧道建立成功。

```
[ar5-pc4]PING IPV6 240E:0:0:2::2
  PING 240E:0:0:2::2 : 56  data bytes, press CTRL_C to break
    Reply from 240E:0:0:2::2
    bytes=56 Sequence=1 hop limit=254  time = 60 ms
    Reply from 240E:0:0:2::2
    bytes=56 Sequence=2 hop limit=254  time = 40 ms
    Reply from 240E:0:0:2::2
    bytes=56 Sequence=3 hop limit=254  time = 60 ms
    Reply from 240E:0:0:2::2
    bytes=56 Sequence=4 hop limit=254  time = 60 ms
    Reply from 240E:0:0:2::2
    bytes=56 Sequence=5 hop limit=254  time = 50 ms

  --- 240E:0:0:2::2 ping statistics ---
    5 packet(s) transmitted
    5 packet(s) received
    0.00% packet loss
    round-trip min/avg/max = 40/54/60 ms
```

图 9-29　ISATAP 隧道连通检测

6．路由信息配置

为使整个网络中 IPv6 节点互联互通，以及 IPv4 节点互联互通，还需要在路由器中配置相关路由信息。这里选择通过静态路由或缺省路由配置实现 IPv6 节点互联互通和 IPv4 节点互联互通。

1）AR1 中路由配置

```
[AR1] ipv6 route-static :: 0  240e:0:0:12::2
[AR1] ip route-static 0.0.0.0 0.0.0.0 200.1.12.2
```

2）AR3 中路由配置

```
[AR3] ipv6 route-static :: 0  240e:0:0:23::2
[AR3] ip route-static 0.0.0.0 0.0.0.0 200.1.23.2
```

3）AR4 中路由配置

```
[AR4] ipv6 route-static :: 0  2002:c801:0102::2
[AR4] ip route-static 0.0.0.0 0.0.0.0 200.1.1.2
```

4）AR2 中路由配置

```
[AR2] ipv6 route-static  240e:0:0:1::  64  240e:0:0:12::1
[AR2] ipv6 route-static  2002::  16  2002:c801:0104::4
[AR2] ip route-static  200.1.3.0  255.255.255.0  200.1.23.3
```

通过以上隧道和路由信息配置，整个实验网络做到所有 IPv6 节点互联互通，所有 IPv4 节点互联互通，双栈节点既可以访问 IPv4 网络，也可以访问 IPv6 节点。

9.6.2　6RD 中继方式隧道实践

实验名称：6RD 中继方式隧道配置实践

实验目的：学习 6RD 隧道技术原理知识，掌握 6RD 隧道技术的配置方法。

实验拓扑：实验拓扑如图 9-30 所示。PC1 所在网络为 6RD 域，PC2 所在网络为 Internet IPv6 网络。NE1 路由器为 6RD CE 设备，NE2 路由器为 6RD BR 设备。

IPv6 技术与实践

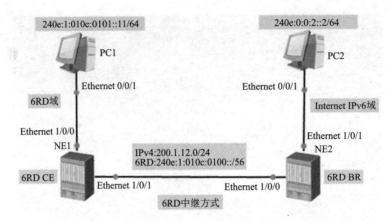

图 9-30　改进隧道翻译技术配置实验拓扑图

实验内容：在 PC1<->NE1<->NE2<->PC2 组成的网络中配置 6RD 中继方式隧道

实验步骤：

1. 初始配置

本实验拓扑图中部分网段为 IPv6 地址，部分网段为 IPv4 地址。网络初始配置，包括配置每个设备的名称、全局使能 IPv6 支持功能，以及各互联接口的 IPv6 地址或 IPv4 地址，通过初始配置，保证各条链路互通。

1）AR1 初始配置

```
<huawei>system
[huawei]sysname NE1
[*huawei]commit                    ##提交命令，使上述命令生效
[~NE1]  int ethernet1/0/1
    ip address 200.1.12.1 24
    Quit
  Commit                           ##提交命令，使上述命令生效
```

2）AR2 初始配置

```
<huawei>system
[huawei]sysname NE2
[*huawei]commit                    ##提交命令，使上述命令生效
[~NE2]  int ethernet1/0/0
    ip address 200.1.12.2 24
    int ethernet1/0/1
    ipv6 enable
    Ipv6 address 240e:0:0:2::1 64
    Quit
    Commit                         ##提交命令，使上述命令生效
```

3）PC2 初始配置

PC2 需要设置 IPv6 地址，双击 PC2 图标，打开设置对话框，设置 PC2 的 IPv6 地址为 240e:0:0:2::2，前缀长度为 64，IPv6 网关为 240e:0:0:2::1。

2. 6RD 域 NE1 中 6RD 隧道配置

```
[NE1]  interface Tunnel 0/0/1              ##创建 Tunnel 接口
```

```
    ipv6 enable
    tunnel-protocol ipv6-ipv4 6rd        ## 指定隧道封装类型为 6RD
    source Ethernet1/0/1                 ## 指定 6RD 隧道的源接口
    Ipv6-prefix 240e:1::/32              ## 配置 6RD 前缀及其长度
    ipv4-prefix length 8                 ## 配置 6RD 中 IPv4 前缀长度
    ##6RD 隧道的 IPv4 前缀长度，表示设备将隧道源地址（IPv4 地址）从高位顺序删除的比特位数，剩
余部分与 6RD 前缀一起，生成 6RD 委托前缀。当其取值为 0 时，隧道源 IPv4 地址全部嵌入 6RD 委托前缀中，用
以查找隧道的目的地址
    Border-relay address 200.1.12.2      ## 配置 6RD BR 的 IPv4 地址
    Commit
```

注意：只有在 6RD 域与原生 IPv6 网络互通的中继场景下，才需要在 6RD CE 设备上配置 6RD BR 的 IPv4 地址。

3. Internet 域 NE2 中 6RD 隧道配置

```
[NE2]  interface Tunnel 0/0/1             ## 创建 Tunnel 接口
    ipv6 enable
    tunnel-protocol ipv6-ipv4 6rd         ## 指定隧道封装类型为 6RD
    source Ethernet1/0/0                  ## 指定 6RD 隧道的源接口
    Ipv6-prefix 240e:1::/32               ## 配置 6RD 前缀及其长度
    ipv4-prefix length 8                  ## 配置 6RD 中 IPv4 前缀长度
        ## 当其取值为 0，隧道源 IPv4 地址全部嵌入 6RD 委托前缀中
    Commit
```

说明：配置 6RD 隧道的源地址或源接口、6RD 前缀、前缀长度和 IPv4 前缀长度后，设备会自动计算出 6RD 委托前缀的值。可以使用 display this interface 命令显示委托前缀，再配置 Tunnel 接口的 IPv6 地址。

4. 分别查看 NE1 和 NE2 中计算出来的 6RD 前缀委托

```
[NE1]  display this interface
    6RD Operational, Delegated Prefix is 240e:1:010C:0100::/56
                                         ## 对应接口 IPv4 地址 200.1.12.1
[NE2]  display this interface（200.1.12.2）
    6RD Operational, Delegated Prefix is 240e:1:010C:0200::/56
                                         ## 对应接口 IPv4 地址 200.1.12.2
```

5. 根据 6RD 委托前缀，分别配置 NE1 和 NE2 的 Tunnel 接口的 IPv6 地址

```
[NE1]  interface Tunnel 0/0/1
    IPv6 address   240e:1:010C:0100::1 56
    Commit
[NE2]  interface Tunnel 0/0/1
    IPv6 address   240e:1:010C:0200::2 56
    Commit
```

6. 根据 6RD 委托前缀，配置 NE1 设备的 Ethernet1/0/0 接口 IPv6 地址

```
[NE1]  interface Ethernet1/0/0
    IPv6 address   240e:1:010C:0101::1 64
        ##56 位 6RD 委托前缀 (240e:1:010C:0100)，8 位子网 ID(01) 组成 64 位网段地址
240e:1:010C:0101::/64
```

```
        Commit
```

7. 配置 NE1 到 NE2 之间互访的 IPv6 网络的静态路由

```
[NE1]   ipv6 route-static 240e:1:: 32 Tunnel 0/0/1
        ipv6 route-static 240e:0:0:2::/64 Tunnel 0/0/1 240e:1:010C:0200::2
                     ##配置访问 Internet IPv6 网络的 IPv6 静态路由
        Commit
[NE2]   ipv6 route-static 240e:1:: 32 Tunnel 1
        Commit
```

8. 根据 6RD 委托前缀，配置 PC1 的 IPv6 地址

假定 PC1 的 IPv6 地址配置为 240e:1:010C:0101::11/64。

通过以上配置，6RD 中继方式隧道配置完成，PC1 应该能够访问 PC2。

由于华为 eNSP 网络仿真软件不支持 6RD 隧道，这里不做验证。

小　结

本章重点介绍了双栈技术、隧道技术、翻译技术等 IPv6 过渡技术实现原理，以及隧道技术和翻译技术的类型。针对 IPv4 网络过渡到 IPv6 网络的技术，主要分为三大类：双栈技术、隧道技术和翻译技术。

双栈技术是指在网络节点上同时运行 IPv4 和 IPv6 两种协议，从而在 IP 网络中形成逻辑上相互独立的 IPv4 网络和 IPv6 网络。

隧道技术是通过将一种 IP 协议数据包嵌套在另一种 IP 协议数据包中进行网络传递的技术，只要求隧道两端的设备采用双栈技术，同时支持 IPv6 协议和 IPv4 协议。隧道类型有多种，按照隧道协议的不同分为两大类隧道。一种是 IPv4 over IPv6 隧道，另一种是 IPv6 over IPv4 隧道。

翻译技术是另外一种 IPv6 过渡技术，按照翻译技术实现的方式，可以分为网络层、传输层、应用层协议的翻译转换。早期的翻译技术有 SIIT、NAT-PT、BIS、BIA、TRT、SOCKs64 等翻译技术。后期又出现了 IVI、NAT64/DNS64、PNAT/BIH 等翻译技术。

习　题

1. 从 IPv4 网络过渡到 IPv6 网络，主要有哪些过渡技术？
2. 简述从 IPv4 网络过渡到 IPv6 网络的阶段和各阶段主要特征。
3. 什么是双栈技术？
4. 简述 IPv6 over IPv4 隧道原理，有哪些 IPv6 over IPv4 隧道技术？
5. 简述 IPv4 over IPv6 隧道原理，有哪些 IPv4 over IPv6 隧道技术？
6. 简述翻译技术。
7. 简述基于 PAT 的 NAT64/DNS64 翻译技术的转发过程。
8. 如何选择 IPv6 过渡技术？

第 10 章 IPv6+ 网络新技术

随着 5G 和云技术的不断发展，网络智能化的需求与日俱增。为此，互联网产业界在 IPv6 网络基础之上创造性地提出了"IPv6+"网络创新体系。其中的 IPv6+ 网络新技术包括分段路由 SRv6、网络切片、随流检测 IFIT、新型多播 BIERv6、应用感知网络 APN6 等。2019 年，推进 IPv6 规模部署专家委员会下成立 IPv6+ 创新推行组，旨在整合 IPv6 相关技术产业链各方力量，积极开展 IPv6+ 网络新技术和新应用的试验验证与应用示范，加强基于 IPv6 互联网技术的体系创新。本章主要介绍 IPv6+ 网络新技术。

本章介绍的 IPv6+ 网络新技术主要根据华为在线工具 Info-Finder 平台（一站式获取产品关键信息平台）和华为《IPv6+ 系列电子书》提供内容整理形成。

10.1 IPv6+ 网络新技术概述

10.1.1 IP 网络的代际演进

纵观互联网技术的发展历程，IP 网络可以划分为三个时代：第一个时代是 Internet 时代，以 IPv4 为代表技术，属于尽力而为型网络，需要人工运维；第二个时代是全 IP 时代，采用 IPv4/MPLS 组合技术，核心技术是 MPLS（Multi-Protocol Label Switching，多协议标签交换），属于静态策略，半自动运维；第三个时代是万物智联时代，其核心技术是 IPv6+，具有可编程路径、快速业务发放、自动化运维、质量可视化、SLA（Service Level Agreement，服务等级协议）保障和应用感知等特点。

视频

IPv6 网络新技术概述

10.1.2 IPv6+ 网络创新体系

互联网产业界普遍认为 IPv6 不是下一代互联网的全部，而是下一代互联网创新的起点和平台。

IPv6+ 是基于 IPv6 下一代互联网技术的全面能力升级，是对现有 IPv6 技术的增强，是面向 5G 和云时代的 IP 网络创新体系。IPv6+ 可以实现更加开放活跃的技术与业务创新、更加高效灵活的组网与业务提供、更加优异的性能与用户体验、更加智能可靠的运维与安全保障，进而支撑 IPv6 网络的升级演进与创新发展。

IPv6+ 网络创新体系具有三个方面的创新内涵：一是以分段路由、网络切片、随流检测、新型多播、应用感知等为代表的网络技术体系创新；二是以实时健康感知、网络故障主动发现、故障快速识别、网络智能自愈、系统自动调优等为代表的智能运维体系创新；三是以 5GtoB、云间互联、用户上云、网安联动等为代表的网络商业模式创新。形成 IPv6+ 网络创新体系。

IPv6+ 网络技术体系创新演进大致划分为如下三个阶段。

第一阶段：重点是开展技术体系创新，构建网络开放编程能力。该阶段主要推动 SRv6（分段选路）协议的应用，目的在于简化网络，实现运营商 VPN 专线灵活跨域开通和网络的部分自治。

第二阶段：重点是通过智能运维创新，聚焦用户体验保障。该阶段主要关注网络切片、随流检测、新型多播、网络确定性等，从而满足 5GtoB、工业互联网、云网融合、算力网络等应用需求，实现网络有条件的自治。

第三阶段：重点是通过商业模式创新，实现应用感知网络 APN6。该阶段将更好地发挥应用感知网络、应用驱动网络编程以及网络 SLA 保障的优势，实现应用感知，打造高度自治网络，满足更广泛的个性化定制网络需求。

当前（2022 年），IPv6+ 网络技术体系创新演进处于第二阶段。

10.1.3　IPv6+ 网络新技术

IPv6+ 网络新技术是在 IPv6 网络技术基础上增加的智能识别和控制相关的技术。IPv6 报文由 IPv6 基本报文头、IPv6 扩展报文头以及上层协议数据单元三部分组成。IPv6 报文格式的设计思想是让 IPv6 基本报头尽量简单，大多数情况下，设备只需要处理 IPv6 基本报头，就可以转发 IPv6 流量。相比于 IPv4 报文，IPv6 取消了 IPv4 报文头中的选项字段，并引入了多种扩展报文头，在提高处理效率的同时增强了 IPv6 的灵活性，为 IP 协议提供了良好的扩展能力。扩展报文头中 Next header 字段与基本报头的 Next header 作用相同，指明下一个扩展报文头或上层协议类型。现在很多基于 IPv6 的技术创新都是在扩展报文头里进行修改，但没有改变 IPv6 基本报文头，这样做的好处在于一方面可以保障 IPv6 的可达性，另一方面，IPv6 扩展头长度任意，理论上可以任意扩展，具备优异的灵活性和巨大的创新空间。

根据 RFC8200 的定义，目前 IPv6 的扩展报文头以及排列顺序为：逐跳选项扩展报文头、目的选项扩展报文头、路由扩展报文头、分片扩展报文头、认证扩展报文头、封装安全有效载荷扩展报文头、目的选项扩展报文头和上层协议报文。目的选项头最多出现两次（一次在路由扩展报文头前，一次在上层协议报文前），其他选项扩展报文头最多出现一次。

目前 IPv6 扩展报文头的设计已成功应用于分段路由 SRv6、网络切片、随流检测 IFIT、新型多播 BIERv6、应用感知网络 APN6 等新技术中，互联网产业界将这些利用 IPv6 扩展表头设计的新技术统一定义为 IPv6+ 网络新技术。

IPv6 扩展报头及 IPv6+ 网络新技术的对应关系见表 10-1。

第 10 章　IPv6+ 网络新技术

表 10-1　IPv6 扩展报头与 IPv6+ 新技术对应关系表

扩展报头类型	Next Header 字段值	作用	应用于 IPv6+ 新技术
Hop-by-Hop Options 逐跳选项扩展报头 HBH	0	用于携带需要被转发路径上的每一跳路由器处理的信息	网络切片 随流检测 IFIT 应用感知网络 APN6
Destination Options 目的选项扩展报头 DOH	60	用于携带了一些只有目的节点才会处理的信息	新型多播 BIERv6 应用感知网络 APN6
Routing 路由扩展报头 RH	43	用来指明一个报文在网络内需要依次经过的路径点，用于源路由方案	分段路由 SRv6 随流检测 IFIT 应用感知网络 APN6
Fragment 分片扩展报头 FH	44	当报文长度超过 MTU 时就需要将报文分段发送，而在 IPv6 中，分段发送使用的是分段报头	
Authentication 认证扩展报头 AH	51	用于 IPSec 认证，提供认证、数据完整性以及重放保护	
Encapsulating Security Playload 封装安全净载扩展报头 ESP	50	用于 IPSec 认证，提供认证、数据完整性以及重放保护和 IPv6 数据报的保密	
No Next Header 无下一个报头	59	当扩展报头没有下一个报头时，将扩展报头中下一个报头的值设置为 59，标识扩展报头为空	

需要说明的是，IPv6+ 网络新技术中，IETF 已经发布多个 SRv6 技术相关 RFC 文档，包括 RFC8402、RFC8754、RFC8986 等。而新型多播 BIERv6、网络切片、随流检测 IFIT、应用感知网络 APN6 等新技术还处于草案阶段。

10.2　IPv6+SRv6 技术

SRv6（Segment Routing IPv6，基于 IPv6 转发平面的分段路由）简单来讲即 SR（Segment Routing）+IPv6，是新一代 IP 承载协议。其采用现有的 IPv6 转发技术，通过灵活的 IPv6 扩展头，实现网络路径、业务和应用三重可编程。SRv6 简化了网络协议类型，具有良好的扩展性和可编程性，可满足更多新业务的多样化需求，提供高可靠性，在云业务中有良好的应用前景。

IPv6 经过 20 多年的发展，并未得到广泛的部署和应用，SRv6 的出现使 IPv6 焕发出非比寻常的活力。随着 5G 和云业务的发展，IPv6 扩展报文头蕴藏的创新空间正在快速释放，基于其上的应用不断变为现实，人类正在加速迈向 IPv6 时代。

10.2.1　SRv6 简介

1. SRv6 产生背景

在网络发展初期，为满足不同的业务需求，存在着多种形态的网络，其中最主要的是电信网络和计算机网络之间的竞争。它们各自的代表性技术分别是 ATM 技术和 IP 技术。最终，随着网络规模变大，网络业务变多，简单灵活的 IP 技术战胜了复杂呆板的 ATM 技术。

但是最初的 IP 网络采用路由表通过"最长匹配查表"方式转发数据，转发性能较差，而且 IP 网络采用尽力而为的工作方式，没有提供 QoS 保障。1996 年，多协议标记交换 MPLS 技术的出现解决了这些问题。IP 技术与 MPLS 技术的结合，能够在无连接的 IP 网络中提供 QoS 保障，并且 MPLS 标签交换转发方式解决了 IP 转发性能差的问题，所以 IP/MPLS 的组合在最初一段时间获得了成功。

随着网络规模的扩大以及云时代的到来，网络业务种类越来越多，不同业务对网络的要求不尽相同，传统 IP/MPLS 网络遇到不少问题，具体包括转发优势消失、云网融合困难、跨域部署困难、业务管理复杂，以及协议状态复杂等问题。

深究 IP/MPLS 网络问题的根本原因，是因为 MPLS 是分布式结构，每台设备只看到自己的状态，而如果需要知道邻居状态，就必须依靠大量的信令维护实现。如果使用集中式架构，增加一个集中控制的节点，统一进行路径计算和标签分发，问题就能够很好地解决，这就是软件定义网络 SDN 的重要思路。SDN 的实践代表是 OpenFlow，然而，由于多方面原因，OpenFlow 协议适合于转发流表较为简单，转发行为固定的交换机组网，不适合承载网。对于承载网，这就需要一种技术，既可以满足 SDN 的集中控制需求，又可以满足多业务、高性能和高可靠性等需求。

要达到集中控制的目的，可以采用源路由技术。源路由技术由 Carl A. Sunshine 在 1977 年发表的论文 *Source Routing in Computer Networks* 中提出，源路由技术是指在数据包的源头决定数据包在网络中的传输路径。这一点和传统网络转发中各个网络节点根据路由协议自行选择最短路由有本质的不同。但是源路由技术会对数据包进行处理，导致数据包的格式复杂，开销也会增加，在早期的网络带宽紧张的情况，没有得到大规模应用。

2013 年，出现了分段路由（Segment Routing）协议，Segment Routing 借鉴了源路由的思想，它的核心思想是将报文转发路径切分成不同的分段，并在路径头节点往报文中插入分段信息，中间节点只需要按照报文中携带的分段信息转发报文即可。这样的路径分段，称为位"Segment"，并通过 SID（Segment Identifier，分段标识）来识别。Segment Routing 目前支持 MPLS 和 IPv6 两种数据平台，基于 MPLS 数据平台的 Segment Routing 称为 SR-MPLS，其 SID 为 MPLS 标签（Label）；基于 IPv6 数据平台的 Segment Routing 称为 SRv6，其 SID 为 IPv6 地址格式。

2. SRv6 技术价值

SRv6 是基于 IPv6 转发平面的分段路由技术，其结合了 SR 源路由优势和 IPv6 简洁易扩展的特质，具有其独特的优势。SRv6 技术的特点及价值可以归纳为以下三点。

1）智慧

（1）SRv6 具有强大的可编程能力。SRv6 具有网络路径、业务、应用三层可编程空间，使得其能支撑大量不同业务的不同诉求，契合了业务驱动网络的潮流。

（2）SRv6 完全基于 SDN 架构，可以跨越 App 和网络之间的鸿沟，将 App 的应用程序信息带入网络中，可以基于全局信息进行网络调度和优化。

2）极简

（1）SRv6 不再使用 LDP/RSVP-TE 协议，也不需要 MPLS 标签，简化了网络协议，管理简单。EVPN 和 SRv6 的结合，可以使得 IP 承载网简化归一。

第 10 章　IPv6+ 网络新技术

(2) SRv6 打破了 MPLS 跨域边界，部署简单，提升了跨域体验。

3) 纯 IP 化

SRv6 基于原生 IPv6（Native IPv6）进行转发。SRv6 是通过扩展报文头实现的，没有改变原有 IPv6 报文的封装结构，SRv6 报文依然是 IPv6 报文，普通的 IPv6 设备也可以识别 SRv6 报文。SRv6 设备能够和普通 IPv6 设备共同部署，对现有网络具有更好的兼容性，可以支撑业务快速上线，平滑演进。另外，基于 Native IPv6，使得其可以进入数据中心网络，甚至用户终端，促进云网融合。

SRv6 基于以上特点，为 IPv6 的发展带来了转机，开启了 IPv6+ 新时代。

3. SRv6 对 5G 与云业务的支持

5G 改变了连接的属性，云改变了连接的范围。5G 业务与云业务为 SRv6 技术的发展带来了最好的机会。5G 业务的发展，对于网络连接提出了更多的要求，例如更强的 SLA 保障、确定性时延等，这些通过 SRv6 扩展都可以很好地满足。云业务的发展，使得业务处理所在位置更加灵活多变，而一些云业务进一步打破了物理网络设备和虚拟网络设备的边界，使得业务与承载融合在一起，这些都改变了网络连接的范围。

SRv6 业务与承载的统一编程能力，以及 Native IPv6 属性，都使得它能够快速地建立连接，满足连接范围灵活调整的需求。

10.2.2　SRv6 基本原理

SRv6 是通过对路由扩展报头 RH 的扩展实现的，称为分段路由扩展报头（Segment Routing Header，SRH），SRv6 报文没有改变原有 IPv6 报文的封装结构，SRv6 报文仍旧是 IPv6 报文，普通的 IPv6 设备也可以识别，因此，SRv6 技术是原生 IPv6（Native IPv6）技术。SRv6 的 Native IPv6 特性使得 SRv6 设备能够和普通 IPv6 设备共同组网，保持了对现有 IPv6 网络的兼容性。

说明：当前是万物智联的互联网时代，互联网核心技术从 IP/MPLS 组合技术又回归 Native IPv6 技术，IP 网络去除了 MPLS，协议简化，并且归一到 IPv6 本身。利用 SRv6，只要路由可达，就意味着业务可达，路由可以轻松跨越 AS 域，业务也可以轻易跨越 AS 域，这对于简化网络部署、扩展网络的范围非常有利。

1. 分段路由扩展报头（SRH）

为基于 IPv6 转发平面实现分段路由（Segment Routing），在 IPv6 路由扩展头中新增 SRH 扩展头，该扩展头包含一个存储 IPv6 的路径约束信息的分段列表 Segment List，用于指定 IPv6 的显式路径。Segment List 即对分段和网络节点进行有序排列得到的一条转发路径。SRH 扩展头格式如图 10-1 所示。

IPv6 分段路由扩展报头 SRH 的关键信息说明。

- Routing Type：类型值为 4 时，表明报文头为 Segment Routing Header（SRH）。
- Segment list（Segment list[0] ～ Segment list[n]）：是网络路径信息。
- Segment Left：是一个指针，指示当前活跃的 Segment。

在 SRv6 的 SRH 中，报文转发时，依靠 Segments Left 和 Segment List 字段共同决定 IPv6 目的地址（IPv6 DA）信息，从而指导报文的转发路径和行为。指针 Segments Left 最小值为 0，最大值为 SID 的个数减 1。

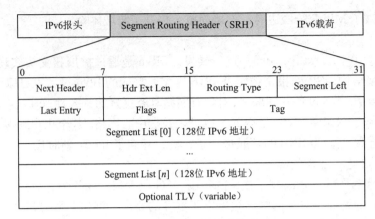

图 10-1 SRH 扩展头格式

在 SRv6 中,通过对 SRv6 中分段列表 Segment List 栈进行操作实现报文转发。报文转发时,每经过一个 SRv6 节点,指针 Segments Left 字段值减 1。目的地址 IPv6 DA 信息变换一次,其取值是指针当前指向的 Segment List 字段的值 SID。假定 SID 的个数为 n,如果 Segments Left 的值为 $n-1$,则 IPv6 AD 的取值就是 SID[$n-1$] 的值,如果 Segments Left 的值为 $n-2$,则 IPv6 AD 的取值就是 SID[$n-2$] 的值,依此类推,如果 Segments Left 的值为 0,则 IPv6 AD 的取值就是 SID[0] 的值。SRv6 节点根据取得分段标识 SID 进行报文转发。需要注意的是,SRv6 SRH 中的 SID 在经过节点处理后并不会弹出,也就是 SRv6 报文头中路径信息在整个传输过程中保持不变。

如果节点不支持 SRv6,则不执行上述动作,仅按照最长匹配查找 IPv6 路由表转发。

2. 分段标识 SID 与本地 SID 表

IPv6 SRH 中分段列表 Segment List 中的具体取值即为分段标识 SID(SRv6 Segment Identifier)。SRv6 中的分段标识 SID 是 IPv6 地址形式,由 Locator、Function 两部分组成,不是普通意义的 IPv6 地址。SID 具有 128 位,足够表征任何事物,所以 SRv6 的设计者对 SID 进行了更加巧妙的设计。SRv6 SID 的结构如图 10-2 所示。

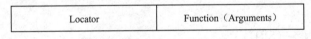

图 10-2 SRv6 SID 的结构

- Locator:具有定位功能。提供 IPv6 的路由能力,报文通过该字段实现寻址转发。此外,Locator 对应的路由也是可聚合的。
- Function:用来表达该设备指令要执行的转发动作,不同的转发行为由不同的 Function 表达。其值又称 Opcode。
- Arguments:Function 部分的可选参数段,是对 Function 的补充,是指令在执行时对应的参数,这些参数可能包含流、服务或任何其他相关信息。

SID 中的 Function 和 Arguments 都是可以定义的,这也反映出 SRv6 SID 的结构更有利于对网络进行编程。

当前 SRv6 SID 主要包括路径 SID 和业务 SID 两种类型,并定义了多种常用的 SID。比如 END SID、END.X SID、END.DT4 SID、END.DT6 SID、END.DX4 SID、END.DX6 SID、END.OP SID 等。SID 的编程能力体现在,对不同类型的 SID,节点针对 SID 的转发动作(Function)不同。下面通过 END SID 和 END.X SID 说明 SRv6 SID 的结构和转发动作。

END SID 表示 Endpoint SID，用于标识网络中的某个目的节点，对应的转发动作是：更新目的地址 IPv6 DA，查找 IPv6 FIB 进行报文转发。在各个节点上配置 Locator，然后为节点配置 Function 的 Opcode，Locator 和 Function 的 Opcode 组合就能够得到一个 SID，这个 SID 可以代表本节点，称为 END SID。END SID 可以通过 IGP 协议扩散到其他节点，全局可见。END SID 的结构如图 10-3 所示。

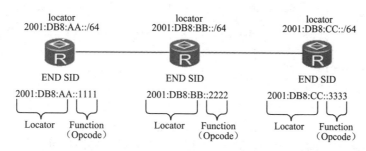

图 10-3 END SID 的结构

END.X SID 表示三层交叉连接的 Endpoint SID，用于标识网络中的某条链路，对应的转发动作是：更新 IPv6 DA，从 END.X SID 绑定的出接口转发报文。在节点上配置 Locator，然后在各个方向的连接配置 Function 的 Opcode。Locator 和 Function 的 Opcode 组合就能够得到一个 SID，这个 SID 可以代表一个邻接，称为 END.X SID，END.X SID 可以通过 IGP 协议扩散到其他节点，全局可见。END.X SID 接口如图 10-4 所示。

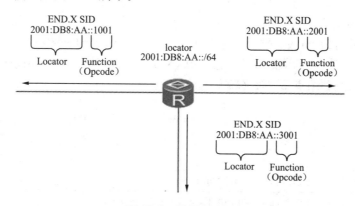

图 10-4 END.X SID

当前 SRv6 SID 主要包括路径 SID 和业务 SID。例如 END SID 和 END.X SID 分别代表节点和邻接，都是路径 SID，使用二者组合编排 SID 栈足够表征任何一条网络路径。此外，也可以为 VPN/EVPN 实例等分配 SID，这种 SID 是业务 SID，例如 END.DT4 SID 和 END.DT6 SID 分别代表 IPv4 VPN 和 IPv6 VPN。由于 IPv6 地址空间足够大，所以 SRV6 SID 能够支持足够多的业务。

使能 SRv6 功能的节点还维护一个本地 SID（Local SID）表，该表包含所有在本地节点生成的 SRv6 SID 信息，根据本地 SID 表可以生成一个 SRv6 转发表 FIB。本地 SID 表有以下几个用途：（1）定义本地生成的 SID，如 END.X SID 等；（2）指定绑定到这些 SID 的指令；（3）存储和这些指令相关的转发信息，如出接口和下一跳等。

3. SRv6 三重编程空间

SRv6 SID 不仅可以代表路径，还可以代表不同类型的业务，也可以代表用户自己定义的任何功能，因此，SRv6 具有很强的网络编程能力，如图 10-5 所示。

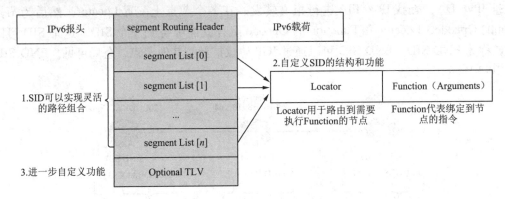

图 10-5　SRv6 三重编程空间

SRv6 支持三重编程空间，分别是路径可编程、业务可编程和应用可编程。

- 路径可编程：利用 SRv6 SRH 中 Segment list 中 SID 的灵活组合，形成 SRv6 路径，即具有路径编程能力。
- 业务可编程：SRv6 中 SID 可以分成多段，每段的功能和长度可以自定义，由此具有业务编程能力。
- 应用可编程：SRv6 的 SRH 中 Segment list 序列之后是可选的 Optional TLV 字段，可以进一步自定义功能，即具有应用编程能力。

4. SRv6 报文转发流程

这里采用示例说明 SRv6 报文转发流程。如图 10-6 所示，假定 SRv6 域有 5 个节点，其中节点 A、C、D、E 是支持 SRv6 的节点，而节点 B 为普通的 IPv6 节点。在源节点 A 上利用 SRv6 进行路径编程，将数据包从节点 A 转发到节点 E。报文转发流程如下。

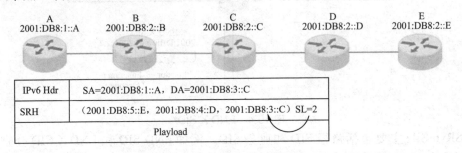

图 10-6　SRv6 报文转发过程

（1）数据包进入源节点后，源节点 A 将 SRv6 路径信息封装在 SRH 中，并指定整条路径中 SR 节点的相关操作，外层在封装标准的 IPv6 报头。其中 SRH 中包含 3 个 Segment list，且 SL(Segment Left) 的值为 2。外层的 IPv6 报头源地址为节点 A 的 IPv6 地址，目的地址是 SRH 中 Segment list[2] 对应的 IPv6 地址，即节点 C 的 IPv6 地址。

（2）数据包转发到节点 B，由于节点 B 只支持常规的 IPv6 而不支持 SRv6，节点 B 收到 SRv6 数据包时，按照 IPv6 RFC 的规定，当数据包目的地址不是节点自身网段地址时，此节点不处理扩展报头，直接根据 IPv6 报头中的目的地址进行转发。

（3）节点 C 收到数据包时，节点 C 支持 SRv6，节点 C 根据外层目的 IPv6 地址查找本地 Local

SID 表，命中本地的 Local SID 表，执行相关指令。将 SL 减 1 操作，指针指向 Segment List[1]，并将 Segment List[1] 的 IPv6 地址复制到外层 IPv6 报头中的目的地址，然后根据 IPv6 目的地址进行转发。

（4）节点 D 的处理过程和节点 C 一致，将 Segment List 变为 [0]，IPv6 报头中的目的 IPv6 地址更新为 Segment List[0] 的值，然后根据 IPv6 目的地址进行转发。

（5）节点 E 收到数据报文时，识别到目的地址是本节点，同时 Segment List 为 0。此时，节点 E 会剥离 SRH 和 IPv6 报头，读取真正的 Payload，并根据 SID 中的相关指令完成转发。

从该转发流程可以看出，SRv6 的转发是通过 SRH 中的 Segment Left 字段作为指针，指向活动 Segment SID，并更新 IPv6 报头的目的地址 IPv6 DA 为 Segment List 中活动 Segment SID 值，然后按照常规的 IPv6 路由把数据包转发出去。当网络中有不支持 SRv6 的节点时，该节点可根据数据包目的地址进行标准的 IPv6 转发。这意味着，SRv6 可以与现有 IPv6 网络实现无缝兼容，即 SRv6 可以在传统 IPv6 网络上实现增量部署，无须替换所有现网设备。

10.2.3 SRv6 工作模式

SRv6 工作模式分为两种：SRv6 TE Policy（Segment Routing IPv6 Traffic Engineering Policy）和 SRv6 BE（Segment Routing IPv6 Best Effort）。两种模式都可以用来承载传统业务，比如 L3VPN、EVPN L3VPN、IPv4/IPv6 公网等。

1. SRv6 TE Policy 模式

SRv6 TE Policy 是在 SRv6 技术基础上发展的一种新的隧道引流技术。SRv6 TE Policy 利用 Segment Routing 的源路由机制，通过在头节点封装一个有序的指令列表（路径信息）指导报文穿越网络。SRv6 TE Policy 用于实现流量工程，提升网络质量，满足业务的端到端需求。其和 SDN 结合，更好地契合于业务驱动网络的潮流，也是 SRv6 主推的工作模式。

如图 10-7 所示，SRv6 TE Policy 模式工作流程可以概括为如下五个步骤。

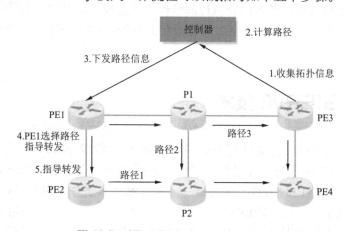

图 10-7　SRv6 TE Policy 工作流程

（1）拓扑收集。转发器（PE3）通过 BGP-LS（BGP Link-State）将网络拓扑信息上报给控制器。拓扑信息包括节点链路信息、链路的开销/带宽/时延等 TE 属性。

（2）路径计算。控制器对收集到的拓扑信息进行分析，按照业务需求计算路径。

（3）路径下发。控制器将路径信息下发给网络的头节点（PE1），头节点生成 SRv6 TE Policy。

其中包括头端地址、目的地址和 Color（扩展团体属性）等关键信息。

（4）路径选择。网络的头节点（PE1）为业务选择合适的 SRv6 TE Policy 指导转发。

（5）指导转发。各转发器按照 SRv6 报文中携带的信息，执行自己发布的 SID 指令。

2. SRv6 BE 模式

SRv6 BE 模式没有流量工程能力，一般用于承载普通 VPN 业务，用于快速开通业务。

传统的 MPLS 有 LDP 和 RSVP-TE 两种控制协议，其中 LDP 方式不支持流量工程能力，LDP 利用 IGP 计算路径的结果，建立 LDP 的标签交换路径（Label Switched Path，LSP）指导转发。SRv6 BE 类似于 MPLS 网络中的 LDP 方式，是指基于 IGP 最短路径算法计算得到的最优 SRv6 路径，仅使用一个业务 SID 指引报文在链路中的转发，是一种尽力而为的工作模式。其没有流量工程能力，一般用于承载普通 VPN 业务，用于快速开通业务。

SRv6 BE 模式的报文封装没有代表路径约束的 SRH，其格式与普通 IPv6 报文格式一致，转发行为也与普通的 IPv6 报文转发一致。这就意味着普通的 IPv6 节点也可以处理 SRv6 BE 报文，这也是 SRv6 兼容普通 IPv6 设备的原因。

SRv6 BE 的报文封装与普通 IPv6 报文封装的不同点在于，普通 IPv6 报文的目的地址是一个主机或者网段地址，但是 SRv6 BE 报文的目的地址是一个业务 SID。业务 SID 可以指引报文按照最短路径转发到生成该 SID 的父节点，并由该节点执行业务 SID 的指令。

SRv6 BE 和 SRv6 TE Policy 两种模式的主要差异在于 SRv6 BE 报文封装不含有 SRH 信息，不具有流量工程能力。SRv6 BE 仅使用一个业务 SID 指引报文转发到生成该 SID 的父节点，并由该节点执行业务 SID 指令。

SRv6 BE 只需要在网络的头尾节点部署，中间节点仅支持 IPv6 转发即可。这种方式对于部署普通的 VPN 具有独特的优势。比如视频业务在省中心和市中心之间传递，需要跨越数据中心网络、城域网络、国家 IP 骨干网络等，在传统方式部署 MPLS VPN 时，不可避免地要在省骨干网、国家骨干网的主管单位进行协调，各方配合执行部分操作才能成功，开通时间比较慢。但是采用 SRv6 BE 承载 VPN，只需要在省中心和市中心部署两台支持 SRv6 VPN 的 PE 设备，就能够开通业务，开通时间短。

10.3 IPv6+BIERv6 技术

IPv6 封装的比特索引显示复制 BIERv6（Bit Index Explicit Replication IPv6 Encapsulation）是一种新型多播方案。BIERv6 通过将多播报文目的节点的集合以比特串（BitString）的方式封装在报文头部发送，从而使网络中间节点无须为每一多播流建立多播分发树和保存流状态，仅需根据报文头部的比特串完成复制转发。BIERv6 将 BIER 和 Native IPv6 报文转发相结合，不需要显示建立多播树，也不需要在中间节点维护每条多播流状态，可以无缝融入 SRv6 网络，简化协议复杂度。BIERv6 可以高效承载 IPTV、视频会议、远程教育、远程医疗、在线直播等多播业务。

10.3.1 BIERv6 的产生

传统的多播技术方案有公网多播方案、IP 多播 VPN 方案以及 MPLS 多播 VPN 方案，但这些多播技术方案存在协议复杂、可靠性差且用户体验不佳、部署和运维困难等局限性。这些多播技术方案存在的局限性限制了多播技术大规模应用。

为解决传统多播技术存在的局限性问题，业界提出了一种新的多播技术 BIER 技术。BIER 技术的核心原理就是将多播报文目的节点的集合以比特串的方式封装在报文头部发送给中间节点，中间节点不感知多播组状态，仅根据报文头部的比特串复制转发多播报文。BIER 转发不需要维护多播组状态，是一种全新的多播转发架构。

随着基于 IPv6 数据平面的 SRv6 技术迅猛发展，多播领域为顺应 IPv6 网络发展趋势，提出了新型多播技术 BIERv6。BIERv6 继承了 BIER 的核心设计理念，它使用 BitString 将多播报文复制给指定的接收者，中间节点无须建立多播转发树，实现无状态转发。BIERv6 与 BIER 的最大不同之处在于：BIERv6 摆脱了 MPLS 标签，是基于 Native IPv6 的多播方案。

10.3.2 BIERv6 技术价值

BIERv6 技术本身简化了协议，降低了网络部署难度，能够更好地应对未来网络发展的挑战。BIERv6 的技术价值表现在以下三个方面。

1. 网络协议简化

BIERv6 利用 IPv6 地址承载多播 MVPN 业务和公网多播业务，进一步简化了协议，避免分配、管理、维护 MPLS 标签这种额外标识。BIERv6 将目的节点信息以 Bitstring 的形式封装在报文头中，由头节点向外发送，接收到报文的中间节点根据报文头中的地址信息将数据向下一个节点转发，不需要创建、管理复杂的协议和隧道表项。当业务的目的节点发生变化时，BIERv6 可以通过更新 Bitstring 进行灵活控制。

2. 部署运维简单

BIERv6 技术利用 IPv6 扩展报文头携带 BIER 转发指令，彻底摆脱了 MPLS 标签转发机制。由于业务只部署在头节点和尾节点，多播业务变化时，中间节点不感知。因此，网络拓扑变化时，无须对大量多播树执行撤销和重建操作，大大简化了运维工作。

3. 网络可靠性高

BIERv6 通过扩展后的 IGP 协议泛洪 BIER 信息，各个节点根据 BIER 信息建立多播转发表转发数据。BIERv6 利用单播路由转发流量，无须创建多播分发树，因此不涉及共享多播源等复杂的协议处理事务。当网络中出现故障时，设备只需要在底层路由收敛后刷新 BIFT（Bit Index Forwarding Table，比特索引转发表）表项，因此 BIERv6 故障收敛快，同时可靠性也得到提升，用户体验更好。

10.3.3 BIERv6 原理

支持 BIERv6 转发的网络域称为 BIERv6 域。域内支持 BIERv6 转发能力的路由器称作 BFR（Bit Forwarding Router）。当 BFR 作为 BIERv6 域的入口路由器时，这个 BFR 就是 BFIR（Bit Forwarding Ingress Router）。当 BFR 作为 BIERv6 域的出口路由器时，这个 BFR 就是 BFER（Bit Forwarding Engress Router）。BFIR 和 BFER 还有一个共同的名字——边缘 BFR，也是 BIERv6 域中的源节点或目的节点。边缘 BFR 拥有一个专属 BFR-ID（BIER Forwarding Router Identifier，BIER 转发路由器标识符）。

BIERv6 利用 IPv6 的扩展报文头实现自身的功能。IPv6 报文中的目的地址标识 BIER 转发节点的 IPv6 地址，即 End.BIER 地址（End.BIER 地址是 BIERv6 网络定义的一种新类型的 SID，它作为 IPv6 目的地址指示设备的转发平面处理报文中的 BIERv6 扩展头），表示需要在本节点进行

BIERv6 转发处理。IPv6 报文中的源地址标识 BIERv6 报文的来源，同时也能指示多播报文所属的多播 VPN 实例。BIERv6 使用 IPv6 目的选项扩展报文头（Destination Options Header，DOH）携带标准 BIER 头，与 IPv6 头共同形成 BIERv6 报文头。BFR 读取 BIERv6 扩展头部中的 BitString，根据比特索引转发表（BIFT）进行复制、转发并更新 BitString。

10.3.4　SRv6 与 BIERv6

SRv6 技术和 BIERv6 技术分别解决了 IPv6 网络中如何更加高效简便地进行单播和多播方式数据传输的问题。

SRv6 技术结合了 Segment Routing 的源路由优势和 IPv6 的简洁易扩展特质，而且具有多重编程空间。在业务层面，SRv6 可以通过 SRv6 SID 标识各种各样的业务，降低了技术复杂度。

BIERv6 多播技术方案结合了 Native IPv6 和 BIER 两者的优点，它将标准 BIER 头封装在 IPv6 的目的选项扩展报文头 DOH 中，使用单播 IPv6 地址作为 IPv6 报文头的目的地址，并且基于 IPv6 单播地址的可达性实现 BIERv6 多播复制、转发，以及跨越非 BIERv6 设备等功能。

10.4　IPv6+ 网络切片技术

网络切片是一种新型网络架构，在同一个共享的网络基础设施上提供多个逻辑网络，每个逻辑网络服务于特定的业务类型或者行业用户。每个网络切片都可以灵活定义自己的逻辑拓扑、SLA 需求、可靠性和安全等级，以满足不同业务、行业或用户的差异化需求。

10.4.1　网络切片的产生

随着 5G 和云时代多样化新业务的涌现，不同的行业、业务或用户对网络提出了各种各样的服务质量要求。例如，对于移动通信、智能家居、环境监测、智能农业和智能抄表等业务，需要网络支持海量设备连接和大量小报文频发；网络直播、视频回传和移动医疗等业务对传输速率提出了更高的要求；车联网、智能电网和工业控制等业务则要求毫秒级的时延和接近 100% 的可靠性。因此，5G 网络应具有海量接入、确定性时延、极高可靠性等能力，需要构建灵活、动态的网络，以满足用户和垂直行业多样化业务需求。

面对以上需求，网络切片技术应运而生，通过网络切片，能够在一个通用的物理网络之上构建多个专用的、虚拟化的、互相隔离的逻辑网络，来满足不同客户对网络连接、资源及其他功能的差异化要求。网络切片的示例如图 10-8 所示。

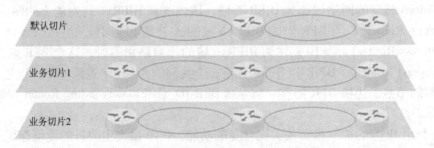

图 10-8　网络切片示意图

10.4.2 网络切片技术价值

IP 网络切片技术的价值主要体现在资源与安全隔离、差异化 SLA 保障、确定性时延、灵活定制拓扑连接、自动化切片管理五个方面。

1. 资源与安全隔离

网络切片隔离的目的,一方面是从服务质量的角度,需要控制和避免某个切片中的业务突发或异常流量影响到同一网络中的其他切片,做到不同网络切片内的业务之间互不影响。这一点对于智能电网、智慧医疗、智慧港口等业务尤其重要,这些业务对于时延、抖动等方面的要求十分严苛,无法容忍其他业务对其业务性能的影响。另一方面是从安全性角度出发,若某个网络切片中的业务或用户信息不希望被其他网络切片的用户访问或者获取,就需要为不同切片之间提供有效的安全隔离措施,如金融、政府等专线业务。

按照隔离程度不同,IP 网络切片可以提供三个层次的隔离:业务隔离、资源隔离和运维隔离。

(1) 业务隔离:某一网络切片的业务报文不会被发送给同一网络中另一网络切片中的业务节点,即提供不同网络切片之间的业务连接和访问的隔离,使不同网络切片的业务在网络中互不可见。

(2) 资源隔离:某一网络切片所使用的网络资源与其他网络切片所使用的资源之间相互隔离。资源隔离按照隔离程度可以分为硬隔离和软隔离,硬隔离是指为不同的网络切片在网络中分配完全独享的网络资源;软隔离是指不同的网络切片既拥有部分独立的资源,同时对网络中的另一些资源也存在共享,从而在提供满足业务需求的隔离特性的同时也可保持一定的统计复用能力。结合软硬隔离技术,可以灵活选择哪些网络切片需要独享资源,哪些网络切片之间可以共享部分资源,从而实现在同一张网络中满足不同业务的差异化 SLA 要求。

(3) 运维隔离:对于一部分网络切片用户来说,在提供业务隔离和资源隔离的基础上,还要求能够对运营商分配的网络切片进行独立的管理和维护操作,即做到对网络切片的使用近似于使用一张专用网络,网络切片通过管理平面接口开放提供运维隔离功能。

2. 差异化 SLA 保障

网络业务的快速发展不仅带来了网络流量的剧增,还使用户对网络性能提出了更高的要求。不同的行业、业务或用户对于网络的带宽、时延、抖动等 SLA 保障存在不同的需求,需要在同一个网络基础设施中满足不同业务场景的差异化 SLA 需求。网络切片利用共享的网络基础设施为不同的行业、业务和用户提供差异化的 SLA 保障。

3. 确定性时延

不同业务对于带宽和时延有着截然不同的需求。传统业务对网络 E2E 时延的要求一般在 100 ms 以上,时延要求较低。但实时交互和工业控制类业务,如电网差动保护业务,对 IP 网络的时延要求是 2 ms,且要求网络提供确定性、可承诺的时延保证。通过网络切片技术,将不同业务部署在不同切片中,可以为交互和控制类业务提供确定性时延保证。高价值业务如政府、金融、医疗行业,以及超高可靠超低延时通信业务,对可用性要求极高,通过网络切片技术可以为这类业务提供极高可靠性保障。

4. 灵活定制拓扑连接

业务和流量均由相对单一向多方向综合发展,导致网络的连接关系变得更加灵活,复杂和动态。网络切片支持为不同行业、业务或用户提供按需定制的逻辑网络拓扑和连接,满足差异化的网络连接需求。网络切片用户无须感知基础网络的全量拓扑,而是只需要看到该网络切片的逻辑拓扑与连接，而且网络切片内的业务也被限定在该网络切片对应的拓扑内部署。这样，对网络切片用户来说，简化了需要感知和维护的网络信息。对运营商来说，避免了将基础网络过多的内部信息暴露给网络切片用户，提高了网络安全性。

5. 自动化切片管理

面对业务种类和规模持续增加，网络管理复杂度快速增长，难以继续依赖人工的网络管理手段。需要引入自动化网络管理技术以实现动态和高效的网络管理。

网络分片管理器提供网络切片的全生命周期管理功能，实现从用户意图到业务开通的全流程打通，支持网络切片的规划、部署、业务到切片的灵活映射、切片业务的实时可视以及切片的动态调整优化，提供租户级精细化的业务管理。

随着网络管理自动化的不断深入，智能技术可能被更广泛地应用到网络分片管理的各个环节，以实现对网络的智能化管理。

10.4.3　网络切片架构

如图 10-9 所示，IP 网络切片架构整体上可以划分为三个层次：网络切片转发层、网络切片控制层和网络切片管理层。

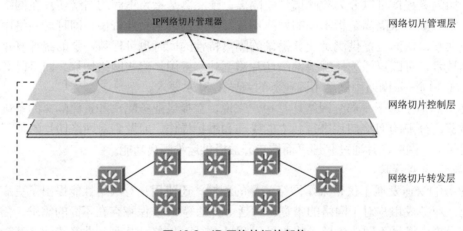

图 10-9　IP 网络的切片架构

1. 网络切片转发层

网络切片转发层需要具备灵活精细化的资源预留能力，支持将物理网络中的转发资源划分为相互隔离的多份，分别提供给不同的网络切片使用。一些可选的资源隔离技术包括 FlexE 子接口、信道化子接口以及 HQoS（Hierarchical Quality of Service，层次化 QoS）等。

2. 网络切片控制层

网络切片控制层用来在物理网络中生成不同的逻辑网络切片实例，提供按需定制的逻辑拓扑连接，并将切片的逻辑拓扑与为切片分配的网络资源整合在一起，构成满足特定业务需求的网络切片。控制层又可以细分为控制平面和数据平面，其中控制平面主要负责网络分片信息分发、收集与计算，数据平面负责网络分片资源标识与转发。目前控制层的一些常见技术包括 SRv6、Flex-Algo（Flexible Algorithm，灵活算法）等。

3. 网络切片管理层

网络切片管理层提供网络切片的生命周期管理功能，具体包括网络切片的规划、部署、维护、优化四个阶段。

(1) 切片规划：按照业务保障要求，切片规划环节重点规划切片的范围、带宽和时延。

(2) 切片部署：控制器完成切片实例部署，包括创建切片接口、配置切片带宽、配置 VPN 和隧道等。在控制器上创建网络切片，切片接口类型支持物理接口、FlexE 接口、信道化子接口。

(3) 切片维护：控制器通过 IFIT 等技术监控业务时延、丢包指标。通过 Telemetry 技术（遥测技术）上报网络切片的流量、链路状态、业务质量信息，实时呈现网络切片状态。

(4) 切片优化：基于业务服务等级要求，在切片网络性能和网络成本之间寻求最佳平衡，切片优化的两种主要实现方式分别是带宽调优和切片扩容。

10.4.4 网络切片方案

目前常见的网络切片方案有两种：一种称为基于亲和属性的网络切片方案；一种称为基于 Slice ID 的网络切片方案。

1. 基于亲和属性的网络切片方案

亲和（Affinity）属性通常使用颜色（Color）标识，是链路的一种控制信息属性。使用亲和属性可以将链路标识成不同颜色（如灰 grey、蓝 blue、黄 yellow 等），相同颜色的链路组成一个网络。

基于亲和属性的网络切片方案使用亲和属性作为切片标识，每个亲和属性对应一个网络切片。亲和属性可以标识不同切片的转发资源接口，每个切片资源接口均需要配置 IP 地址和 SRv6 SID。在控制平面，每个切片基于亲和属性计算 SRv6 Policy 路径，用于业务承载；在数据平面，切面基于 SRv6 SRH 头封装和逐跳转发业务报文。

2. 基于 Slice ID 的网络切片方案

网络切片给网络带来的最大变化是从传统的一个物理平面网络到由许多个逻辑网络组成的立体网络。为了解决网络切片的地址标识问题，为不同平面网络引入二维地址来标识网络切片。网络切片的二维标识方法使用"网络物理节点 IPv6 地址 + 网络切片 ID（Slice ID）"来标识。为了支持二维地址标识，数据报文中需要额外携带全局的网络切片标识 Slice ID。一种典型的实现方式是在 IPv6 的逐跳选项 HBH 扩展报头中携带网络切片的全局数据标识：网络切片标识 Slice ID。通过 Slice ID 指定该报文通过那个网络切片承载。

基于 Slice ID 的网络切片，复用基础网络的 IPv6 地址，无须为每个切片单独分配 IPv6 地址。基于 Slice ID 的网络切片，网络设备需要生成两张转发表：一张是路由表，用于根据报文的目的地址确定三层出接口；另一张是网络切片的 Slice ID 映射表，用于根据报文中的 Slice ID 确定网络切片在三层接口下的预留资源。业务报文到达网络设备后，网络设备先根据目的地址查找路由表，得到下一跳设备及三层出接口，然后根据 Slice ID 查询网络切片接口的 Slice ID 映射表，确定三层出接口下的资源预留子接口或通道，最后使用对应的资源预留子接口或通道转发业务报文。

网络切片是 5G 和云时代的标志性技术，为运营商打开了广阔的行业应用新市场的大门，也为行业市场带来了服务质量可承诺、安全可靠、可管可控的差异化服务。

10.5 IPv6+IFIT 技术

IFIT（In-situ Flow Information Telemetry，随流检测）是一种通过对网络真实业务流进行特征标记，以字节检验网络的时延、丢包、抖动等性能指标的检测技术。IFIT 通过在真实业务报文中插入 IFIT 报文头进行性能检测，并采用 Telemetry 技术实时上送检测数据，最终通过可视化界面直观地向用户呈现逐包或逐流的性能指标。IFIT 可以显著提高网络运维及性能监控的及时性和有效性，为实现智能运维奠定坚实基础。

10.5.1 IFIT 技术的诞生

面向 5G 和云时代，IP 网络的业务与架构都产生了巨大变化。一方面，5G 的发展带来了如高清视频、虚拟现实（Virtual Reality，VR）、车联网等丰富新业务的兴起；另一方面，为方便统一管理、降低运维成本，网络设备和服务的云化已经成为必然趋势。新业务与新架构对目前的 IP 网络提出了诸多挑战，包括超带宽、超连接、低时延以及高可靠性。

传统的网络运维方法并不能满足新业务与新架构提出的高可靠性要求，突出问题是业务故障被动感知和定界定位效率低下。

（1）业务故障被动感知：运维人员通常只能根据收到的用户投诉或周边业务部门派发的工单判断故障范围，在这种情况下，运维人员故障感知延后、故障处理被动，导致其面临的排障压力大，最终可能造成不好的用户体验。

（2）定界定位效率低下：故障定界定位经常需要多团队协同，团队间缺乏明确的定界机制会导致职责不清；人工逐台设备排障找到故障设备进行重启或倒换的方法，排障效率低下；此外，传统 OAM（Operation, Administration and Maintenance，操作、管理和维护）技术通过测试报文间接模拟业务流，无法真实复现性能劣化和故障场景。

在这种背景下，华为提出了 IFIT 协议。IFIT 是一种带内检测技术（即对真实业务报文进行特征标记或在真实业务报文中嵌入检测信息），通过在网络真实业务报文中插入 IFIT 报文头实现随流检测。一方面，相比于通过间接模拟业务数据报文并周期性上报的带外检测技术，IFIT 可以实时、真实反映网络的时延、丢包、抖动等性能指标，主动感知业务故障；另一方面，与现有的带内检测技术（如 IP FPM、IOAM）相比，IFIT 在业务部署的复杂度、转发平面效率以及协议的可扩展性等方面都有更好的表现。而且，IFIT 可以结合大数据分析和智能算法构建智能运维系统，推动 IPv6+ 时代的智能运维发展，使网络具有预测性分析和自愈能力，为网络的自动化和智能化提供保障。

10.5.2 IETF 技术价值

IETF 技术价值体现在检测数据、业务场景、用户界面以及智能运维等四个方面。

1. 高精度多维度检测真实业务质量

传统 OAM 技术的测试报文转发路径可能与真实业务流转发路径存在差异，IFIT 提供的随流检测能力基于真实业务报文展开，检测数据可以高精度、多维度地展现真实业务质量，具体如下。

IFIT 可以真实还原报文的实际转发路径，配合 Telemetry 秒级数据采集功能实现网络 SLA 的实时监控，丢包检测精度可达 10^{-6} 量级，时延检测精度可达微秒级。IFIT 能够识别网络中的细微异常，即使丢 1 个包也能探测到，这种高精度丢包检测率可以满足金融决算、远程医疗、工业控制和电力差动保护等"零丢包"业务的要求，保障业务的高可靠性。

IFIT 不仅支持精准检测每个业务的时延和丢包统计数据，还支持通过扩展报文实现逐包、乱序等多种性能数据统计。在这种情况下，用户可以多维度地监控网络运行质量，有利于把控网络

第 10 章　IPv6+ 网络新技术

的整体状况。

2. 灵活适配大规模多类型业务场景

随着网络需求的不断增长,一张网络中可能同时存在多种网络设备并且承载多样的网络业务。在这种情况下,IFIT 凭借其部署简单的特点可以灵活适配大规模、多类型的业务场景,具体表现在以下几个方面。

（1）IFIT 支持用户一键下发、全网使能。只需在头节点按需定制端到端和逐跳检测,中间节点和尾节点一次使能 IFIT 即可完成部署,可以较好地适应设备数量较大的网络。

（2）IFIT 检测流可以由用户配置生成（静态检测流）,也可以通过自动学习或由带有 IFIT 头的流量触发生成（动态检测流）;可以是基于五元组等信息唯一创建的明细流,也可以是隧道级聚合流或 VPN 级聚合流。在这种情况下,IFIT 能够同时满足检测特定业务流以及端到端专线流量的不同检测粒度场景。

（3）IFIT 对现有网络的兼容性较好,不支持 IFIT 的设备可以透传 IFIT 检测流,这样能够避免与第三方设备的对接问题,可以较好地适应设备类型较多的网络。

（4）IFIT 无须提前感知转发路径,能够自动学习实际转发路径,避免需要提前设定转发路径以对沿途所有网元逐跳部署检测所带来的规划部署负担。

（5）IFIT 适配丰富的网络类型,适用于二、三层网络,也适用于多种隧道类型,可以较好地满足现网需求。

3. 提供可视化的运维界面

在可视化运维手段产生之前,网络运维需要通过运维人员先逐台手工配置,再多部门配合逐条逐项排查来实现,运维效率低下。可视化运维可以提供集中管控能力,它支持业务的在线规划和一键部署,通过 SLA 可视支撑故障的快速定界定位。IFIT 可以提供可视化的运维能力,用户可以通过可视化界面根据需要下发不同的 IFIT 监控策略,实现日常主动运维和报障快速处理。

4. 构建闭环的智能运维系统

为应对网络架构与业务演进给承载网带来的诸多挑战,满足传统网络运维手段提出的多方面改进要求,实现用户对网络的端到端高品质体验诉求,需要将被动运维转变为主动运维,打造智能运维系统。智能运维系统通过真实业务的异常主动感知、故障自动定界、故障快速定位和故障自愈恢复等环节,构建一个自动化的正向循环,适应复杂多变的网络环境。IFIT 与 Telemetry、大数据分析以及智能算法这四大技术相结合,共同构建智能运维系统。

IPv6+ 是智能 IP 网络的最佳选择,IFIT 作为智能运维方面的核心代表技术之一,是 IPv6+ 的重要组成部分。IFIT 的实际目标是构筑完整体系的随流检测,实现快速故障感知和自动修复,满足 5G 和云时代背景下的智能运维需求。

10.6　IPv6+APN6 技术

应用感知的 IPv6 网络 APN6（Application-aware IPv6 Networking）利用 IPv6 报文自带的可编程空间,将应用信息（标识和网络性能需求）携带进入网络,使能网络感知应用及其需求,进而为其提供精细的网络服务和精准的网络运维。

10.6.1 APN6 技术产生

随着 5G 和云时代的到来,各种具有差异化需求特征的应用层出不穷。随着应用差异化需求的不断涌现,网络技术与服务也随之不断丰富。这为网络运营和运维带来了相应的挑战,如何有效实现精细网络服务、精准网络运维,是满足应用差异化需求和 SLA 保障、促进网络持续发展与演进的关键。互联网应用的差异化需求,以及精细网络服务、精准网络运维需求引发人们对"应用感知网络"的探索研究。

APN6 的实现基础为 IPv6,IPv6 数据报文封装为 APN6 应用信息提供了可编程空间。IPv6 扩展报头中逐跳选项报头(Hopby-Hop Options Header,HBH)、目的选项报头(Destination Options Header,DOH)、路分段由报头(Segment Routing Header,SRH)提供可编程空间。APN6 通过 IPv6 扩展报头将业务报文的相关应用信息(包括应用标识信息及其对网络的性能需求等)携带进入网络,使得网络具备感知应用的能力。

10.6.2 APN6 技术架构

IETF 文稿 draft-li-apn-framework 定义了 APN 的架构和关键网元。APN6 网络架构中的组件包含:应用端侧/云侧设备、网络边缘设备、网络策略执行设备(头节点、中间节点、尾节点)、控制器,如图 10-10 所示。这些网元相互配合,实现了 APNv6 标识的生成和封装,根据 APNv6 标识执行相应网络策略等功能。

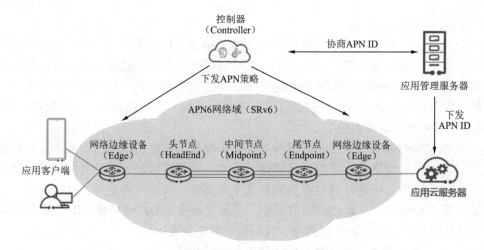

图 10-10 APN6 网络架构

APN6 的数据平面用于标识应用流量;APN6 的管理平面用于流量和策略的匹配和映射;APN6 的控制平面用于实施应用策略。三大平面相互配合,实现对各个基于 APN ID 的应用流量,各自实施差异化的网络策略。

10.6.3 APN6 技术发展

2019 年 3 月,在 IETF104 会议上,首次提出 APN6;2020 年 4 月,APN6 成功地完成了关键节点功能和网络增值业务(Value Added Service,VAS)的概念验证 PoC(Proof of Concept)测试。具体测试的内容包括:APN6 网络边缘封装节点、隧道映射头节点、隧道中间节点和隧道尾节点、增值业务 VAS 节点的各项关键功能。2021 年 7 月,在 IETF111 会议上,就 APN6 的价值逐渐达成共识。APN6 的研究和标准化工作在持续稳步推进过程中。

小 结

本章主要介绍分段路由 SRv6、新型多播 BIERv6、网络切片、随流检测 IFIT、应用感知网络 APN6 等 IPv6+ 网络新技术。

基于 IPv6 的分段路由 SRv6，即 SR（Segment Routing）+IPv6，是新一代 IP 承载协议。其采用现有的 IPv6 转发技术，通过灵活的 IPv6 扩展头，实现网络可编程。SRv6 技术结合了 SR 源路由优势和 IPv6 简洁易扩展的特质，具有独特的优势。SRv6 技术是原生 IPv6（Native IPv6）技术。

新型多播 BIERv6 是一种新型多播方案，通过将多播报文目的节点的集合以比特串（BitString）的方式封装在报文头部发送，从而使网络中间节点无须为每一多播流建立多播分发树和保存流状态，仅需根据报文头部的比特串完成复制转发。

网络切片是一种新型网络架构，在同一个共享的网络基础设施上提供多个逻辑网络，每个逻辑网络服务于特定的业务类型或者行业用户。每个网络切片都可以灵活定义自己的逻辑拓扑、SLA（服务等级协议）需求、可靠性和安全等级，以满足不同业务、行业或用户的差异化需求。

随流检测 IFIT 是一种通过对网络真实业务流进行特征标记，以字节检验网络的时延、丢包、抖动等性能指标的检测技术。IFIT 通过在真实业务报文中插入 IFIT 报文头进行性能检测，并采用 Telemetry 技术实时上送检测数据，最终通过可视化界面直观地向用户呈现逐包或逐流的性能指标。

应用感知的 IPv6 网络 APN6 利用 IPv6 报文自带的可编程空间，将应用信息（标识和网络性能需求）携带进入网络，使能网络感知应用及其需求，进而为其提供精细的网络服务和精准的网络运维。

习 题

1. 简述 IPv6+ 网络创新体系的内涵。
2. 简述 IPv6+ 技术体系创新演进的三个阶段。
3. IPv6+ 网络新技术包含哪些技术？
4. 什么是 SRv6 技术？SRv6 有哪几种工作模式？
5. 什么是 BIERv6 技术？
6. 什么是网络切片技术？有哪几种网络切片方案？
7. 什么是 IFIT 技术？
8. 什么是 APN6 技术？

参 考 文 献

[1] 王相林. IPv6 网络：基础、安全、过渡与部署 [M]. 北京：电子工业出版社，2015.

[2] 杨云江，高鸿峰. IPv6 技术与应用 [M]. 北京：清华大学出版社，2010.

[3] 中华人民共和国工业和信息化部. 基于 IPv6 下一代互联网体系架构：YD/T 2395—2012[S]. 北京：人民邮电出版社，2012.

[4] 中华人民共和国工业和信息化部. 域名系统运行总体技术要求：YD/T 2135—2010[S]. 北京：人民邮电出版社，2011.

[5] 中华人民共和国工业和信息化部. 域名系统授权体系技术要求：YD/T 2136—2010[S]. 北京：人民邮电出版社，2011.

[6] 中华人民共和国工业和信息化部. 域名系统递归服务器运行技术要求：YD/T 2137—2010[S]. 北京：人民邮电出版社，2011.

[7] 中华人民共和国工业和信息化部. 域名系统权威服务器运行技术要求：YD/T 2138—2010[S]. 北京：人民邮电出版社，2011.

[8] 中华人民共和国工业和信息化部. IPv6 网络域名服务器技术要求：YD/T 2139—2010[S]. 北京：人民邮电出版社，2011.

[9] 田辉，魏征. "IPv6+"互联网创新体系 [J]. 电信科学，2020(8): 3-10.

[10] 田辉，关旭迎，邬贺铨. IPv6+ 网络创新体系发展布局 [J]. 中兴通信技术，2022(2): 3-7.

[11] 李振斌，赵峰. "IPv6+"技术标准体系 [J]. 电信科学，2020(8): 11-21.